# PLANNING AND DESIGN OF HIGHSPEED RAIL NEW CITY

## THE SECOND HEBEI INTERNATIONAL URBAN PLANNING AND DESIGN COMPETITION (XINGTAI)

第二届河北国际城市规划设计大赛编委会、《城市·环境·设计》（UED）杂志社 编

辽宁科学技术出版社·沈阳

# 高铁新城的规划与设计

## 第二届河北国际城市规划设计大赛（邢台）

图书在版编目（CIP）数据

高铁新城的规划与设计：第二届河北国际城市规划设计大赛．邢台 / 第二届河北国际城市规划设计大赛组委会，《城市·环境·设计》（UED）杂志社主编．—沈阳：辽宁科学技术出版社，2020.1

ISBN 978-7-5591-1394-8

Ⅰ．①高… Ⅱ．①第… ②城… Ⅲ．①城市规划－建筑设计－作品集－世界－现代 Ⅳ．① TU984.2

中国版本图书馆 CIP 数据核字 (2019) 第 238544 号

---

出版发行：辽宁科学技术出版社

（地址：沈阳市和平区十一纬路 25 号 邮编：110003）

印刷者：北京雅昌艺术印刷有限公司

幅面尺寸：210mm x 285mm

印张：17

字数：60 千字

出版时间：2020 年 5 月 第一版

印刷时间：2020 年 5 月 第一次印刷

责任编辑：师毅聪

美术编辑：杨智超　屈燕妮

责任校对：李淑敏

---

书号：ISBN 978-7-5591-1394-8

定价：288.00 元

# CONTENTS
# 目录


007　序言
008　关于城市规划与设计新方式的探讨
014　千年古都，未来之城
——邢台市及邢东新区概况

018　**邢东新区城市设计国际大师邀请赛**
020　竞赛背景
022　空间规划语境下的未来高铁之城（崔愷院士团队）
038　清风之城（杨保军大师团队）
052　绿色之都 蓝色之城（UNStudio 事务所）
066　传播文明 · 成就未来（何镜堂院士团队）
080　邢东新区 百园之城（墨菲西斯事务所）
094　集群 · 多核 · 聚落式的
城市综合体（扎哈 · 哈迪德建筑师事务所）
108　评委点评

112　**邢台大剧院建筑设计国际竞赛**
114　竞赛背景
116　天圆地方——历史文脉的
重新诠释（斯诺赫塔建筑事务所）
128　文化容器（PES 建筑设计事务所）
140　城市舞台（胡越大师团队）
150　城市文化客厅（程泰宁院士团队）

160　**邢台科技馆建筑设计国际竞赛**
162　竞赛背景
164　传统文化的全新演绎（蓝天组建筑事务所）
176　多维空间叙事体验（崔彤大师团队）
186　科技与自然的融合（EMBT 建筑事务所）
196　城市文化品牌的塑造（孟建民院士团队）
206　评委点评（大剧院和科技馆）

210　**第二届 Q-CITY 国际大学生设计竞赛**
212　竞赛背景
214　一等奖作品
220　二等奖作品
236　三等奖作品
256　评委点评
260　获奖作品名单

262　**附录**
264　未来城市——城市设计学术交流会纪实
269　第二届河北国际城市规划设计大赛（邢台）成果展
271　大事记

# FOREWORD
# 序言

## 城市规划，谋定而后动

习总书记曾在考察雄安新区时提出，要把规划设计成果充分吸收体现在控制性详细规划中，要保持规划的严肃性和约束性。从中可以看出习总书记对城市规划设计的重视，对城市建设发展需着力顶层设计，谋定而后动，厚积而薄发的认可。而河北省委省政府正是在贯彻落实习近平新时代中国特色社会主义思想和党的十九大精神的具体实践中，联合《城市 • 环境 • 设计》（UED）杂志社共同举办“为美丽河北而规划设计”——河北国际城市规划设计大赛，向全球顶级城市规划与建筑设计大师以及作为城市未来设计中坚力量的国际大学生团体征集方案，为河北省各承办城市的未来与建设建言献策，共谋一域，同治一城。为整个河北省规划设计水平的提升以及城市空间品质的改善出谋划策，共同努力，同路偕行。

第二届河北国际城市规划设计大赛在邢台胜利举办并取得圆满成功，与邢台市政府及邢台市自然资源与规划局的全力支持密不可分。本次大赛共包括：邢东新区城市设计国际大师邀请赛、邢台大剧院建筑设计国际竞赛、邢台科技馆建筑设计国际竞赛以及第二届 Q-CITY 国际大学生设计竞赛四项赛事活动，邀请了来自国内的何镜堂、程泰宁、崔愷、孟建民四家院士团队，以及杨保军、胡越、崔彤三家大师团队，还有国际上包括两位普利兹克奖得主及评委团队在内七家著名设计团队共 14 家团队齐聚邢台，共商城市未来。在经过多方持续近两年的共同努力下，本次大赛最终取得圆满成功。

在本次大赛的三个国际竞赛中，邢台市政府及邢台市自然资源与规划局与《城市 • 环境 • 设计》（UED）杂志社一同进行了前期的基地选址、现场调研、相关资料收集整理等工作，并由《城市 • 环境 • 设计》（UED）杂志社据此提供详细规范的设计任务书，同时向国内外著名规划及建筑设计大师定向发出邀请，组织举办大师团队的踏勘答疑等活动，并于同期开展了大赛的新闻发布会，向国际大学生团体发布了第二届 Q-CITY 国际大学生设计竞赛的题目，向国内外知名媒体进行宣传发布。中期举办了大师团队的中期成果汇报，并由相关专家评委提出了修改意见反馈至大师团队，在大师团队根据反馈意见进行成果修改并统一提交后，举行了最终的成果评选会，由多位国际知名专家评委共同商议后评选出各赛事的获奖结果。并由以上大师团队及专家评委组成评审会，共同指导国际大学生设计竞赛的成果。在后期将再次汇集各项赛事的获奖团队齐聚邢台，进行了最后的颁奖典礼，为“为美丽河北而规划设计”——第二届河北国际城市规划设计大赛（邢台）画上一个圆满的句号。

对于此次第二届河北国际城市规划设计大赛的成功举办，河北省住房和城乡建设厅副厅长李贤明表示了高度的赞扬，并表示此次大赛对邢台市乃至河北省都具有重要的指导意义。不仅为邢东新区及邢台市的发展提供了新理念和新思路，更是直接影响了邢台城市未来的发展方向，也势必对河北省城市转型发展起到良好的示范与引领作用。而崔愷院士则对邢台政府锐意进取、广开言路、集思广益的政务作风表示了高度的认可，认为在党的十八大以后，中央对城市建设的一系列重要指示影响到了每一位城市的决策者，当规划师、设计师在面向各地市长书记强调保护环境生态，强调为老百姓服务，做开放型城市和开放型建筑的时候，均得到了领导的高度评价及认可，这表明在中央的引导规定下城市的管理者对城市管理均有了正确的理念和踏实的态度。

“不谋万世者，不足谋一时；不谋全局者，不足谋一域”，城市的管理者治理城市，管理万民，一举一动，干系甚大；一行一止，牵连甚广。而在城市的规划管理当中，更是亟待更有针对性的城市更新、历史街区保护以及乡村振兴等问题的解决方案。因此能更高效地梳理城市问题，更广泛地汇集国内外规划设计大师对城市发展的理念及智慧，更深入地对城市问题进行专题研讨，更快速地整理相关成果，并对外及时宣传的设计策划者，将会形成未来城市管理者与设计师之间更有效地解决城市问题的合作媒介。

# DISCUSSION ON NEW METHODS OF URBAN PLANNING AND DESIGN
# 关于城市规划与设计新方式的探讨

采访嘉宾＿崔　愷　中国工程院院士，中国建筑设计有限公司名誉院长、总建筑师
王建国　中国工程院院士，东南大学城市设计研究中心主任，教授、博士生导师
盖瑞·哈克　美国城市规划协会主席，宾夕法尼亚大学设计学院前院长，MIT 城市规划系前系主任
唐　凯　中国住房和城乡建设部原总规划师
艾伦·贝斯基　美国赖特建筑学院院长，荷兰建筑师学会前会长，2008 年威尼斯建筑双年展主席
张国华　国家发改委城市中心总工程师，国土产业交通规划院院长
东·凡乎文　荷兰政府基础建设前首席顾问，Venhoeven CS 建筑与城市规划事务所 CEO 和创始人
袁　昕　北京清华同衡规划设计研究院院长，中国城市规划协会副会长，中国城市规划学会理事
周　俭　上海同济城市规划设计研究院院长，同济大学建筑与城市规划学院教授
朱子瑜　中国城市规划设计研究院总规划师、教授级高级城市规划师
采访者＿CBC 建筑中心

## 一、城市规划与国际竞赛

*第二届河北国际城市规划设计大赛，面向国内外城市规划、建筑设计、景观设计等方向的规划师、建筑师及在校大学生征集有智慧、具创意的城市更新方案。您对“国际竞赛”这种创新型的城市问题解决方式有什么看法？能否提供您的建议？*

**崔愷**：改革开放以来，中国的建筑市场越来越开阔，同时建筑设计也取得了相当不错的成果。但在城市设计领域中，引进国外专家进行研讨也是很重要的，因为建筑师能做的还是城市中一些“点”的工作，而城市的整体风貌、真正的品质，还是要依赖于城市设计以及城市公共空间的打造。在这方面，西方发达国家应该有很好的经验。他们的城市，尤其在二战以后经过数十年的发展，应该说都达到了很高的水平。所以我们到国外考察的时候，也能发现高质量的城市是什么样的。

另外，中国的城市问题是很独特的。在过去几十年的建设中，城市空间在原来的规划导向下，积存了很多消极问题，包括中国城市产业发展以及房地产的问题等。有时候我们在行业里也愿意说，如果解决了中国问题，那就是世界水平，因为它显然并没有现成的答案。所以我觉得从这一点上来看，引进国际大师做一些标志性的建筑意义更大。

**王建国**：在这次比赛中，中外一流建筑大师和规划师专业团队会聚河北邢台，针对高铁站东侧片区的未来发展展开设计，彼此从不同的视角思考和畅想，包括对各种愿景以及为了实现这种愿景可能采取的策略、方法和路径，是一种很好的头脑风暴方式。其中，中方团队对中国的国情比较了解，做出来的提案既有创意，也相对比较接地气。国外团队虽然由于时间、空间、语言等各种因素对中国的情况了解相对少一些，可是他们有其他国家城市建设成功的经验和自己团队一流的专业水准，这些也都是竞赛所需要的。这次竞赛提供了一种城市新区尺度的城市设计多向度思考，在不同团队的专业观点互动或争执冲突

过程中，可能会萌生出一些过去没有想到的新的洞见和想法。对于一座城市来说，未来发展是非常重要的，尤其类似这次邢东新区和高铁的命题，在中国具有典型性。如果有一些高水平的大师团队来把脉，加之评审会专家对于项目进行的评价或点评，我相信这个区域发展一定会有一个美好的未来。不过，这个区域未来还有很多不确定性，一个好的设计并不是简单去编制一个确定性的设计，而是要面对城市成长提出富有创意和一定弹性的城市设计。通过这种竞赛方式就可以进一步筛选和比较，同时也在互相包容。所以我们应该把六家方案的优点，特别是亮点进行吸纳，为邢东新区的发展和未来，找到一个相对可靠、能够在高位上起步发力的发展方式，这个意义应该是非常重大的。

**盖瑞·哈克**：我觉得这些设计竞赛对于主办城市是很重要的。它可以聚集城市以外的设计师，分享创意，重要的是也能让政府和其他人员把注意力集中在这些设计创意上，避免延后搁置并忘却的情况。因此，使政府等人员注意并考虑多个与众不同的想法，了解到解决问题可能并不只一种常规方法（思维不能被常规限制），这是很重要的一点。从另一个立场来看，这些方案也很重要。比如在这次比赛中，有一个很重要的问题，在车站旁边建一个新的高速车站是否真的合理？原因在于依靠什么吸引人们来这座城市，这也是我在世界各地尝试的一个重要课题。我一直想知道如何让新建的高速车站附近地区快速发展起来，即使是在小范围内。当城市建设新的交通线路时，他们也要确保以交通为导向的发展，并试图吸引一些外来投资，使这里发展成为更好的区域。因此，推动解决这类问题的方案是非常重要的。

**唐凯**：本次竞赛起到了一个非常好的集思广益的作用。主要有两个方向，一个是大师赛，大师赛是有目标地邀请高水平的设计人参与提供一些方案，而这种方式在全国都做得比较多；另一个是全国大学生竞赛，这个比赛使大学生更加受益，可以帮助他们在实践中去发现问题，去设想解决问题，而不是只在教室里学知识，缺少实践。此次大赛，一方面体现了河北胸怀宽广，已经在开拓，并吸引了更多人来出谋划策；另一方面，对河北也起到了一定的宣传作用。

**艾伦·贝斯基**：竞赛是一个收集关于地区发展的想法的好方法，让学生参与进来也是发掘思想的一种好方法，因为学生敢于尝试和表达，不会因为害怕失败而畏首畏尾，所以他们可以提出非常有创意的想法和很好的建议。竞赛的危险在于它可能会成为政治的受害者——竞赛结果只是给原本的意图找个实施的借口。但总的来说，我认为竞赛是一种绝佳的方式，特别是让年轻的或可能不是来自某个特定领域的建筑师和设计师有机会对特定问题或项目发表自己的想法和建议。

**东·凡乎文**：我认为竞赛这种形式很好，以我在荷兰的经验，20 世纪八九十年代的时候我们的实践确实陷入了僵局，邀请国际建筑师并征求他们的意见就成了当时的潮流，而且是从最重要的关于建筑和城市主义更新的辩论开始。因此，我认为邀请国外建筑师来解决国内的问题是一件好事，因为在国内，进行清晰明确的讨论并不总是那么容易。

**袁昕**：我并不太在意这次比赛是否是国际化的，关键是在比赛中产生的想法是否能够具有国际水平，或者具有国际视角。规划的内容并不像建筑设计更多地限定在功能、结构等工程技术层面，规划涉及的领域要更广一些，规划师要跨越不同地区甚至不同国家的社会、经济和文化的背景，深入理解这里的情况非常不容易，但最终国际化的视角一定要落在本土化上面，国际化与本土化之间的互动才会有更好的效果。

**周俭**：我觉得此次大师邀请赛最有价值的方面是它很有针对性。针对一个具体问题，邀请在这个领域有研究、有经验、有建树的专业团队，由一位大师或者专家带领把他们在这方面的积累和经验能够贡献出来。不只是为了找一个单位，而是要找一个主治医生，对症下药。不管是城市更新、城市保护，还是城市的生态环境修复问题，抑或是乡村振兴问题，大师邀请赛这种方式对解决城市中的一些具体难题、探索创新发展模式，都是一种富有针对性的创新实践。

**朱子瑜**：通过国内国外设计单位之间的竞争，获得好的思路、好的方案，这是个比较有效的办法，也是在较短的时间内，获得好方案的一个捷径。但是并不能只看重“竞赛”这两个字，很多设计单位是为了表演而表演，为了竞赛而竞赛，并没有真正为这个城市考虑，为这个城市做出好的方案。而且，竞赛方案由于受到竞争的影响，效果也会大打折扣。所以说竞赛有好的一面，也有消极的一面，关键是要做好国际竞赛这件事情。例如这次的大师赛，有与国际竞赛配合的论坛，各团队也会有一个稳定的技术团队，在国际竞赛的过程中朝正确的方向，为城市解决问题。各团队彼此之间虽然是竞争关系，可也是另外一种形式的彼此合作关系。所以对于国际竞赛我觉得应该辩证地看待，既要看到好的方面，也要尽量避免不足的部分。

# 二、城市规划中精神文化与社会责任的体现

*本次竞赛是从邢台实际角度去出发，明确提出要把精神文化各方面融入城市建设当中，在您看来您觉得参赛团队应该从哪一个角度来思考一个城市规划对于社会的责任，您能否依据以往的一些工作经验给他们一些分享和启示？*

**王建国**：文化传承包括对地域性的一种积极性考虑，对文脉的吸收和发扬光大，是竞赛中每一个团队都应该要慎重考虑的一件事情。对于过去的历史文脉，我们不能把它看作是一个固定不变的东西，它有传承的一面，也有扬弃的一面和创新的一面。传承，就是传承好的、内涵的、现在仍然鲜活的这部分内容；扬弃指的是在过去那个时代形成的文化的某些习俗，某一种资源的利用方式，也包括生活方式等，有些需要传承，但也有一些需要迭代更新，而且今天的所作所为也是在为未来做准备；创新则是要面对未来的。

关于文化，我曾经总结了四个关键词。第一个是“源”，发源、起源的“源”。这个“源”可以解释为原点、原乡、原型。原点指 3500 年前华北第一城就诞生在今天的邢台，华北城市发展的原点就从这开始；原乡，指的是当时这个地方的一种聚落的环境所呈现的那种形态、状况；原形是指当时形成的聚落的构成方式，建筑的建构、农耕生产组织，都是有原形的。第二个是“流”。文化是流动的，过去不同文化之间也有交流、传播，过去走向今天也是一个流动的历史，所以它是活的，可以称之为“问渠哪得清如许，为有源头活水来”。第三个字是“脉”，脉络。因为文化的发展会开枝散叶，在一个主要的文化中会派生出很多亚文化，从而达到一个更大的传播。最后一个就是“态”，状态的“态”。对于文化的体验，不只是从言语中，还可以在建筑形态、城市的山水格局、风土人情等当中进行感知，它有一种外显的状态、姿态，是可以被人的感官所认知、体验的。

我们自己也经常这样对设计对象进行认知、理解，其实也代表了我们做项目时运用的认知方法。只有这样才能使设计和规划有厚度、有温度，既有愿景，又有策略、方法，还有贴近实际的人性化内涵。

**盖瑞·哈克**：首先，设想一下我们所说的文化建筑是什么？文化建筑不仅仅是表演艺术中心、歌剧院、博物馆和其他类似的东西。文化建筑也是社区中人们聚集在一起的地方，他们一同交流，并享受当地的表演和本土的文化作品。文化也是教育机构，儿童可以在其中学习如何制作艺术品。文化建筑的所有维度对于规划整合确实非常重要，我们可以在城市中建造一座歌剧院，但也可以建造五十座，我们的教育中心位于各个街区，儿童或成年人都可以去，老人也可以学习绘画等技能。音乐艺术也是如此，如果我们可以在市中心建立一个交响音乐厅，那么也可以把它设置在很多不同的地方，让那些使用传统或非传统乐器的人可以来进行表演，这真的很重要。因此，在我看来，不论在社区中还是公共空间、商业空间、居住区、学校或其他场所，真正的文化建筑是使人们参与到不同的活动中去，和它们联结在一起，这一点非常重要。

**唐凯**：参赛团队的方案，从他们的理念、所发现的问题、解决问题的对策以及在空间布局的方法等以问题为导向的思考方向上，都下了很大功夫。首先方向是没有问题的，符合中国现在的发展道路；其次是能够推进邢台的特殊需要，指出具体问题在哪里，解决问题的措施要具有落实性，这是非常重要的。而且我希望，它不是一个僵化的空间方案，而是有弹性、有发展、能够禁得起历史考验的，会更好一些。

**艾伦·贝斯基**：我认为假装去模仿已经存在的地方行不通，应该利用土地进行建设然后再植入可能的活动。竞赛谈到了邢台的精神，我希望所有的团队都能花更多的时间去了解他们实际建造的地点，了解水资源管理和农业历史等方面的细微之处，而不是只去看邢台的历史。因此我的建议是，考虑到邢台百泉的历史，如果这里将成为一个新的城镇，并且正在寻求能赋予其身份与吸引力的特殊发展潜力，那么去思考技术与农业和水资源管理之间的交叉互动，可能会是一条非常有趣的道路。

我们在弗兰克·劳埃德·赖特创办的有机农场生活和工作了半年，现在我们正在研究开发综合了建筑、农业和烹饪的项目。而且我认为，这种针对人力资源的基本方面的措施，作为成为社区和赋权的基础，将是解决自然资源灾难性耗竭、由于社交媒介造成的社会生活消失等问题的很好的方法。

**张国华**：首先，对于规划设计团队方案的要求中，要体现它的社会责任这一点非常好。因为我们越来越注意到，一个城市的精神和文化，是决定城市最根本的东西，而不是城市的产业、GDP 等。在城市高质量可持续发展的时候，我们会发现精神性的东西对这个地区

的高质量发展，会带来绵绵不断的动力，我觉得这个要求是很好的。但是需要注意的是，解决好城市高质量的发展，那一定是现在的城市问题。类似邢台的城市，引以为自豪的都是过去的传统文明，甚至是农业文明的东西。并不是说农业文明的东西不好，而是要更多地考虑如何把传统和现代好的东西，在邢东新区进行搭建，这一点无疑是非常关键的，切忌出现不东不西、不洋不美的效果。

第二，一个国家、地区发展得好坏，是需要外力的，但更重要的是取决于这个国家、地区。邢东新区发展得好坏，外来的设计机构很重要，但更重要的是这些邢东新区的建设者、运营者、居住者和工作者，如何携手把好的想法，结合邢东新区发展的实际情况，灵活地采搬进来。

最后还应该强调的是，邢东新区的成功不只是规划的成功，而一定是市场的成功。好的规划方案如果得不到市场的认可，就很难付诸实践，或者即使付诸实践，也很难取得好的效果。这告诉我们的规划师，在邢东新区的规划乃至进一步延伸服务的过程中，我们都要保持一定的介入一致性，要保持一定的谦卑。由于市场是不断变化的，那要如何通过这个规划将这些创新的经济要素、产业、人口，集聚到邢东新区来。我们应该为他们的创新、创业、创造，去营造更加宽厚的空间环境，现代化的基础设施，更加优质的功能服务以及更加良好的空气生态环境。这样，邢东新区才能真正地走向成功。

**东·凡乎文**：我不是城市文化或者城市精神的专家。但我了解到一些邢台的关键特征，例如它是泉水之城、离山很近、水从山那儿来等。而现在，由于经济发展、环境污染等情况使这种特征岌岌可危，如果能成功恢复，获得干净的空气是非常重要的。我认为还有另外一种精神，不只是邢台，而是整个中国的一种精神。如果你在乡村或旧城区，会发现人们生活得很近，他们把街道当作客厅，老太太们会在街上跳舞，我认为这个社会现象非常重要。最近我又了解更多让人们开心的原因，通过大数据追踪可以发现，人们喜欢与其他人亲近。我认为这是在设计以汽车为导向的城市时完全忽略的事情。现在有了自动驾驶汽车，有人可能会建议需要在街道上做围栏，否则人们会穿越马路，自动驾驶汽车就得停下来。但是不能这样，以前我们就为汽车建造城市，现在我们不能再为机器人和无人机建造城市，我们应该为人建造城市。

**周俭**：城市规划师必须要有很强的社会责任感，因为规划的服务对象不仅仅是投资商或某个项目，而是整个社会，它有公共的利益的属性。我的老师曾说过：城市规划就是为人民服务。城市规划师这个职业一出现就是为公共利益服务的，这一点毋庸置疑。具体来讲，在邢台城市发展或者城市转型，在从量的增长到质的提升这个过程中，规划师应该更注重公共价值观，即习总书记说的以人民为中心。以前我们经常提以人为本，但我们应该把这个“人”定义为是一个“人民”的概念。规划不仅是为某一群人，比如在一个旅游区规划中，坚持以人为本，并不是只以游客为本，旅游区中还有居民等其他利益相关者，有时候这些利益相关者可能比游客更重要。我们在规划的时候，不管是修一条路、建一个学校，还是做一片绿地，都要考虑到不同人的需求。

城市规划本来就具有公共政策属性，制订的方案或者是导则、准则等，都会影响所有老百姓的日常生活。我觉得从这点来讲，就需要从一开始教育城市规划的学生，让他们在最初或者以后准备进入这个行业时，都必须要有这个意识。至于如何去做，那是要根据项目的不同情况。规划需要统筹考虑城市发展各方面的问题，比如不能为了解决交通问题把空间尺度和慢行空间放弃了，或者为了保护文化遗产而把当地居民的生活给忽视了，应该综合考虑各个方面。

# 三、城市发展趋势的转变

*近些年来城市工作者是由一个追求经济的发展趋势转变为追求城市品质的提升，本次比赛对此也非常看重，从一个规划者的角度来说，您觉得完成这种转变需要注意哪些方面？*

**王建国**：不能简单地说从追求经济到追求品质，这两个不是非此即彼的问题。每个城市都是要发展经济的，只是在追求经济的同时，不能够用经济至上的价值观来引导城市的发展，而应该把经济的发展和 GDP 的提高与人居环境品质提升看成是一体的两面。我国从 2011 年开始，城市化率超过了 50%，从而改变了“以农立国”的人口基本格局，越来越多的人在城市社区生活工作了。这也表明，城市在发展过程中以规模外延的扩大为宗旨的发展方式以及以人口和土地要素来驱动的一种粗放式的发展模式结束了。

今天我们进入了城镇化的下半场，在这个过程中，品质内涵的提升和人居环境高质量的发展，成为今天的一个主题。十九大明确现在的主要矛盾是广大人民对美好生活的追求与不充分和不平衡的社会发展之间的矛盾。因此，今天必须要以高质量发展，环境友好方式作为今天发展的主题。这也是现在为什么会更多地重视城市设计，过去城市规划主要解决的是城市发展问题，比如城市功能、人口规模、产业定位、城市增长边界控制及各种公共设施的安排等。建筑设计多考虑业主需求和建筑物的单品品质，景观则会包括一些公园和绿地，而城市、建筑和景观之间该如何结合协调，它们中间需要有个桥梁、一个黏结剂，这个桥梁和黏结剂就是城市设计。

近年，规划竞赛好像并不很多，而城市设计竞赛却越来越多。我们团队也参加了雄安新区启动区、北京城市副中心总体城市设计、北京城市副中心城市绿心起步区规划及三大文化建筑设计等重大国际竞赛，并取得了较好成绩；另外，我也主持过南京、广州、郑州、芜湖、呼伦贝尔和北京老城等总体城市设计。诸多实践使我感受到，国家对于未来发展的风向标发生了改变，生态优先、可持续发展变成了今天规划设计的重要原则，中华民族优秀文化的传承变成了今天的主题。城市要追求可持续性和韧性，尤其对于千年的城市，这个要求变得更为关键，也是对城市发展的基本要求。建筑发展则一定要走绿色发展道路，不只是节能环保，还包括绿色生活、绿色出行等更宽泛的内容。所以说，未来的城市发展，归纳起来就是一定要在其中体现高品质和高质量发展的要求。

**盖瑞·哈克**：我并不认为这是一个过渡。我认为，建筑师可以通过创造高品质的空间来促使城市的经济得到更好的发展，并将人们吸引到这些地方。对于个体开发商，他们可以通过好的设计来创造价值。例如，我曾在多个城市中对此进行了一些研究，并撰写了一些有关这个问题的文章。当我们构建一个开放空间时，需要将一块土地开放给大众使用，这块土地的价值不会减少，反而会增加。之所以能够增加土地的价值，是因为相比于只能看到马路对面的建筑物，人们会为能看到一片开放空间的办公室和住宅支付更高的价格。同样，精心设计的高层建筑，相较于没有经过精心设计的而言则具有更高的利润空间。关系紧密的那些区域具有相似的特征，而非每座建筑物都迥异不同，相对于每座建筑物的形状都怪异且不同的区域，它们倾向于以更高的价格租出。因此，我认为在教育中真正重要的一件事是，向建筑师和规划师传达他们可以从事的工作如何既可以使私营开发商更获利，又可以为居住在其中的人们创造更好的社区。而且我认为二者彼此并不矛盾，它们实际上是完全兼容的。

**唐凯**：作为规划人来说，规划本身就是一个综合性的工作，规划人本身就是追求综合效益的。我们在几十年前做规划的时候就在讲经济效益、社会效益、环境效益综合最佳，现在也更加注重生态、文化、经济，而且最终要以人民为中心。习总书记说过，金杯银杯都不如人民群众的口碑，它是为人的，不是虚的。我们在不同的时期会有一定的特殊性，规划时可能更偏重经济一些，或者更强调速度、扩张。但它并不是可持续的，它在不同的时期会有不同的办法，尤其到了今天，更应该注重综合性以及生态、文化、历史、人文等，当然综合效应是最佳的。现在的规划也不是以速度为主，而是要以质量为主。

**艾伦·贝斯基**：先建造许多办公楼然后期望人们搬进那里的想法已经被证明并非很有效的规划手段。比起抽象的自上而下的规划，自下而上的规划是对人员、货物和金钱流动的应对，可能是一种更有效率的思维方式，这样人们才会被环境的特定方面所吸引，当然首先是环境本身。有趣的是，有内在历史的建筑物或场所比全新建筑更容易让人接受并理解，成为有归属感的场所。这是建筑师一直在努力的事情。建筑师创建一个新的社区，无论他们多么努力地使它看起来熟悉，或看起来就想在那里生活、玩乐、工作，它还是会让人觉得陌生。但如果是一个充满生活气息的旧场地，人们就会感到更自在，这就是再利用的另一个原因。

还有对第三种空间的整合，它既不是公共的也不是私人的，而是介于两者之间的，不是纪念性的文化机构或公共空间，而是非正式的空间。在中国比较明显的是商业空间和公共空间之间的混合，每到夜晚降临，城市和乡村就会变得活跃起来，由此可见，即使在最平平无奇的街道上，人们是多么善于利用空间。 所以重新找到容纳这类活动的方法，会使场地更具吸引力。

**张国华**：对于城市经济发展的追求是没有问题的，我们不应该去误解它。因为经济各方面的生产要素高度集聚在城市里，它带来了我们今天现代化的生活，带领我们走向现代文明。但是对于经济，高质量发展的、绿色发展的、生态文明的境界是我们要追求的，而不是过去那种低质量发展、带来大量环境污染的经济。现在国家从工业文明进入了高质量发展，从过去低成本的环境污染等一种模式，转变到生态优先、绿色发展这条道路上。我们很关注的一个问题是，如何从过去解决“有没有”到现在解决“好不好”的问题。不再看这个项目多重大、工程规模多大、效率有多高，而是看这些工程、这些建筑能不能给这个地区的人和产业一个好的感受，给经济好的发展。这样一个大的转型，对整个规划行业来讲影响是巨大的。因为无论是国内还是国外的规划设计机构，他们都存在如何把国外好的发展模式和中国进入一个好的发展阶段结合起来的问题。

一个好的规划方案出炉，大家都很关注，但是这个好的方案如何在这个地区更好地实施，是需要有思想的知识型团队进一步跟进并提供更好的支持服务的。另外，过去建房子更多的是为了卖钱，之后我们考虑的则是要如何开发更高质量的房子、提供更好的物业服务来吸引居住者。如此，规划师业务以及团队的发展等模式就会转变，这就是由需求决定的，需求的变化也会带来供给的变化。所以对于这次竞赛，从模式上、思想上都是需要结合邢东新区的发展去积极探索如何进行更高质量的发展的。

**东·凡乎文**：我认为重要的是，直到今天，全世界仍在关注全球化，而这基本上是一种线性经济模型。从土地、森林、矿山获得资源，将其转化为产品在世界市场上进行出售，从而赚更多的钱，然后再被扔掉，甚至还会尝试投放广告，来加速这个过程。我认为我们应该考虑如何实现循环经济，循环经济意味着你不会扔掉任何东西，而是从废物中收获新资源并将其转化为新产品。这意味着，一个在全球贸易中位置不佳的城市，仍然可以是一个拥有自己的生产、消费和各种循环的非常好的城市，它对环境的影响要小得多。过去的一百年，主题一直是繁荣，但现在这个主题正在迅速转变为如何建立一个生态社会，因为这关系到我们所有人。

**袁昕**：“品质”这个词具有两层含义，一个是“质”，即“质量”。无论是从规划建设方面还是从城市管理方面都要提高我们的工程质量和管理效率；另一个是“品”，即“品味”。我个人理解蕴含更多“软”的因素，在文化方面要有一个更高层次的追求。这两点要很好地结合起来。对于规划师和城市管理者来讲，视角一定要更开阔一些，不要只看空间环境的硬件标准，还要从城市的特色空间建造、后期运营和管理的整体流程去思考我们到底需要怎样的空间来承载未来的有活力的城市生活，最终实现的是城市生活品质的提高。

**周俭**：完成这种转变，最重要的一点是要考虑到包容或者说是韧性。以前的发展要么特别注重经济、注重产业，要么特别注重房地产，有些地方可能特别注重旅游。每一座城市在每一个发展阶段往往都是注重一方面，那另外一些方面可能就会被忽视，而被忽视的那部分就可能会带来各种的问题。比如社会问题，一个城市的老城区很破旧，低收入或者弱势群体都住在老城区，社会空间就会不均衡；比如经济问题，在带来经济发展的同时，可能有了污染，无论是空气污染，还是水污染，都会带来负面的影响，或者是城市发展之后带来的交通拥堵问题等。当然这是在快速发展的特定时期城市的普遍情况。

一个城市品质的提高，两方面最重要。第一要做长板。城市的特色在哪里？每座城市都有自己的特色，从规划角度看，这个特色主要在于两个方面。首先是它的历史文化，它的特征和积淀，或者是美食、一种生活方式等等；其次是它的生态环境，比如江南水乡。同时在其他方面各个城市也有自己的特点，有的地方大学很多，有的地方产业很好，有的地方科研院所很多，这些不一样的特色资源是每个城市的“长板”，我们不能为了补短板而放弃了长板，最后自己的特色可能就慢慢丧失了。

第二要均衡。要避免做长板的过程中带来的负面影响，也就是要均衡。比如不能够为了经济发展放弃环境，也不能为了发展旅游将老城区的老百姓迁走等类似问题。因此，提升城市的品质不是只提出概念，要让当地居民在日常生活中能够体验到这个从量的变化到质的变化，从量的提升到质的改变最终呈现的城市品质是能够让老百姓切身感受到各个方面都在发生新的变化，从而使市民对自己居住的城市产生自豪感。

# MILLENNIUM CAPITAL, FUTURE CITY
## ——OVERVIEW OF XINGTAI CITY AND XINGDONG NEW DISTRICT
# 千年古都，未来之城
## —— 邢台市及邢东新区概况

邢台市地处河北省南部，西依太行山与山西省毗邻，东邻京杭大运河与山东省相望，北连石家庄、衡水，南接邯郸，是京津冀城镇群的区域重要城市，中原经济区的“桥头堡”，是冀中南地区的区域重要城市。

邢台市辖2个市辖区、2个县级市、15个县和2个管理区，总面积1.24万平方公里，总人口780万人，地域面积和人口规模均处于全省中游，经济总量和发展水平居于相对落后位次。邢台距北京353公里，距雄安新区233公里，距天津324公里，距石家庄107公里，与京津冀核心城市交通联系便利。

邢东新区隶属于河北省邢台市，是河北重点支持的三大新区之一，地处冀中南地区石邢邯城市发展带，范围涉及桥东区、任县、南和县和邢台开发区，总面积370平方公里，2016年被确定为国家级产城融合示范区。

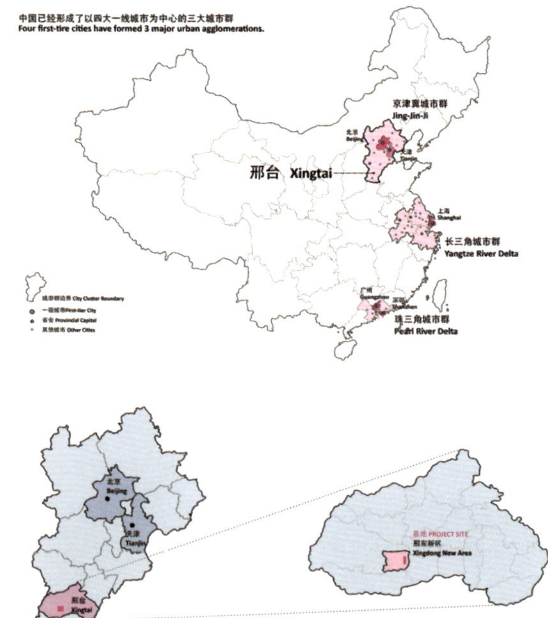


邢台及邢东新区区域示意图（图片来源：墨菲西斯事务所方案集）

## 一、邢台市城市文化及发展规划

### （一）城市文化特色

#### 1. 古城文化

邢台素有“五朝古都、十朝雄郡”之称，拥有3500余年建城史，华北历史上第一座城市，被称为“燕赵第一城”和“京南第一城”。

邢台古城空间布局呈现我国古代州府城市的基本格局，正对各城门，形成两个“丁”字街，钟楼（清风楼）位于古城的中心突出位置上，高度最高，这是传统礼制的体现。清朝时期，邢台城墙低隘不足守御，开始在城南关修筑寨城：“寨周围七里，堞高二丈二尺，基厚二丈二尺，顶宽一丈二尺。”

因古城“厚六丈，上可卧牛”，俗称为卧牛城。又传城西南有拴牛石，东北有牛尾河，故名，未知孰是。城市形象轮廓似卧牛，河流名称、村落名称等意会牛形象，同时有“神牛吼退洪水”的牛城传说。牛身子是由城墙和护城河构成，整座城市像一个巨型的牛背；府前南街、北长街、南长街、顺德路街区是牛脊，清风楼恰似牛城的脊峰。城南的南头村和东、西牛角村，勾勒出牛头的意向。城北有表征牛尾巴的牛尾河，城内的牛市水坑、羊市水坑、马市水坑、靛市水坑四个水坑，是传说中的四个牛蹄印。南北长街是“牛肠”，牛胃是韩家坑、王冒坑两个一大一小相连的水泊，现在已经被城市压占，寻找不到痕迹。

## 2. 百泉文化

城防建设、农业生产都与泉水密切相关。乾隆时期《邢台县志》记载“引达活泉水入城，周流街市”。达活泉和发源之龙岗南侧的野狐泉两水被称为“鸳水”，并流后汇入牛尾河。达活泉水、百泉泉区的泉水也作为下游农田灌溉之水。

邢台泉文化特色主要由以下几个方面构成：①泉与生活用水：过去泉中有水时，居民饮用水，洗衣、种菜用水都离不开泉水；②泉与城市生态:《顺德府志》记载“隍深丈许，阔五丈，旧引达活泉水入城，周流街市。”泉水的流动可带动空气的流动，增加空气湿度，调节气温，起到调节小气候的作用；③泉与休闲娱乐：水为生活带来灵气，儿童戏水，老人纳凉，泉边都是不可多得的好去处;④泉与城市景观：水往往是城市景观的焦点，古邢台八景中就有多处与泉有关。⑤泉与地名和路名：邢台有多处路名和地名都与泉水有关，人们随口道来都离不开泉。

## 3. 先贤文化

在中国史册上，出生于邢台或成名在邢台的帝王将相、圣哲先贤、百工艺人、科学巨擘灿若繁星，包括元代世界级科学家郭守敬、唐代天文学家僧一行、中医圣祖扁鹊和魏征、宋璟、刘秉忠等政治家等。

## 4. 邢台山水格局

山地：邢台地处太行山脉和中原平原交汇处，地势西高东低。其中，西部太行山东麓，以山地、丘陵为主，生态优势最为突出，拥有杏峪原始次生林自然保护区、天池山自然保护区、灵霄山原始次生林自然保护区、老爷山自然保护区，是京津冀地区重要的生态屏障和旅游胜地。横卧邢台的百里太行，山形奇特，是“最美、最险、最奇”的一段。素有“太行明珠”之称的前南峪，森林覆盖率高达90.06%，居“天下脊”（太行山）之首，被誉为“太行山最绿的地方”。

水系：邢台地区河流、湖库属海河流域，子牙河与黑龙港河两大水系。滏阳河是京津冀重要生态廊道。邢台地区河流多为季节性，沿河有永年洼、大陆泽、宁晋泊等滞洪洼地。湖库主要有岗南水库、朱庄水库、临城水库、东石岭水库、野沟门水库、马河水库及衡水湖等。

耕地：自西而东以 2:1:7 分布着山地、丑陵、平原。2014 年，耕地面积 6946.7km$^2$，人均耕地 0.090 公顷，占全市土地总面积的55.9%。基本农田主要分布在建成区周边。

# （二）城市发展规划

2015 年中共中央出台京津冀协同发展规划纲要，京津冀一体化重大国家战略迎来实质性推进。邢台市位于协同规划纲要中提出的京保石发展轴以及南部功能拓展区范围内，随着区域进入以建设世界级城镇群为引领、网络联动为特征的空间格局重构期，邢台将主动对接，融入区域发展。

贯彻落实创新、协调、绿色、开放、共享的发展理念，认识、尊重、顺应城市发展规律，以环境治理为基础、以产业转型为支撑、以创建和谐社会为主题，不断提高邢台在京津冀区域的地位和作用，充分发挥邢台的区位和交通优势，增强城市综合辐射带动能力，有效推进新型城镇化建设，实现城乡一体化发展；同时弘扬历史文化，依托丰富的历史文化遗存，创建国家历史文化名城，提升城市知名度和影响力。将邢台建设成为生态环境宜居、产业结构合理、城乡融合发展、具有较强竞争力的区域中心、创新基地、山水绿城、文化名都。

### 1. 区域中心

加强与京津对接，完善中心功能，将邢台发展成为京津冀城市群节点城市，省会南翼枢纽城市，邢台市行政经济文化中心。

目前已经开通的京广高铁，最快的高铁从邢台东到北京只需 1 小时 46 分钟，邢台东到石家庄 28 分钟，邢台东到郑州 1 小时 19 分，高铁不仅仅改变着人们的出行方式，缩短城市之间的距离，还将改变邢台城市的结构布局，推动城市转型、产业升级和城市功能完善，促进产业聚集，对于邢台承接北京产业和资本的转移，接受技术、人才等生产要素的辐射也具有重要作用。未来高铁将成为邢台城市经济发展和城镇化的催化剂，加强城市与外部之间的沟通联系，推动城市更好融入区域经济中。

### 2. 创新基地

依托现有的新能源、装备制造等优势产业，与京津冀的科研院所、高校、企业等合作，建设创新研究成果转化基地和产业化基地，打造京津冀重要的先进制造业基地；利用交通枢纽、产业基础和资源条件等发展电子商务、物联网、文化创意等产业，搭建企业创新平台，形成产业创新基地；结合现有产业升级转型的机遇，依托邢东新区创新平台，建设产业转型及产城融合示范区。

### 3. 山水绿城

结合太行山及山前地带的山水格局，完善水系，治理污染，改善生态环境条件，创建国家公园，建设生态园林城市和文化旅游城市。

### 4. 文化名都

结合省级历史文化名城的基础，进一步发掘历史文化，塑造守敬故里，打造大遗址公园，保护古城并恢复部分古都风貌，同时发展文化产业，创建国家级历史文化名城。

# 二、邢东新区概况及战略规划

## （一）邢东新区概况

河北邢东新区位于邢台东部，华北平原地区，境内牛尾河、七里顺水河向东注入大陆泽（上古中国九泽）。新区控制范围在襄都路以东，隆南线以西，旭阳大街以南，留村路以北区域，境内有任县开发区、邢台开发区、南和开发区 3 个省级经济开发区，位置优势明显、交通便捷、资源环境承载能力较强、开发程度高。

邢东新区西邻邢台市主城区，定位依托京津冀协同发展大平台，促进邢台地区经济结构调整，与邢台联合做大做强中心城市，调整优化京津冀城市布局和空间结构，带动周边 2000 平方公里、280 万区域人口，辐射全市域。起步区面积 58 平方公里，规划建设以高铁上东片为起步核心区先行开发，将围绕邢台东站规划高铁片区、轨道交通、中央商务区、奥体中心、大健康居住、科创产业、商贸巨著等七大板块，国际会务、城市博览总部经济三大功能区及邢台中央生态公园等巨型城市绿地。

邢东新区地处冀中南石邢邯城市发展带上，是河北省中南部优势产业最集中、经济要素最活跃、支撑作用最明显、发展前景最广阔的区域之一。已初步形成机械制造、光伏、汽车、物流等产业基础，距离改扩建中的邢台市沙河机场 25 公里，可达全国各地，具备高起点高标准开发建设的基本条件。

## （二）邢东新区战略规划

2015 年 4 月 30 日，中央政治局会议审议通过的《京津冀协同发展规划纲要》指出，推动京津冀协同发展是一个重大国家战略，其中提出优化提升首都功能，加快更多新区建设，培育新的经济增长极，完善城市群形态，优化生产力布局和空间结构，发挥京津两大核心城市的辐射带动作用，提升河北城市发展能力，实现优势互补、一体化发展，完善城市间功能分工与城市体系，打造拥有高品质生活、人产城高度融合、生产生活生态协调、城市魅力彰显的具有较强竞争力的世界级城市群。2019 年 1 月，习总书记在京津冀考察中进一步强调京津冀协同的重要地位。

邢东新区立足于邢台市城市发展的新目标、新要求，以高铁站建设为契机，融入城市发展新理念，创新城市发展模式，促进站城深度融合、互动发展，打造成邢台市创新发展的战略主平台、主引擎和新中心，成为京津冀协同发展背景下区域内节点城市创新发展示范区，具有广泛的示范效应。

### 1. 规划原则

**生态优先，环境提升。**坚定不移地加大污染防治和生态保护力度，着力推进绿色发展、循环发展、低碳发展，节约集约利用土地、水等资源，强化环境保护和生态修复，走生态发展之路。深层次挖掘历史人文资源，突出地域特色，彰显邢襄文化。

**统筹协调，一体共建**。统筹协调邢东新区与各组团的一体化发展，综合考虑各自资源优势、产业优势、区位优势，对各组团的发展定位、主导产业进行全面分析论证。统筹邢东新区区域的综合交通、基础设施、城市安全设施等，实现区域共建共享。与“一城五星”用地空间布局、综合交通、基础设施和公共服务设施进行对接，实现“一张图”规划管理。

**产城互动，转型发展**。以城镇功能完善吸引产业集聚，以产业集聚促进人口集中，实现产业与城市的良性互动和融合发展。加快淘汰落后产能，大力发展生产性服务业，拓展提升消费性服务业，培育发展新兴服务业，推动新区产业升级，实现产业转型发展。统筹考虑城市建设与产业发展，以产业园区为支撑，预留通风绿色隔离廊道，优化空间布局。

**循环集约、绿色宜居**。顺应人民群众对良好生态环境的期待，调整产业结构，升级产业层次，形成绿色低碳循环发展新方式。推进绿色社区建设，建设提升完善配套生活设施，创造新的宜居生活空间。

## 2. 面临挑战

**发展起步较晚，周边群雄并起，夹缝中生存**。邢台在近些年来发展相对缓慢，虽然在城市建设、区域基础设施、环境建设等方面有较大发展，但比起周边城市，实力相对较弱。北部的石家庄和南部的邯郸，在经济实力、发展势头等方面都强于邢台。邢台仍处在经济低洼地带，必须找准目标和出路，迎头赶上。

**产业体系尚未完善**。邢东新区内各类产业发展对资源的依赖性较大，优势产业多为资源密集和劳动密集型产业，技术水平及劳动生产率相对较低，整体产业发展水平、层次不高等，缺乏统一明确的发展方向和规划协调，工业围城现象比较明显。

**经济发展集聚度不强，相对粗放**。邢东新区尚处在规划起步阶段，区域的经济发展目前主要依靠大量的不可再生资源的消耗、通过大量的投资实现外延式的经济增长模式，工业企业一般技术含量都比较低，工业的可持续发展受到严重的制约。此外，“粗放发展”不仅仅存在于工业生产中，在经济社会生活的很多领域都不同程度地存在。新区的一些地区、部门和行业片面追求 GDP 的增长，忽视了由此带来的资源和环境问题。

**基础建设相对滞后**。基础设施配套不健全，滞后于产业项目发展。同时，与工业建设基础设施相比，生产生活服务设施建设相对滞后。由于基础建设滞后，造成许多投资项目落地困难。这是致使许多大项目、好项目不能及时在邢东新区落地的重要原因。

## 3. 战略定位与意义

**战略定位**。转型升级及产城融合示范区，先进装备制造业基地，新能源及新能源产业基地，新兴业态孵化基地。

**战略意义**。邢东新区的建设将有利于中心城市向东拓展，对拉大城市空间框架，做大做强中心城市，提升城市综合竞争力有着十分重要的意义。充分利用高铁交通优势，大大拉近邢台与北京、郑州、武汉等城市的距离带来的机遇，建设邢东新区，并有利于邢台市承接北京等大城市的产业、资本转移，有利于接收技术、人才等生产要素的辐射，加快构建现代产业体系。建设邢东新区，大力发展现代服务业与新兴产业，加快推进城市化、工业化进程，促进城市的经济多元化发展，将对中心城市的产业布局优化和城市功能的完善起到极大的推动作用。

## 4. 邢东新区核心区重点地段整体空间结构

邢东新区按照绿色隔离、组团发展、产城融合、宜居宜业的布局原则，建成后，将形成“两园、四廊、五区、一核心”的空间布局。“一核”：即高铁片区、上东片区。“两园”：即中央生态公园、邢东生态公园。“四廊”：即京深高铁、东环城公路、七里河、牛尾河。“五区”：即任县产城区、邢台产城区、邢台经开区、南和产城区、现代物流园区。

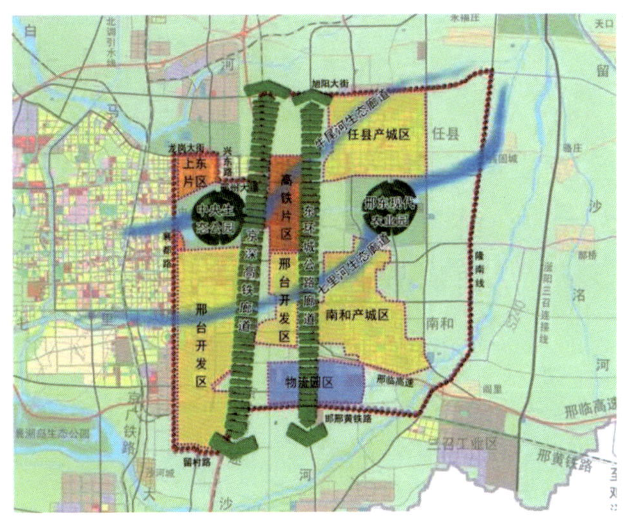

邢东新区核心区重点地段的整体空间结构

第二届河北国际城市规划设计大赛（邢台）

# URBAN DESIGN OF XINGDONG NEW DISTRICT

## 邢东新区城市设计

# 国际大师邀请赛

THE SECOND HEBEI INTERNATIONAL URBAN PLANNING AND DESIGN COMPETITION (XINGTAI)

# International Masters Invitational Competition

# COMPETITION BACKGROUND
# 竞赛背景

*中国城市发展已由快速发展期进入转型期，当前城市发展面临着众多挑战。京津冀协同发展、规划建设雄安新区、筹办北京冬奥会等，给河北省的发展带来了千载难逢的宝贵机遇。*

*“第二届河北国际城市规划设计大赛——邢东新区城市设计国际大师邀请赛”作为“为美丽河北而规划设计——第二届河北国际城市规划设计大赛”的重要组成部分之一，以“未来城市”为主题，是“规划、建设、管理都要坚持高起点、高标准、高水平，落实世界眼光、国际标准、中国特色、高点定位的要求。不但要搞好总体规划，还要加强主要功能区块、主要景观、主要建筑物的设计，体现城市精神、展现城市特色、提升城市魅力”生态文明思想的实践和应用，为邢台的城市规划建设管理发展指明了正确的方向，提供了可供借鉴的样板。*

## 项目概况

此次大师邀请赛的基地位于邢台市邢东新区，是河北重点支持的三大新区之一，未来十年将成为邢台的新中心，项目所在区域是邢东新区的核心地段。大赛以“未来之城”为主题开展国际方案征集，旨在提升邢台市的城市能级和核心竞争力，并以此次邢东新区核心区的建设为契机，带动邢台市的发展转型。同时本项目将立足于提升邢台市的城市能级和核心竞争力，遵循“世界眼光、国际标准、中国特色、高点定位”的发展理念，充分利用邢东新区现有的便捷交通、产业优势和生态资源，将邢东新区建设成为宜居宜业的城市新中心，具有战略价值的城市发展新引擎，拥有国际化视野和前瞻性思维的生态人文未来之城。

## 设计范围

设计范围包括邢东新区核心区重点地段概念性设计范围和高铁站前中心区详细设计范围两个层次。

邢东新区核心区重点地段概念性设计范围为邢州大道、东环城公路、红星街、京广高铁围合的区域，面积约 11 平方公里，主要进行功能策划、空间结构和布局的概念性设计，规划设计成果深度能够指导和转化为控制性详细规划。

高铁站前中心区详细设计范围为高铁站前中心区 1.26 平方公里，需进行详细规划阶段设计，达到修建性详细规划阶段的城市设计深度。

## 设计目标

立足邢台市自身发展条件，在推动京津冀世界级城镇群建设的背景中，以国际标准建设邢东新区，发挥邢东新区在河北省以及京津冀城镇群中的积极作用，提出邢东新区乃至邢台市未来发展的新模式，为邢台市和邢东新区的未来发展和建设甄选最佳方案。借助国际城市规划设计大师之手，描绘邢东新区核心区重点地段的发展蓝图，协调区域环境，推动空间布局、建设工程等内容有序落地，对提升邢东新区品质和带动发展具有重大意义。

## 设计内容与深度要求

**发展战略及功能定位**

中国城市发展已由快速发展期进入转型期，当前城市发展面临着众多挑战，同时也迎来了新的发展机遇。邢台是京津冀城市群的重要节点城市。结合邢台市发展战略，梳理国内外先进案例，立足于邢台市的发展现状，综合协调邢台的社会、经济、人口、生态、文化等诸多方面因素，以国际视野提出邢东新区在新时代的战略定位、转型发展的新模式和策略。

**邢东新区核心区重点地段概念性设计**

确定邢东新区的未来发展战略，梳理国内外先进案例，结合西侧主城区发展现状，研究邢东新区的未来发展、主要功能；地块西侧为河北省第三届（邢台）园林博览会举办地，同时也是未来邢东新区的中央生态公园，设计应统筹考虑，协调区域环境；针对 11.63 平方公里核心区开展用地布局、开发强度、空间形态、交通组织、开敞空间、景观风貌和地下空间利用等研究，并充分考虑开发、运营的经济可行性以及历史文化的保护与利用；对邢东新区高铁站前空间重要视觉廊道进行整体把控；通过公园绿地、广场、街道等城市公共空间以及慢行系统设计，构建邢东新区充满活力的休闲活动空间；对片区的夜景照明、环境设施做出设计和引导。

**高铁站前中心区详细规划阶段的城市设计**

对高铁站前中心区 1.26 平方公里进行详细规划设计，对建筑群体的组合形态、整体造型以及建筑的体量、高度、密度、风格、色彩等提出整体控制意见；对重点地区内的公园绿地、广场、街道等公共空间进行规划设计，提出空间景观组织、功能布局、形态设计、尺度控制、界面处理等进行控制指引，对景观小品、城市家具设计、道路交叉口的形式与尺度、人行天桥（地下通道）、停车场地和公交站点等提出控制和引导意见；对广场、街道、建筑群和绿化的夜景照明等进行设计和引导。

**规划实施策略及行动计划**

在空间规划、专项研究和重点地区城市设计的基础上，明确实施策略、操作路径和行动计划，确保设计成果能够有效指导后续深化研究和规划实施。

**深度要求**

概念性设计成果深度能够指导和转化为控制性详细规划，高铁站前中心区详细城市设计达到修建性详细规划阶段的城市设计深度。

# THE FUTURE HIGH-SPEED RAIL CITY IN THE CONTEXT OF SPATIAL PLANNING
# 空间规划语境下的未来高铁之城

**崔愷**

**中国工程院院士，全国工程勘察设计大师，**
**中国建筑设计院有限公司名誉院长、总建筑师**

邢台应该被称为“高铁上的城市”。首先，它不是老城与新城之间发展的关系，而是跨越型的。需要考虑到它和郑州、石家庄甚至北京的关系，它应该变成一个区域性的城市。现在每一个在高铁集中点上的城市，都是可以变成区域性城市的，因为它的活动可以在区域当中进行调配，可以组建成不同的城市发展产业圈。其次，邢台的城市规划是要反应邢台历史和农业文明的，所以我们特别不希望它模仿某些大城市，去做一个所谓的经典城市。

我们想打造的是一个开放型的城市，在设计中强调它的组团化，强调保留田野、农田。我们是在村子的基础上去建设城市的，因为这些村子里不仅仅有居民，也有很多文化沉淀。文化不是一个大的概念，不需要什么都是汉唐文化或者明清文化、中华文化。它就是在这里沉淀下来的历史，就是习主席讲的乡愁。所以希望之后去村子里调研、掌握第一手资料，把村子里的老房子、老宅子、老树，还有很多老的物件，作为未来新城一个重要的文化载体。让人们能记住在这个地方曾经生活了什么样的人、发生了什么故事，这是我们所看重的文化。

我们希望将来规划出的是一个多元化的，以不同产业、不同文化基因以及不同的环境位置所塑造出来的多样化丰富的城市。虽然整个规划范围大概是 11 平方公里，不是很大，但我们仍希望它不要走大城市的道路。我们在每一个组团当中，配置有公共建筑、商业服务建筑、居住建筑，也有产业建筑。这个模式能在未来的发展中，预留出以创意产业引入为龙头的一种发展模式。我们原来的发展模式是房地产商结合居住需求，是建立在传统的城市结构上的。现在在新的城市结构中，我们希望它是一种创新引领的发展。

这个组团有可能是一个企业，它的员工、研发机构甚至办公车间在这里，它的商业服务、区域性总部也可以在这儿。组团的尺度建立在 15 分钟的步行时间之上，大概是 500 米的半径距离，这样的话，这个城市是不需要机动车交通的。当然，机动车进来可以存在地下车库。从组团往外走，可以去高铁站或坐公交，都是非常方便的。这就是我们给邢台的解答方案，它是一种比较务实的但又有前瞻性的“未来城市”的设想。

规划依托邢台毗邻高铁线网的区位优势，以区域性的“高铁经济”作为新时期邢东“未来之城”发展源动力；发挥“组团”建造模式建设规模小、周期短、时效高、开发时序灵活可控的优势特征，突显“生长型城市设计”理念，为邢台“量身订制”以田为底、城为图、城景合一、城站一体的组团式布局形态。

“环站服务”组团以邢台东站为核心，通过集商贸、会展、会议、酒店、居住等功能于一体的“立体城市”混合功能形态，紧密对接“京保石发展轴”区域产业布局，打造邢东经济发展新引擎。

同时，在严控城市土地指标的前提下，优先利用现状村庄用地，结合城市产业发展逻辑有序更新改造，升级为城市“产居融合组团”，留存本土文化基因，探索城市建设发展新模式。

1 国际创客中心
2 国际资本投资大厦
3 博览会展中心
4 创意生活广场
5 国际酒店
6 规划展览馆
7 新区平台管委会
8 产品体验基地
9 租赁配套公寓
10 双创综合社区
11 金融中心
12 咨询研究中心
13 国际商贸谷
14 国际资本投资大厦
15 游客综合服务中心
16 金融商学院
17 时尚购物商街
18 超级市场
19 武家桥商业风情街
20 滨水休闲街区
21 小微科技企业总部
22 双创产业论坛
23 合院工作室
24 卧牛植物园
25 相屯康体中心
26 企业汇
27 总部服务综合体
28 艺术品交易中心
29 文化传媒大厦
30 创意美术馆
31 艺术餐厅
32 艺术影院
33 艺术家工作室
34 活动中心
35 博览会展中心
36 创意科技博物馆
37 云技术平台
38 数字工厂

39 研创邻里中心
40 创新人才培训基地
41 信息平台数据中心
42 租赁配套公寓
43 综合社区
44 现状保留学校
45 小学
46 产城提升科技园
47 生产研发基地
48 租赁配套公寓
49 中学
50 生态社区
51 邻里中心
52 商务服务中心
53 综合性商业中心
54 理想艺术图书馆
55 青少年宫
56 九年制学校
57 老年公寓
58 国际人才中心
59 青年公寓
60 国际学校
61 国际时尚中心
62 艺术中心
63 国际社区服务中心
64 未来产业城
65 综合社区
66 青年公寓
67 技术交易中心
68 生态人居产业园
69 智能制造研发中心
70 人工智能中心
71 中学
72 生态旅游基地
73 租赁配套公寓
74 体育健身学院
75 社区卫生站
76 老年公寓
77 小学
78 综合社区

总平面图

鸟瞰图

## 生态绿桥

以原生农田地景为景观要素，田为底、城为图，城景合一，城市级服务设施共享田园绿心。

组团肌理延续了原有村庄肌理，保留村庄名称命名新城功能区，保留村落中现状公共空间和公共建筑，保留部分原有道路、密林植被，保留农业生产时期的灌溉水渠及两侧行道树，尊重场所精神，呈现邢东记忆。

城市田园绿心以原生农田地景为景观要素，维系原有村庄与牛尾河互为依存的相对空间关系，将承载百姓农耕记忆的乡愁变为城市的乡愁，进而升华为区域的乡愁。

伴绿而居，依水而憩，构建从“田园”到“社区”逐级渗透的城市开放空间系统。

城市田园绿心

公共空间系统与景观设计

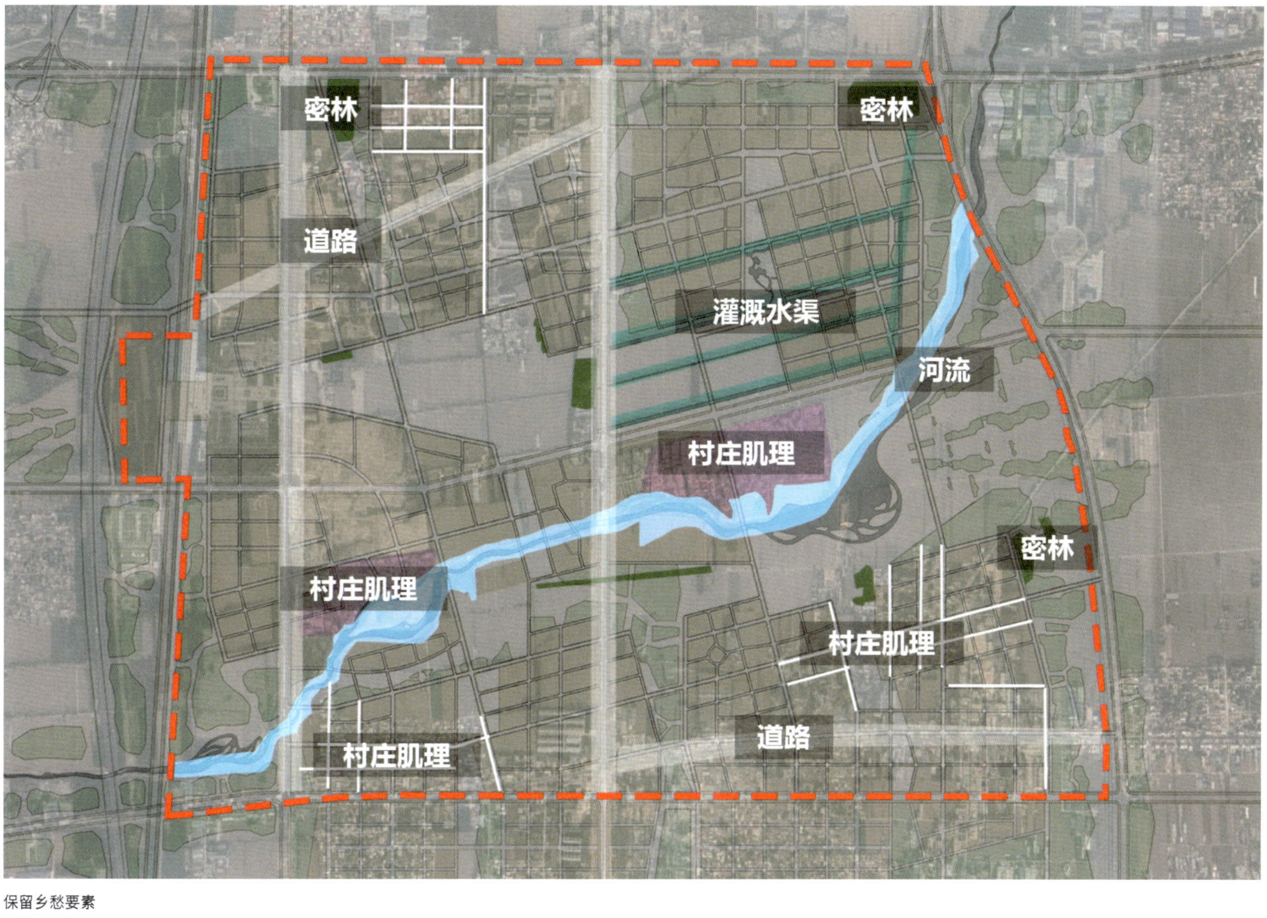

保留乡愁要素

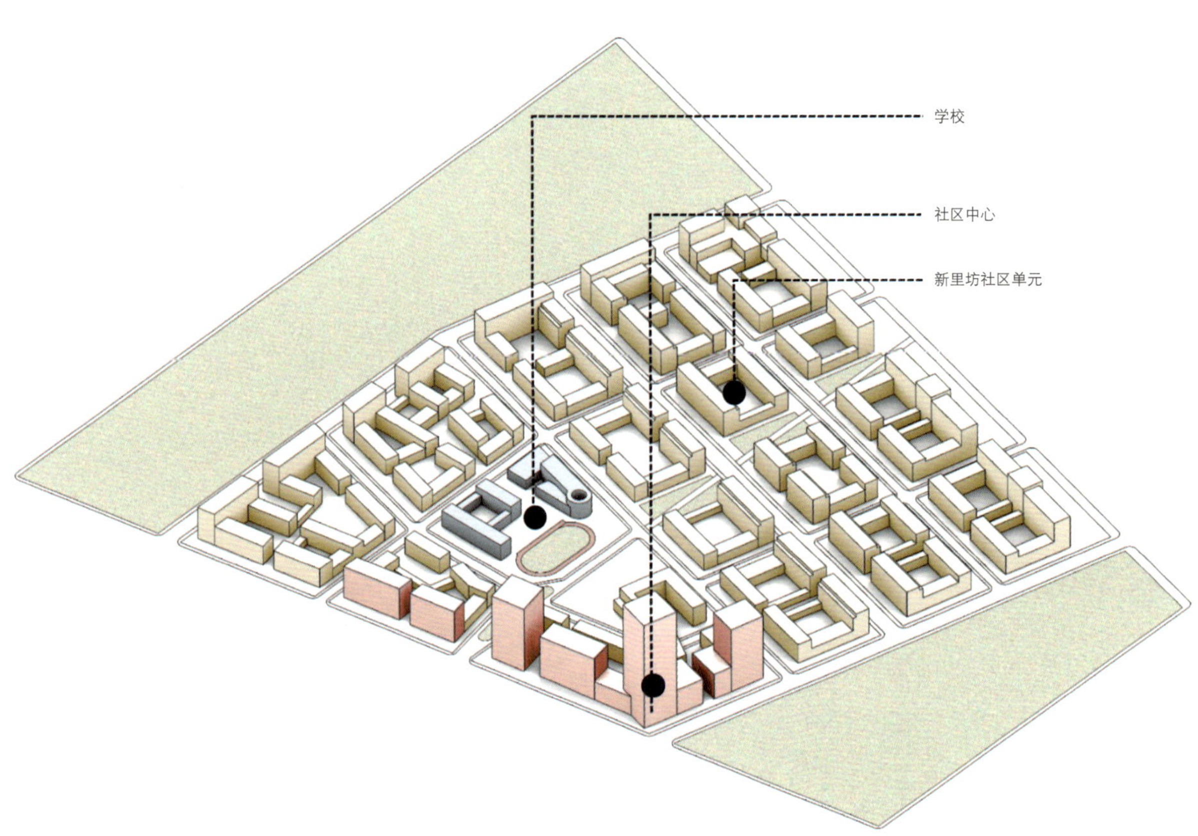
学校
社区中心
新里坊社区单元

## “新里坊”社区

基于开放式规划理念，最大限度地衔接乡村原有生活方式，同时适应现代生活需求，以支路间形成 120m 左右宜人尺度的慢行街块为基础，将每一地块划为一坊，塑造“新里坊”社区。

“新里坊”延承了邢台井族文脉，形式上采用了当地特有的“布袋院”居住模式，通过连续的建筑围合塑造院落空间，沿街形成富有变化的城市活力界面。坊内回归熟人社会，为重构传统邻里关系预留充分的空间基础。

中心区空间结构

站前公园

## 以枢纽为核，塑造功能混合的“立体城市”形态

经研究，人最适宜的步行尺度范围是 500m。因此，以邢台东站为核心，在 500m 半径的步行尺度范围内实施高强度开发策略，塑造“立体城市”空间形态。区内以步行交通为主，将主要的对外服务功能如办公、商业、会议会展、酒店、换乘枢纽等，混合置入各地块之中，尽可能地提高单位面积用地的使用效率，达到资源集约利用的目的。面向城市，同时对接“京津冀”区域服务职能，打造高效便捷、步行友好的“一站式”服务核心。

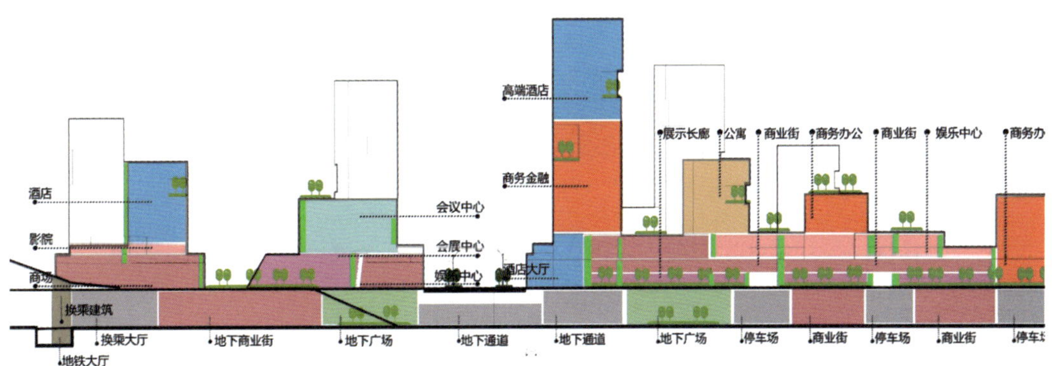


立体城市功能示意

立体城市

## 产居融合组团

通过区域产业政策导向、自身禀赋导向、产业发展热点导向、高铁偏好型产业发展导向的分析，规划形成商务商业、文化会展、双创研发、生产服务、人才服务、体育休闲六大类产业。

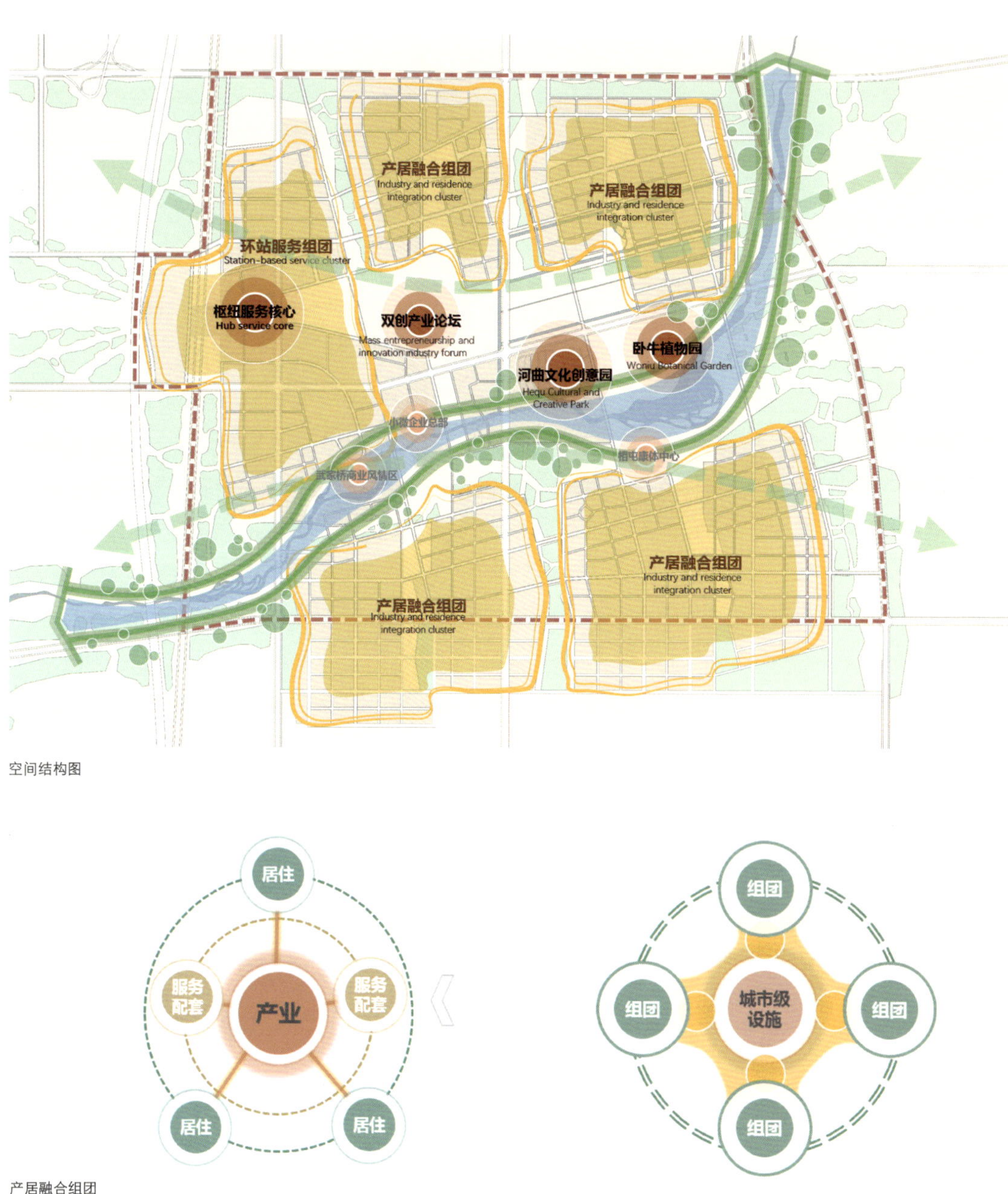


空间结构图

产居融合组团

产居融合组团

望原视廊

立体城市

一站式服务核心

牛尾河活力街区

# CITY OF FRESH WIND
# 清风之城

**杨保军**

**中国城市规划设计研究院院长，全国工程勘察设计大师**

邢台西侧为太行山，中间为城市，东边则是平原地貌，这是一个在大自然里山水城市之间的生态关系，所以在这个大的格局中，我们会特别在意城市的形态。就新区来讲，新和旧之间，应该是有文脉的传承和联系的。所以在我们的规划方案中，特别看重牛尾河的作用，我们希望它成为一个积极的生态绿道，城市的一些活动可以在这里进行，也可以有效地将新区和老城区结合。另外，在新区的核心区里，我们特别注重历史传承和乡愁在未来空间的点缀，或者我们希望，能够包含一些传承的、文化的东西，起到一个触媒作用。而且，如果将对过去的传承和对未来的创新这两件事情结合起来，尤其是以艺术的形式结合起来的话，会有很好的效果，很多网红案例也证明了这一点。所以我们也在新区的空间规划里，为这些以艺术为导向的新旧传承的点，沿着牛尾河做了一个规划，给未来的城市创造了条件，为新区之后的开发、建设提供了方向。

邢台，一座文化灿烂的古老城市，一座四通八达的节点城市。巍巍太行山曾经给予了她丰富的矿产，成就了她多年的发展，也带给了雾霾的忧伤。如今生态文明时代已然到来，邢台将邢东高铁新区作为其融入京津冀协同一体发展的战略平台与核心抓手，这里肩负着邢台融入区域，实现创新转型的担当；这里肩负着传承邢台地域人文与历史文化的担当；这里代表着邢台人对未来城市的美好向往与追求；这里更应是空气清新、畅享蓝天的清风之城。

本次城市设计基地位于邢台市老城东北方向，邢东新区核心区的东部，主城区与任县、南和县融合发展态势的交汇处，规划范围总面积 11 平方公里。基地西侧紧邻京广高铁、京港澳高速，老城的重要历史水系——牛尾河自西向东流经基地。规划选取邢台高铁站前约 2 平方公里范围作为本次城市设计的核心区。

整体布局遵循“绿色导向、面向未来、弹性发展”三大指导思想。构建三级风廊系统，为新区带来徐徐清风；面向未来的邻里需求与设施配置让新区成为理想的家园；采用紧凑单元弹性延展的方式，以应对新区未来发展的不确定性。借势园博园，造势“后园艺”，点亮牛尾河。水系向西勾连，将邢台卧牛城、园博园、中央生态公园与邢东高铁新区连为一体，链接城市的过去与未来，放大园博会效应，沿河建设艺术之径，为园艺师、艺术家提供工作坊、一亩园，建设引领潮流的艺术生态群落。

在这里，清风净化空气，艺术点亮生活，多元激发创新，邻里带来温情。

北部
城际站
高铁站
泉北东大街 QUANBEI EAST RD
京港澳高速
JINGGANG HIGH WAY
京石邯城际
JINGSHIHAN INTERCITY RAILWAY
京广高铁
JINGGUANG HIGH-SPEED RAILWAY
牛尾河 NIUWEI RIVER
红星街 HONGXING STREET
至高
总平面图

邢州大道 XINGZHOU RD
东环城公路 EAST CITY-ROUND RD
红星街 HONGXING STREET
至南和县
1 高铁站
2 城际站
3 站前集散广场
4 停车场
5 出租车蓄车场
6 公交枢纽站
7 园艺博物馆
8 民俗文化体验馆
9 酒店
10 艺术天街
11 卜穿式绿坡
12 先锋艺术体验区
13 园艺艺术家工作室
14 艺术家一亩园
15 南北向风廊
16 邢东生态湾公园
17 太行山——大陆泽文化集群
18 创新单元中心公园
19 邢东田野公园（预留用地）
20 邻里中心公园
21 邻里中心开放式街区
22 未来创客厅公园
23 九年一贯制学校
24 初中
25 中央生态公园
26 邢东生态公园

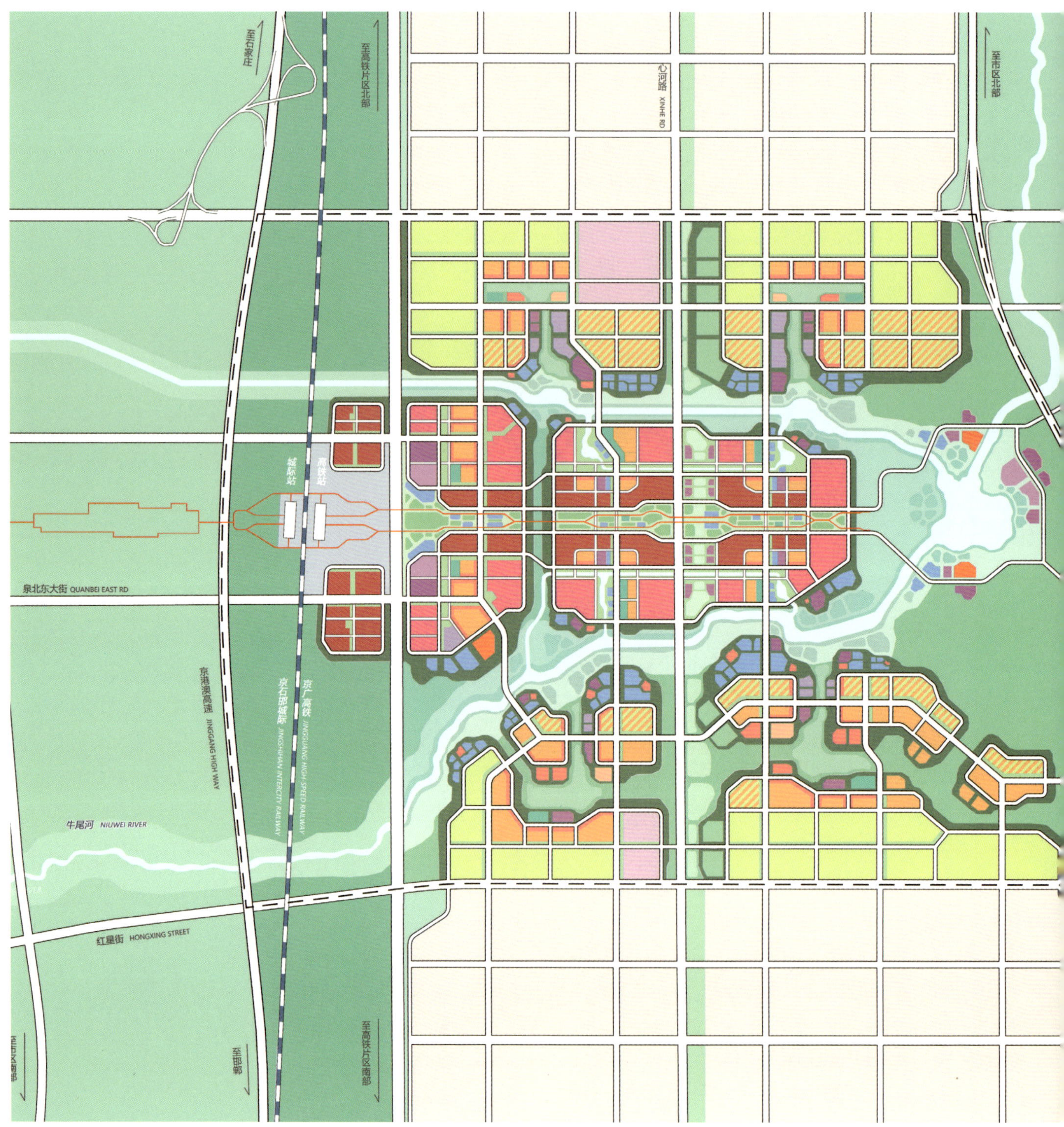

用地规划图

规划形成“一谷、一城、四镇”的总体格局。一谷为清风河谷，主要指沿牛尾河和新建水系（连通园博园）的河谷空间，既是基地内的重要通风廊道，也是集文化、艺术、休闲等功能为一体的艺术之径。一城指中城，是多元混合的创新空间，承担主要的就业功能。四镇指邻里微镇，以紧凑城市和邻里中心理念打造的未来社区，主要承担居住功能。中城和微镇充分考虑弹性发展的需求，可以小单元的方式弹性延展。

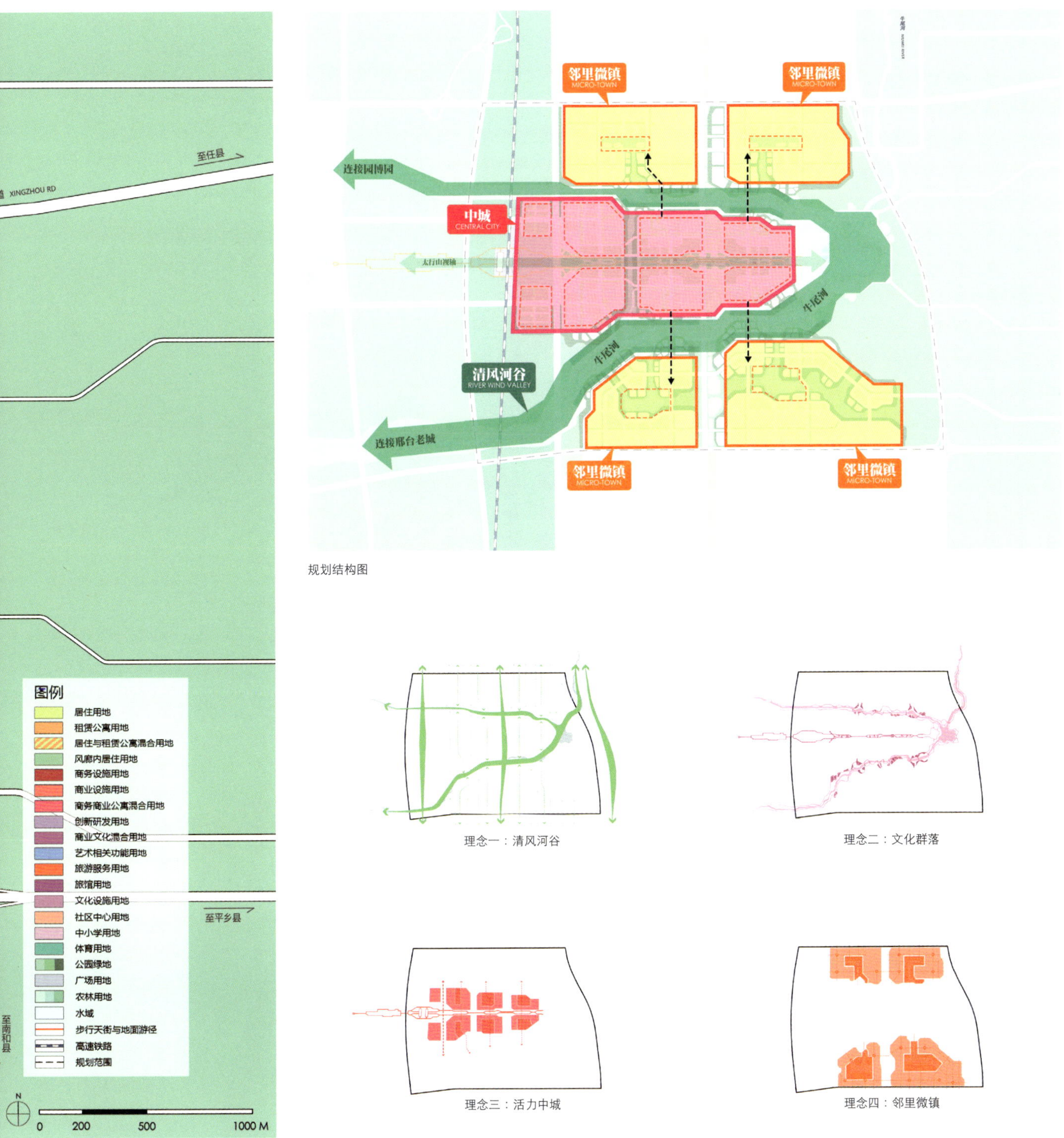


规划结构图

理念一：清风河谷

理念二：文化群落

理念三：活力中城

理念四：邻里微镇

四大核心理念

## 理念一：清风河谷

### 风谷 + 风溪 + 风涧三级系统

风谷为风廊系统的骨架，由心河路风廊和河谷组成，联系城市结构性风廊；风溪联系风谷与各组团核心；风涧为风廊系统的末端，联系组团核心绿地与各地块。

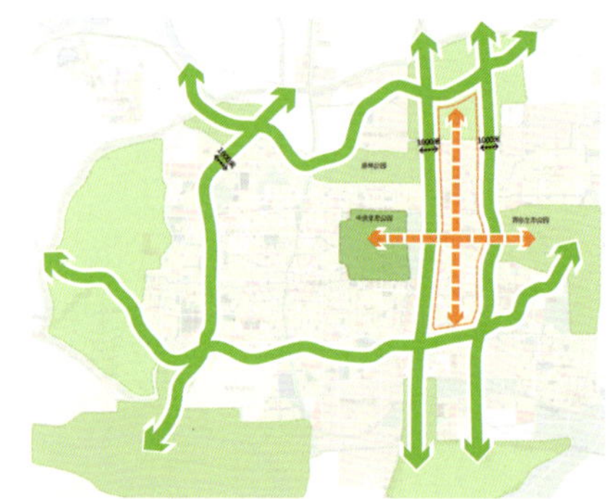

构建十字风廊

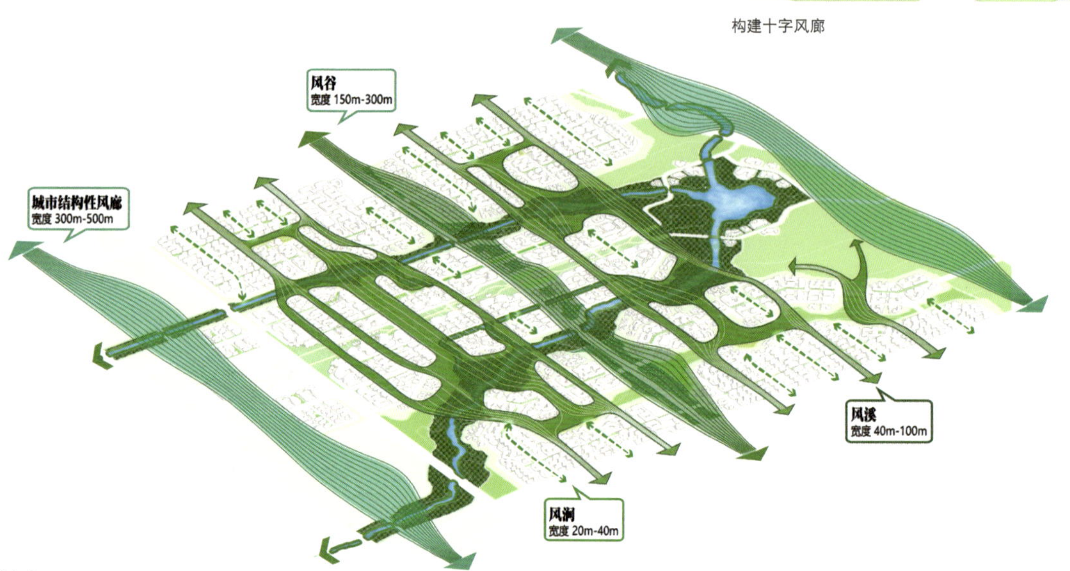


风廊系统改善城市微气候

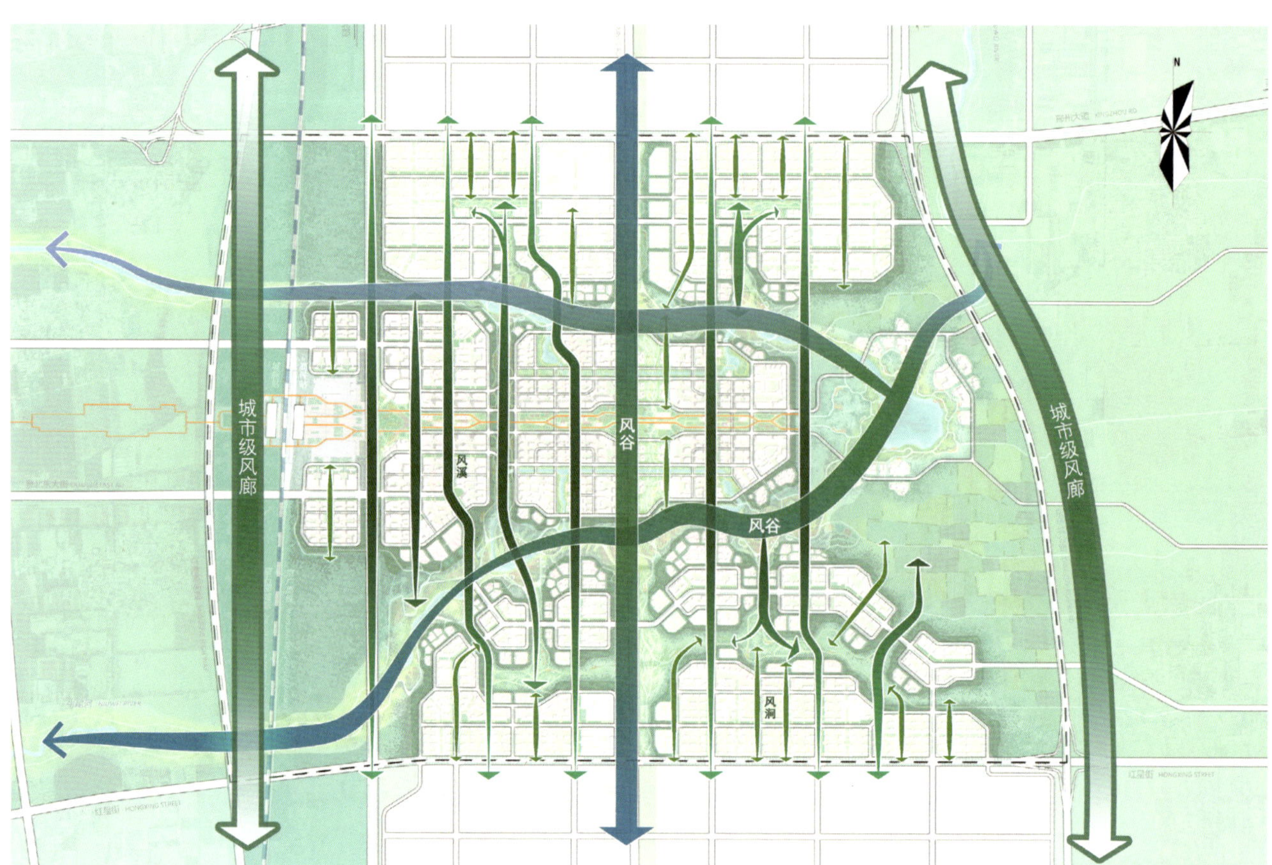


东西向文化廊道

园艺艺术家工作空间

牛尾河艺术之径

## 理念二：文化群落

**链接城市的过去与未来，“卧牛城”形态演绎**

“卧牛城”——建构与历史传统的空间对话关系，通过牛尾河将老城、新城、园博园链接起来，将邢台的若干重要地点置于同一空间体系中，同时致敬“卧牛城”的历史，写意新城空间形态。

**沿牛尾河塑造地域文化景观，建设创新生态文化簇群**

沿牛尾河打造艺术之径，将地域文化融入景观，同时为园艺艺术家提供工作、试验空间，这里既是传统历史文化的再现地，同时也是践行先锋艺术的聚集地。

**以艺术天街跨越分割，串联东西，形成完整的艺术文化生态**

中央的太行视轴与艺术天街是连接基地东西的重要文化廊道，通过艺术天街跨越道路分割，与基地西侧的中央生态公园和东侧的邢东生态公园共同构成完整的艺术文化生态。

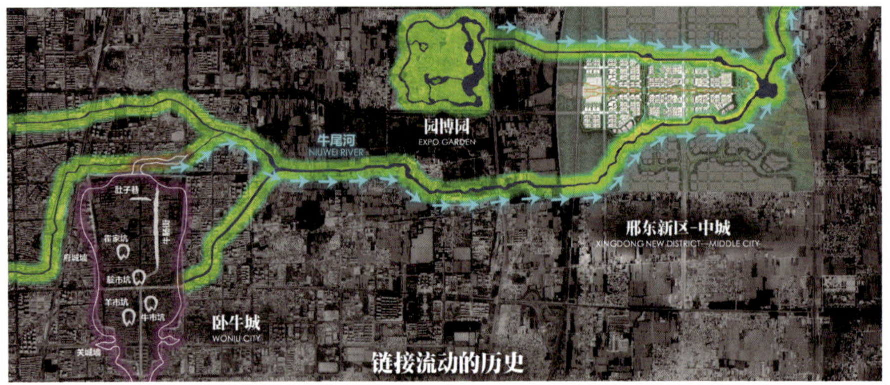

卧牛城形态演绎

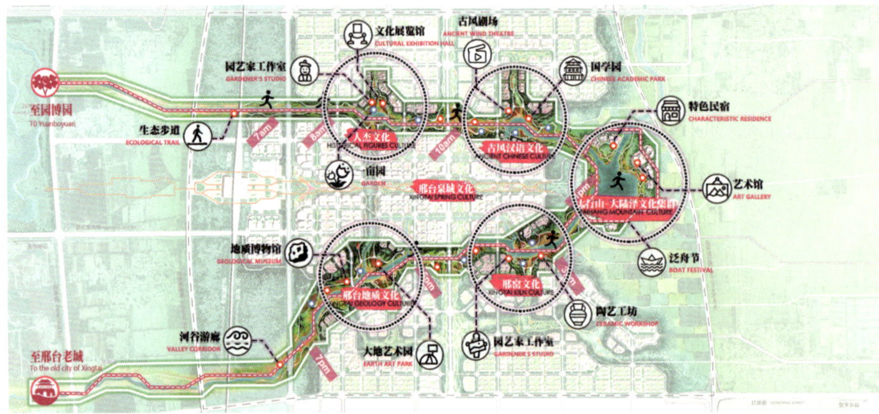

牛尾河创新生态文化簇群

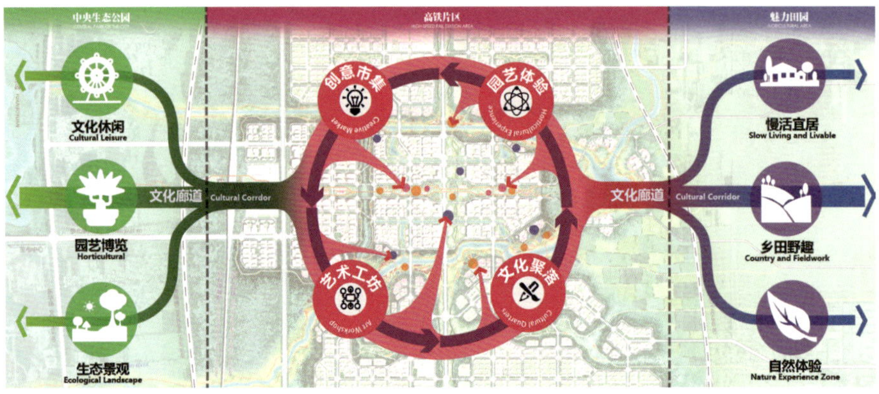

三级风廊系统

太行山视轴中的艺术天街

艺术天街与潮集市

## 理念三：活力中城

随着城市生活品质的提升与人们生活需求的转变，功能更为混合，各类活动更加多元的生活、就业混合空间越来越受欢迎。采用立体城市的方式保障步行的连续性。主要通过天街跨越高铁、高速，用下穿式绿坡跨越站前快速路。将艺术空间串连于天街沿线，创造一系列观景点，提供难忘的体验。一个创新生态单元由底层商业街、艺术空间、文化空间、小型体育中心、自然空间构成核心，由商务办公空间和居住空间环绕，实现生产空间和生活空间的有机融合。

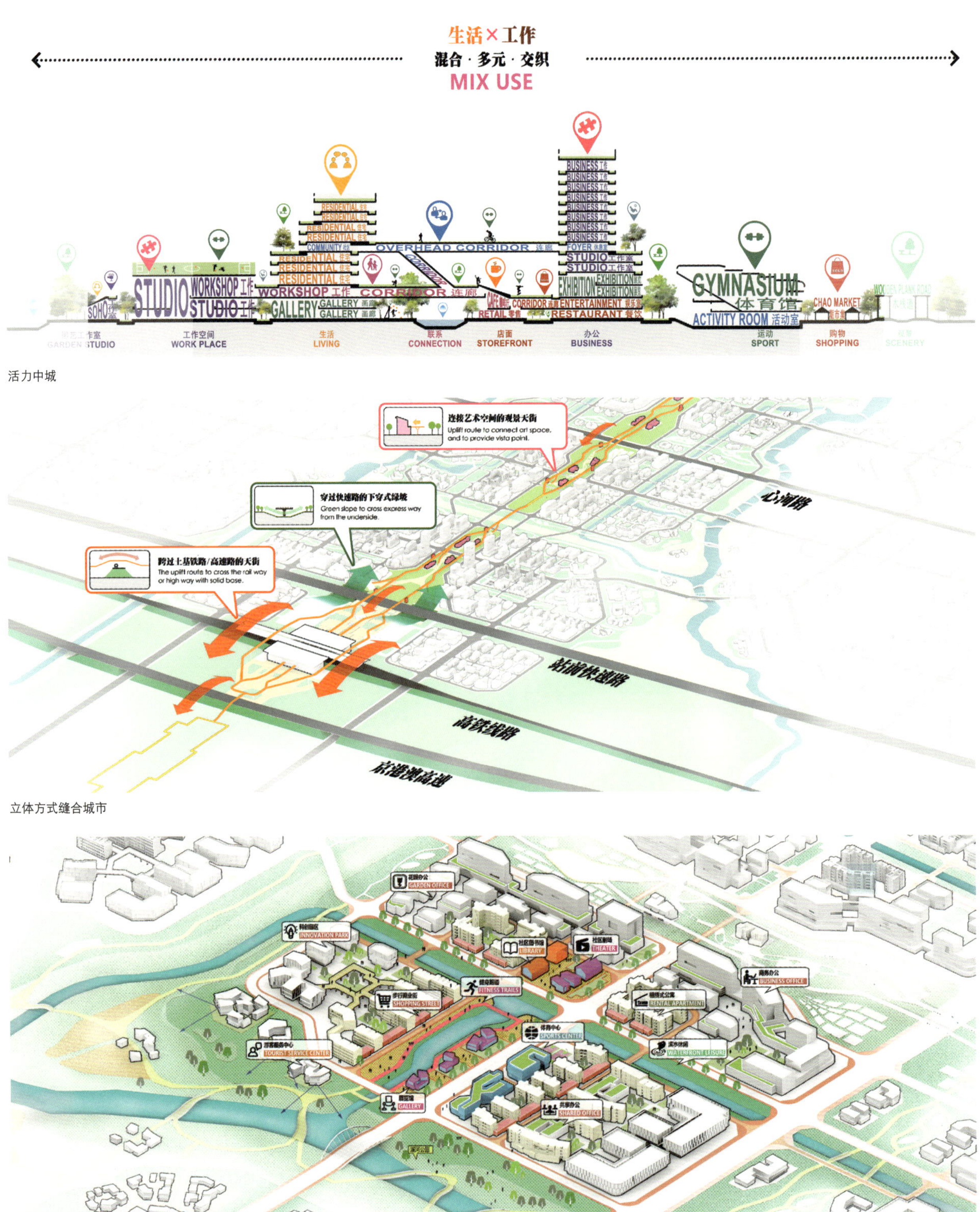


活力中城

立体方式缝合城市

创新生态单元

中城年轻化、多元化的创新空间

高铁片区门户效果

## 理念四：邻里微镇

让微镇成为创业的“孵化器”，将微镇与河谷的连接处打造为一处面向创意青年群体居住、工作、交流的空间——“未来创客厅”。

在微镇内部以街区的形式，设置一个最有活力的社区服务核心区域。这里混合布置了面向老年群体、儿童、青年等多样年龄层的功能服务和休闲设施。

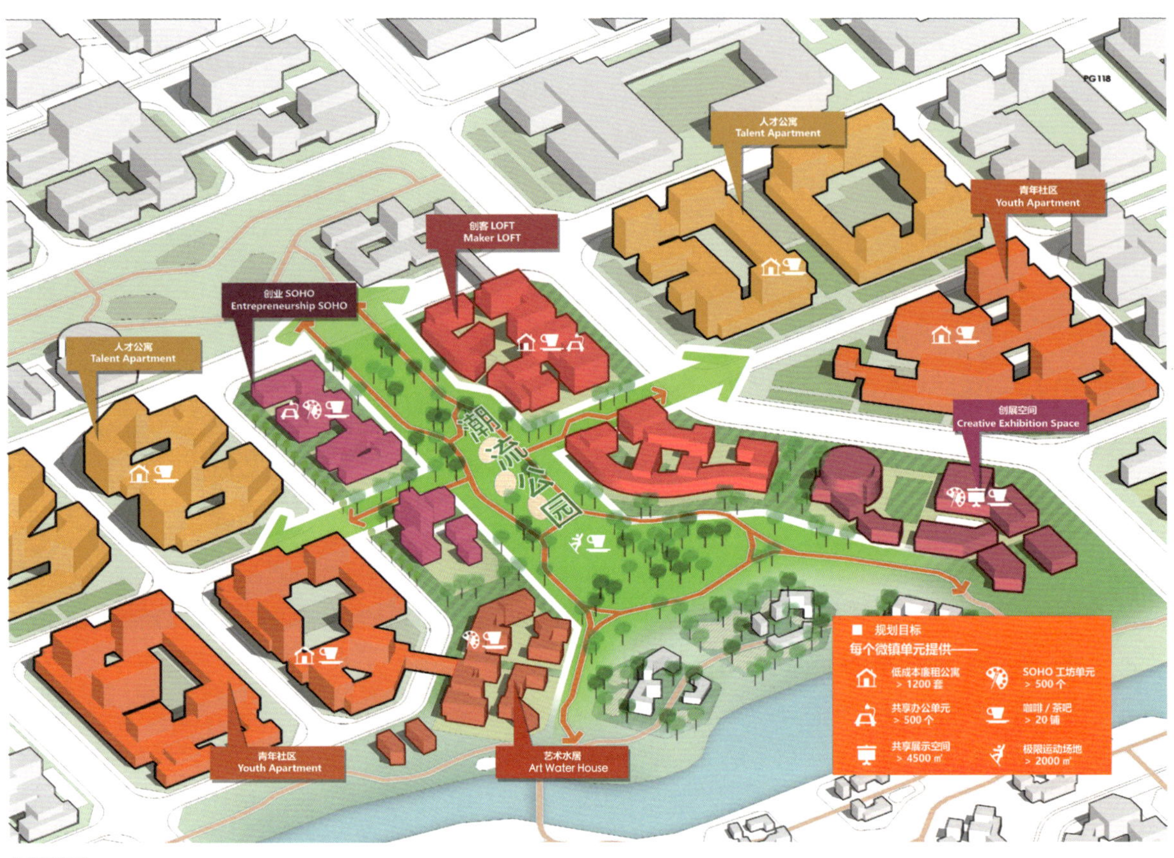


未来创客厅

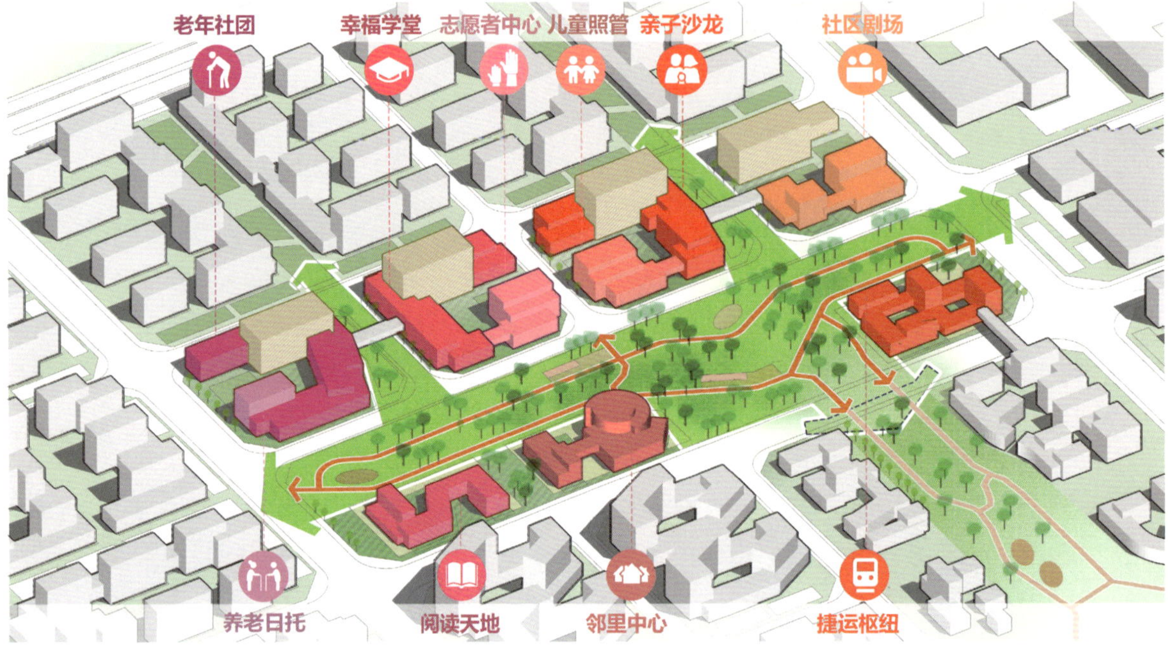


全龄向设施，乐龄核心

邻里空间

# GREEN CITY BLUE CITY
# 绿色之都 蓝色之城

**卡罗琳·博斯（Caroline Bos）**

**UNStudio 事务所联合创始人，首席城市规划师**

我们的方案是一个战略蓝图，它确保邢东新区的未来能够适应增长和变化。设计策略基于多中心模型，多个城市中心提供了多种用途和活动。这一战略彰显多样和丰富的城市特色，并确保了一个能够适应需求的可持续的分阶段计划。

总体设计提供了一种系统式思维，确保所有的城市元素相互关联，以解决城市复杂性问题。在五大系统指数增长的前提下，我们专注于五个主题：城市系统、自然系统、流动系统、健康系统和智能系统。为了保证所有系统和谐地运行在一起，我们编写制订了一套算法，允许我们根据地理和项目需求调整设计中的参数。这个动态工具可以帮助我们测试和验证最优设计解决方案。我们的方案把用户需求放在首位。因此，我们在总体规划中最为优先考虑行人，并对车辆可行区域进行控制。我们采用“慢”和安全的街道设计，包括宽阔的人行道、自行车道和景观大道，以此鼓励用户积极活跃起来，将公共空间作为他们生活和工作空间的延伸。

我们的方案将自然作为一个新的产业，生态引擎是生产力和经济的来源。通过整合滞留池、都市运河、都市农场和高效的绿色屋顶，我们创造了一个可持续和高效的生态机器。各种尺度的生态考量是我们为保证自然的最优效率和生产力而采用的一种策略。我们提供各种尺度的自然景观，并在通透的街道布局中连接所有的自然元素。同时，在新区尺度上提出了支持集体和个人使用的水和植被的管理方案，例如都市绿坝和都市滞留池。

我们的景观设计倾向于自然和季节性的规划，特别是确保低维护时间和成本。植被品种选择了当地和本土的植物，它们有更高的机会在当地环境条件下茁壮成长。我们的海绵城市方案注重于多用途、适应性强、灵活的公共空间设计，在雨季以及干冷季节均适用。

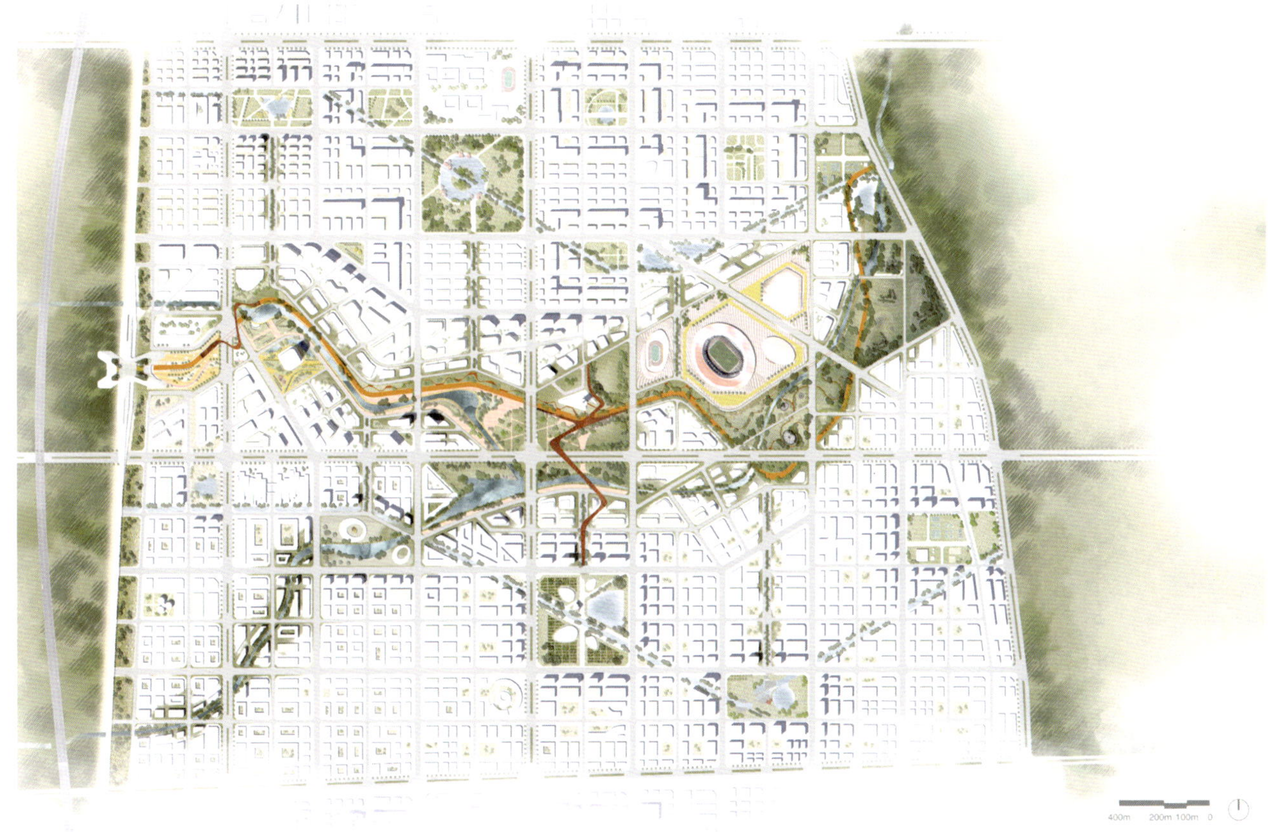


总平面图

邢东新区的未来与当前全球面临的主要挑战息息相关——不断变化的经济格局，对社会凝聚力的需求以及气候的变化。

UNStudio 的方案为未来城市的建设提供了一种新的可能。我们首先定义了一个可繁荣发展的经济引擎；我们关注用户的身体、心理和社会健康，这对社区的未来至关重要；我们同时激活了一个蓝绿交织的生态引擎，确保人类、植物和动物能在安全与洁净的环境中共存。

“绿色之都 蓝色之城”这个名称与 UNStudio 将邢东新区打造成一个以可持续、自然和弹性为原则的地方的雄心相关。我们专注于确保邢东新区成为一个健康的生活和工作场所的城市体系，我们设计了一个人与自然优先的地方，我们鼓励绿色（自然和景观）和蓝色（水）超越灰色（建筑和基础设施）。

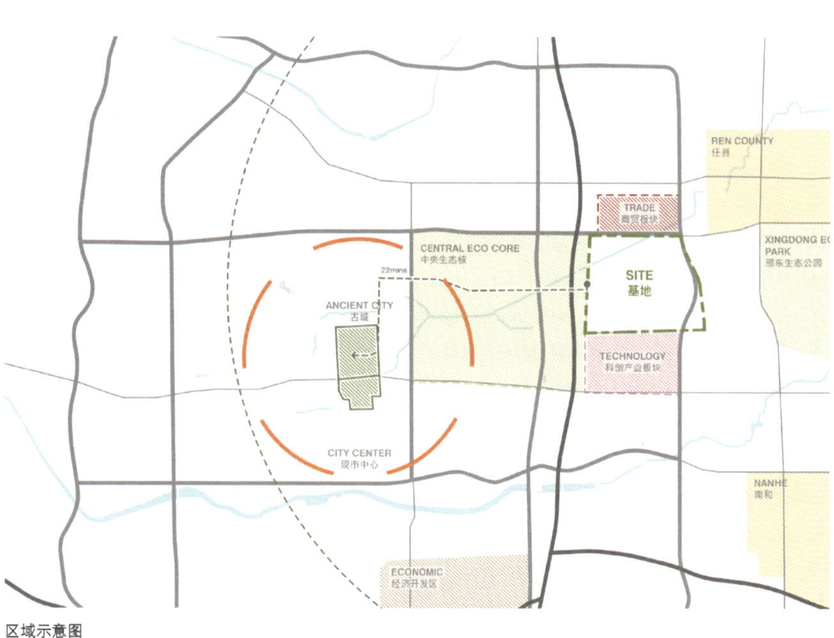


区域示意图

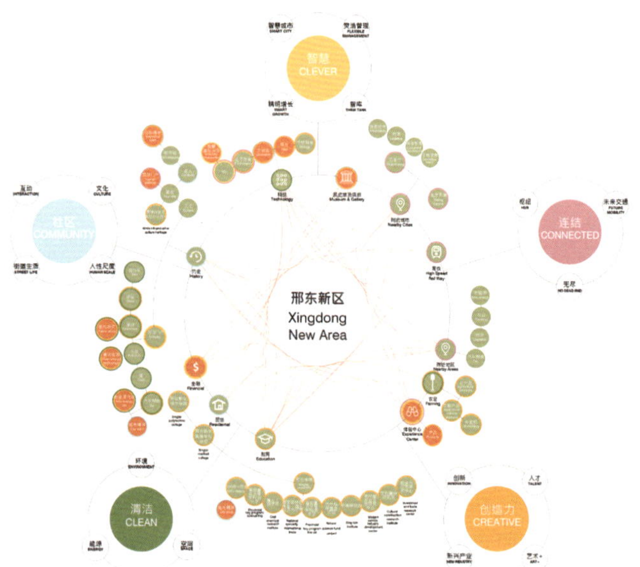

思维导图

鸟瞰图

功能策划分析图

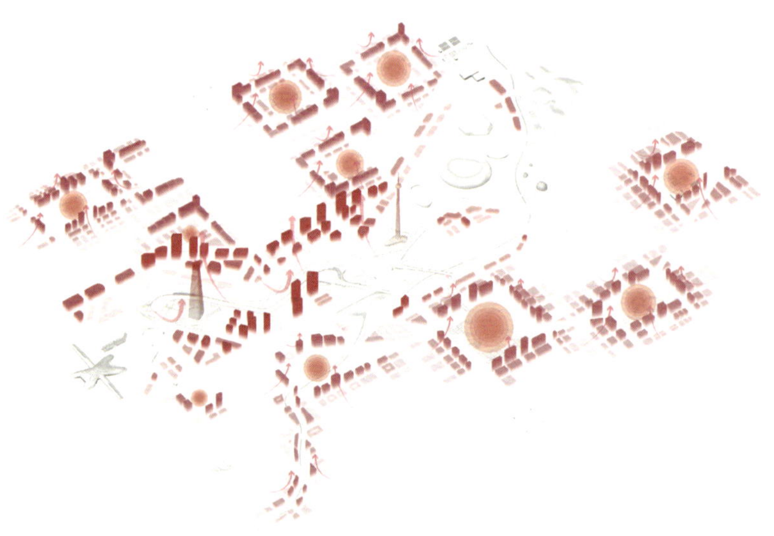

空间形态设计图

开敞空间规划图

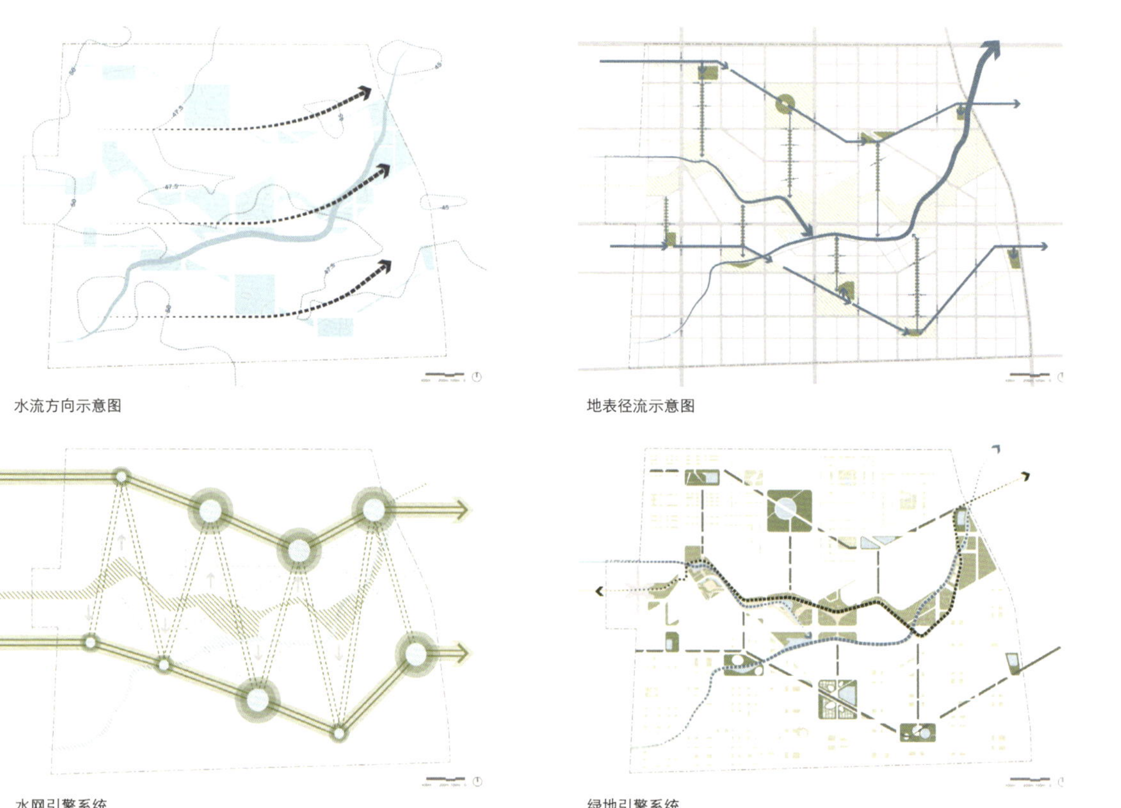

水流方向示意图

地表径流示意图

水网引擎系统

绿地引擎系统

都市绿坝

生态湿地——减缓、收集以及改变雨水和地表径流水流向。该过程还可以去除水中的碎屑和有毒元素。在我们的设计中，都市绿坝位于两个城市街区之间，它在地表水到城市管道之前对其进行处理。

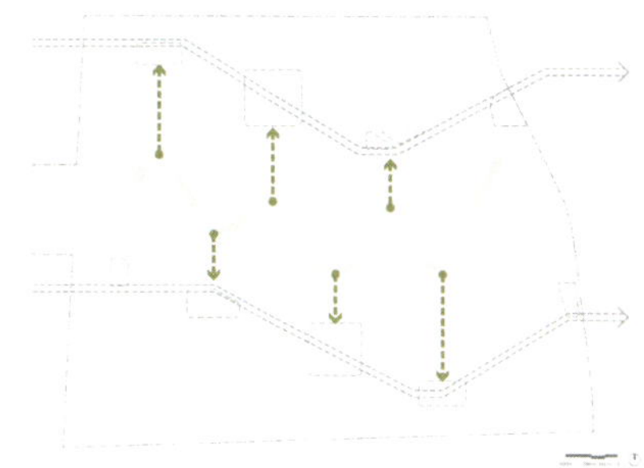

都市滞留池

现场收集、储存和过滤雨水，避免水淹。在我们的设计中，都市滞留池位于每个公园内。平时它作为城市中的绿色草坪，为市民提供休闲活动的场地。暴雨时可作为收集雨水的滞留池，以减轻城市排水系统的负担。

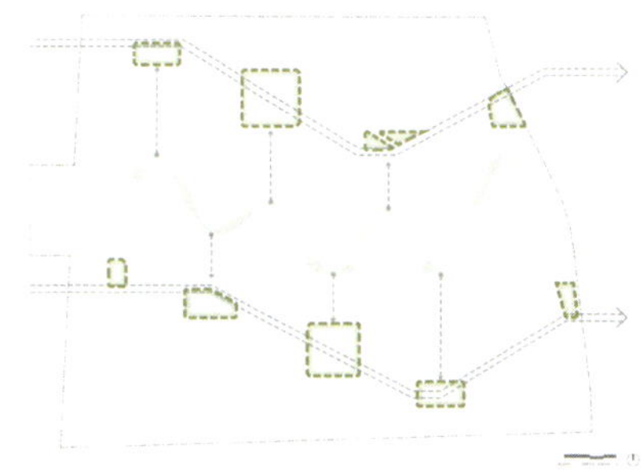

都市绿色屋顶

绿色屋顶采用特殊的防水膜，植被可在其之上生长。这种类型的屋顶的优点有很多，它可以吸收雨水，提供建筑保温，减轻城市热岛效应，并为住户提供户外空间。在我们的设计中，绿色屋顶位于一些中高层建筑的顶部。

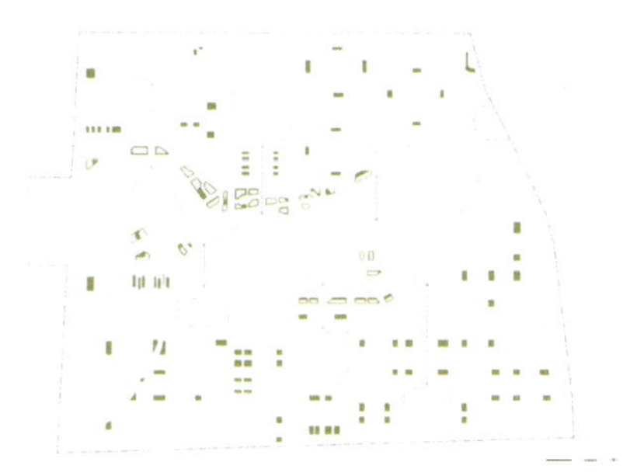

生态引擎

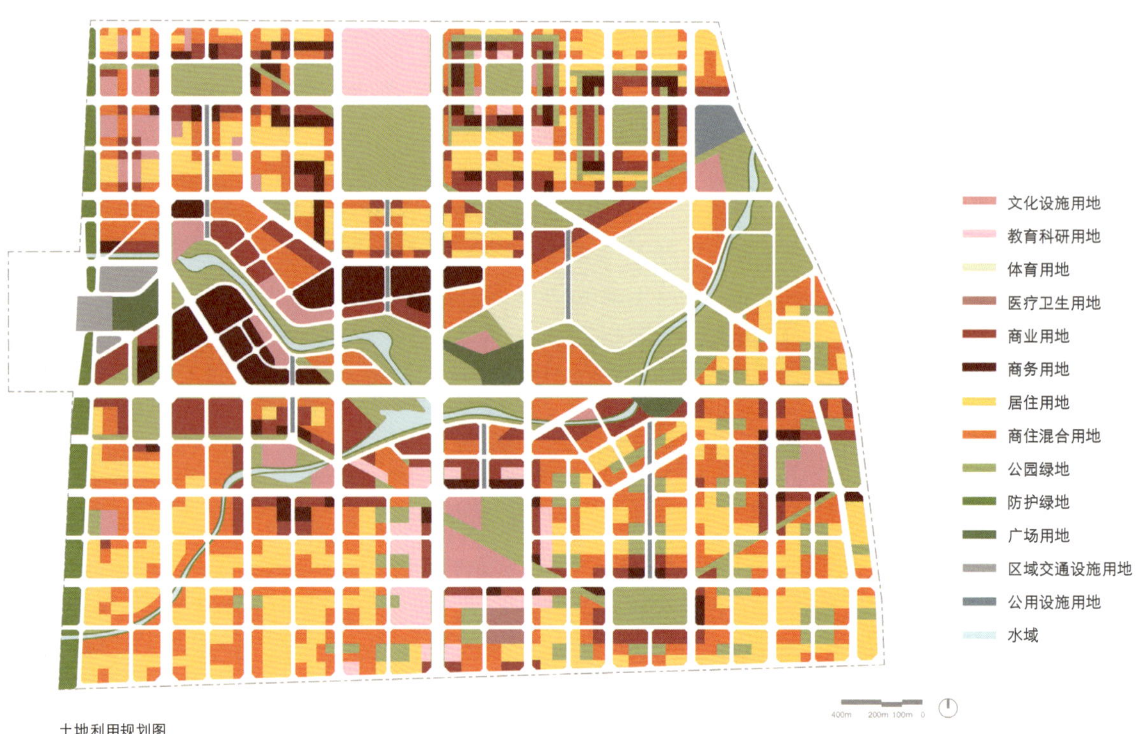


土地利用规划图

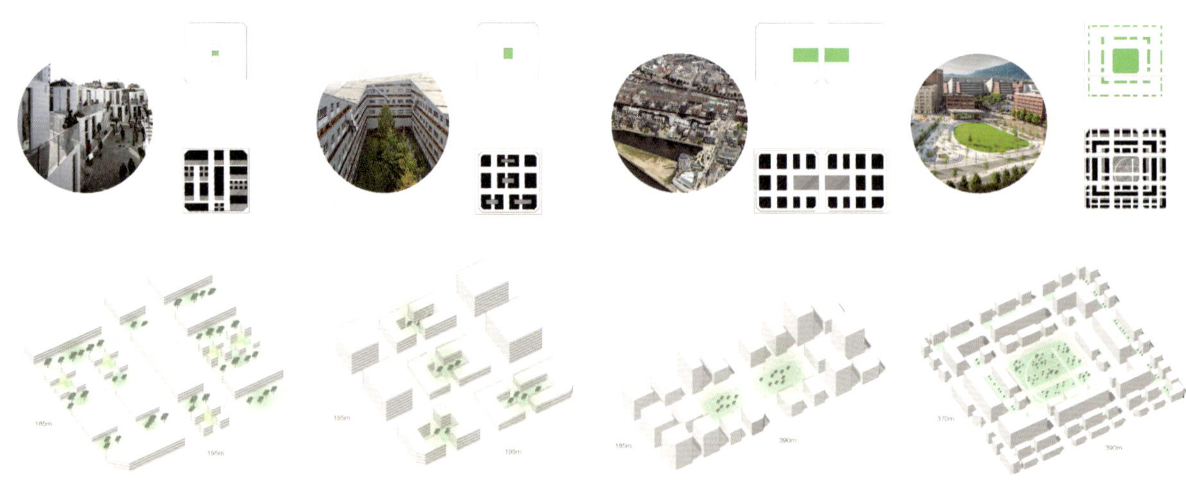

地块类型

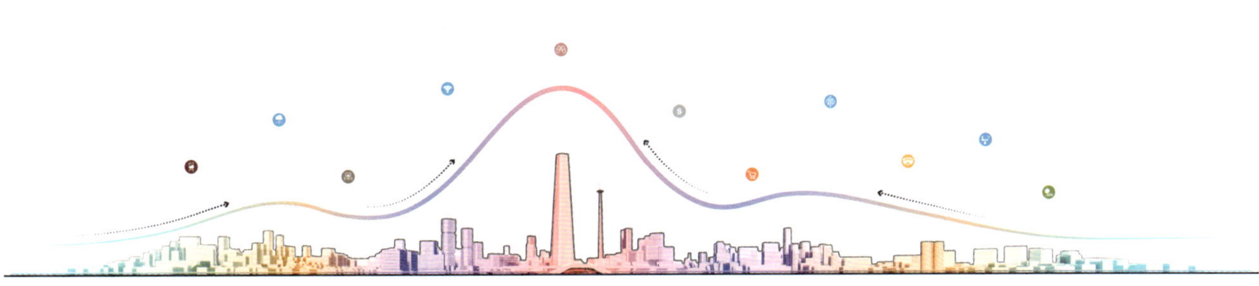

天际线控制引导规划

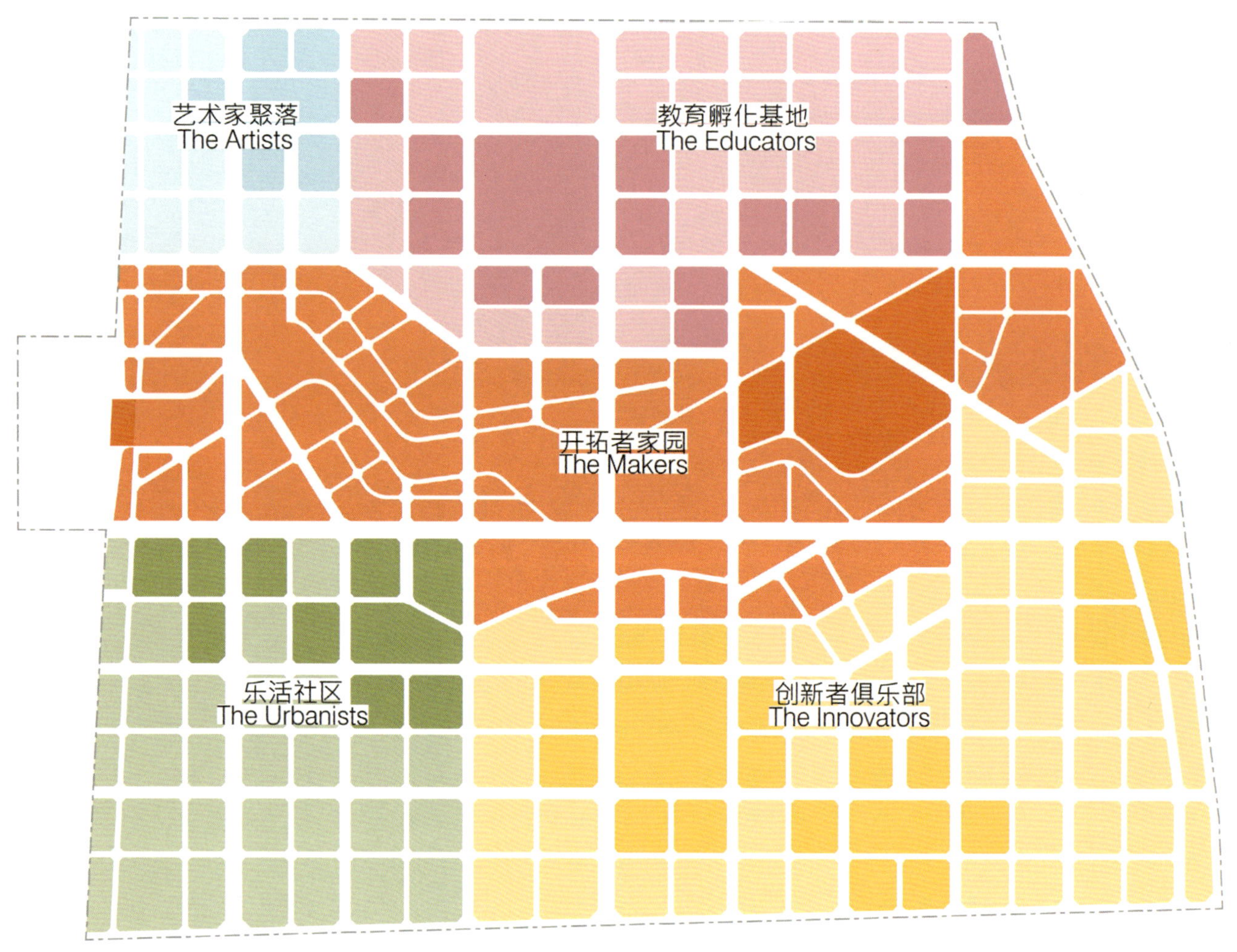


五大社区示意图

我们设计了五个独特的社区，它们连接着一个强大的绿色空间和交通网格。虽然每个街区都配备多种用途，但仍有一个核心的特色引擎——艺术功能或酒店功能。所有的社区都与生态脊柱相连，无论在规划、经济、生态或建筑层面，生态脊柱都是一个独特的目的地，是该地区的城市发动机。

开拓者家园

开拓者家园旨在满足全面的经济生产。本街区拥有高层办公楼、酒店公寓和短期住宅以及奥林匹克品质的体育设施和独特的公园，是邢东新区的核心和灵魂。

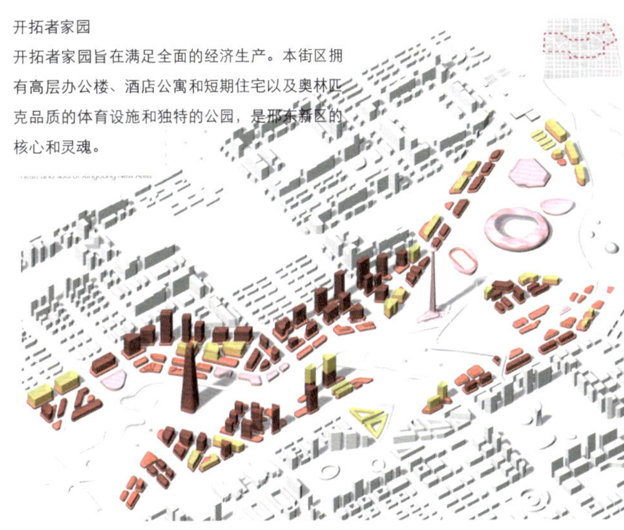

教育孵化基地

配有新建的中学并毗邻北部的校园区，教育孵化基地适合家庭和专业学术人士。宽敞的公共空间也提供户外的教育机会。

艺术家聚落

艺术家聚落提供工作室空间和展览场地，位于新建的城市规划展览馆和邢东博物馆及剧院之间。

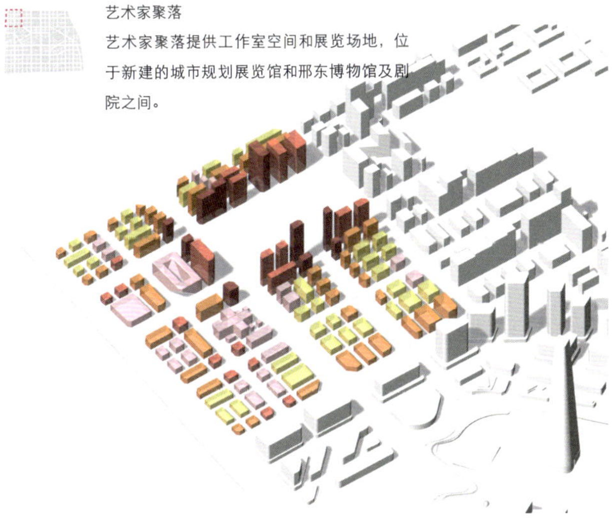

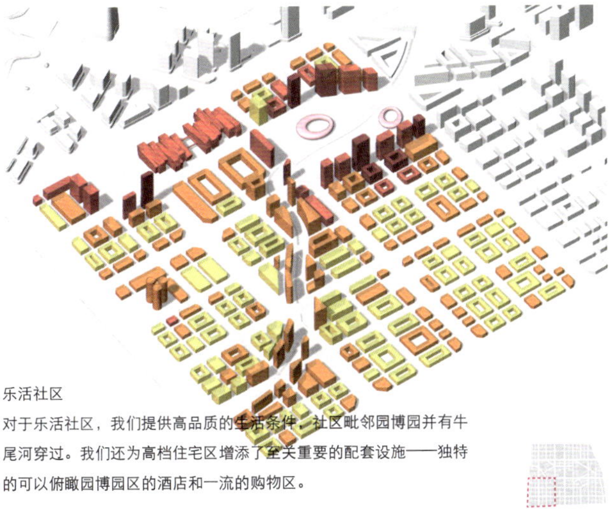

乐活社区

对于乐活社区，我们提供高品质的生活条件。社区毗邻园博园并有牛尾河穿过。我们还为高档住宅区增添了至关重要的配套设施——独特的可以俯瞰园博园区的酒店和一流的购物区。

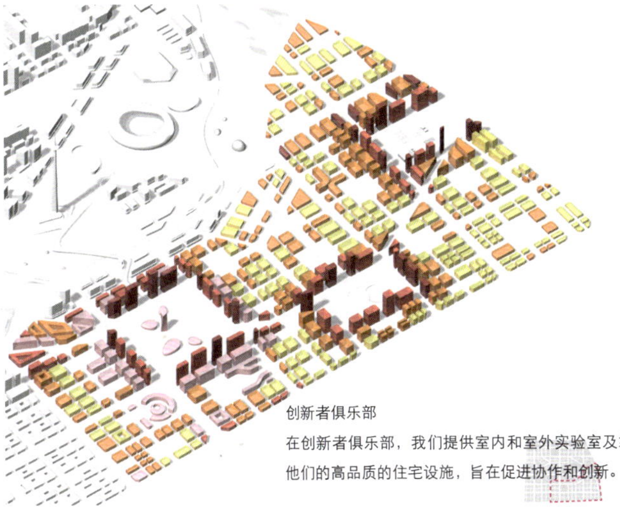

创新者俱乐部

在创新者俱乐部，我们提供室内和室外实验室及靠近他们的高品质的住宅设施，旨在促进协作和创新。

# TRANSMISSION OF CIVILIZATION AND SHAPING OF THE FUTURE
# 传播文明 · 成就未来

**何镜堂**

**中国工程院院士，华南理工大学建筑设计研究院院长、总建筑师**

邢台有 3500 年的历史，非常悠久，是一个城市的荣耀，现在可以说是从中国古代的一个中心城市不断地走向衰落，目前处于没有得到很好发展并不断被边缘化的阶段。我们也在试验是否可以通过设计来强化城市的某一种特质，让它在新时代能够融入国家大的发展计划。

我们从城市的四大显性基因着手，包括守敬观星、大禹治水、尧帝筑台、帝辛成苑。治水的这种传统特别好，水代表了一种活力、一种要素，如何把这种要素更好地梳理？这是我们需要做的一个方向。还有筑台，三千多年前，这个地方就开始建造城市，后来的灶王城也是在台的基础上来建造的，所以它的台和苑，山丘、园林、绿化这些方面，也在中国开创了先锋。因此，这四个方向就是观星、理水、筑台和成苑。这就是我们在整体规划里的几大描述，而且我们希望把这种基因转化成理念，并落实在空间上，使这个地区更加有文化的魅力。所以，我们整个规划的题目的主题就叫作“传播文明 · 成就未来”。

对于邢台建筑和城市的关系，我们深入研究了这个地区大量过去存在的一些空间形态，尤其是布袋院的形式。我们把布袋院这个城市母型或者原型深入地放在中轴以及外围区域，形成整个布袋院体系。布袋院结构，是一个很好的组织体系，将我们的资源平台、公共服务平台、市民交流平台以及信息汇聚平台，通过一个大的环线充分连接起来，最终和邢台东站结合在一起。这个区域整体的逻辑是因站得城、以城促产、产城融合这样一种方式。如果要做到站城一体，则需要避免高铁站与城市的分离，我们希望它们能够更好地关联起来。邢台不需要这么大的广场，也不需要这么一种人气浩大的区域，我们希望它更加宜人，出站之后就可以直接和城市关联起来，零距离转换，这是我们设计的一些想法。

鸟瞰图

我们挖掘邢襄基因，探索未来城市。规划蓝图围绕“观星、理水、筑台、成苑”四大规划特点展开：

• 观星 - 星城：全基因传承的星座之城，传承邢台天文学成就，构筑高铁会展 +、新兴科创 +、生态文旅 + 三大功能板块、九大创新产业体系，形成七大产业星城，共筑“七星耀邢东”的美好愿景。

• 理水 - 活城：全要素流动的活力之城，延伸邢台治水理念有序组织交通。形成外联内达的多层次交通体系，激活人流、物流、资金流与信息流有效运转。

• 筑台 - 旺城：全季候适应的立体之城，考虑北方城市气候特征，采用地下空间、地面空间和空中连廊综合开发的方式，筑高铁站与周边功能区全季候步行环境。

• 成苑 - 绿城：全龄段生活的公园之城，构建邢东客厅、星湖绿谷、滨河艺廊、邻里绿街四大公园体系。勾勒自然和谐、高品质的绿城生活画卷。就好比健康的血液借由天然的景观、植栽、绿化，输入城市的各个区块，促成新区建设的永续与良性发展。

轨道交通一号线
邢州大道
振兴一路
京港澳高速
泉北东大街
轨道交通2号线接驳线
京港澳高速
东华路
新型轨道交通环线
325省道

总平面图

324省道
325省道
1 邢东高铁站
2 邢东城际站
3 园博园通廊
4 商务酒店
5 智慧物流园
6 产品交易会
7 商务公寓
8 星级酒店
9 布袋庭院
10 高铁综合体
11 站前广场
12 会展河带状公园
13 邢东国际会展中心
14 会展国际酒店
15 祝村小区
16 综合社区
17 新兴铺小区
18 规划展览馆
19 金融资本中心
20 邢东客厅带状公园
21 科技金融中心
22 中诚绿廊
23 大吕社区
24 旅游集散中心
25 艺术小镇
26 字画小镇
27 物联网学院
28 国际人才城
29 产业联盟服务平台
30 人力资源平台
31 武中社区
32 牛尾河带状公园
33 成语小镇
34 创意研发基地
35 九年制学校
36 邢台一中
37 企业培训园
38 中小企业总部基地
39 花园式商务办公
40 水湾精致休闲街区
41 星空小镇
42 邢襄文创城
43 创意人才社区
44 能源技术中心
45 望湖绿廊
46 新材料研究中心
47 主题娱乐城
48 联合实验室
49 食品研发中心
50 人才创业社区
51 生物医药研究中心
52 生态康养社区
53 街区服务中心
54 创新知识城
55 生态社区
56 国际人才社区
57 生态创智水岸
58 国际会议中心
59 观星台
60 活力运动园
61 体育演艺中心
62 创新青年公寓
63 创新企业孵化器
64 国际健康城
65 农业创新实验室
66 运动社区
67 小学
68 美食体验工坊
69 都市农业人才社区
70 田园营地
71 紫金台
72 紫微大厦
73 时辰广场
74 花语湾
75 科技展示中心

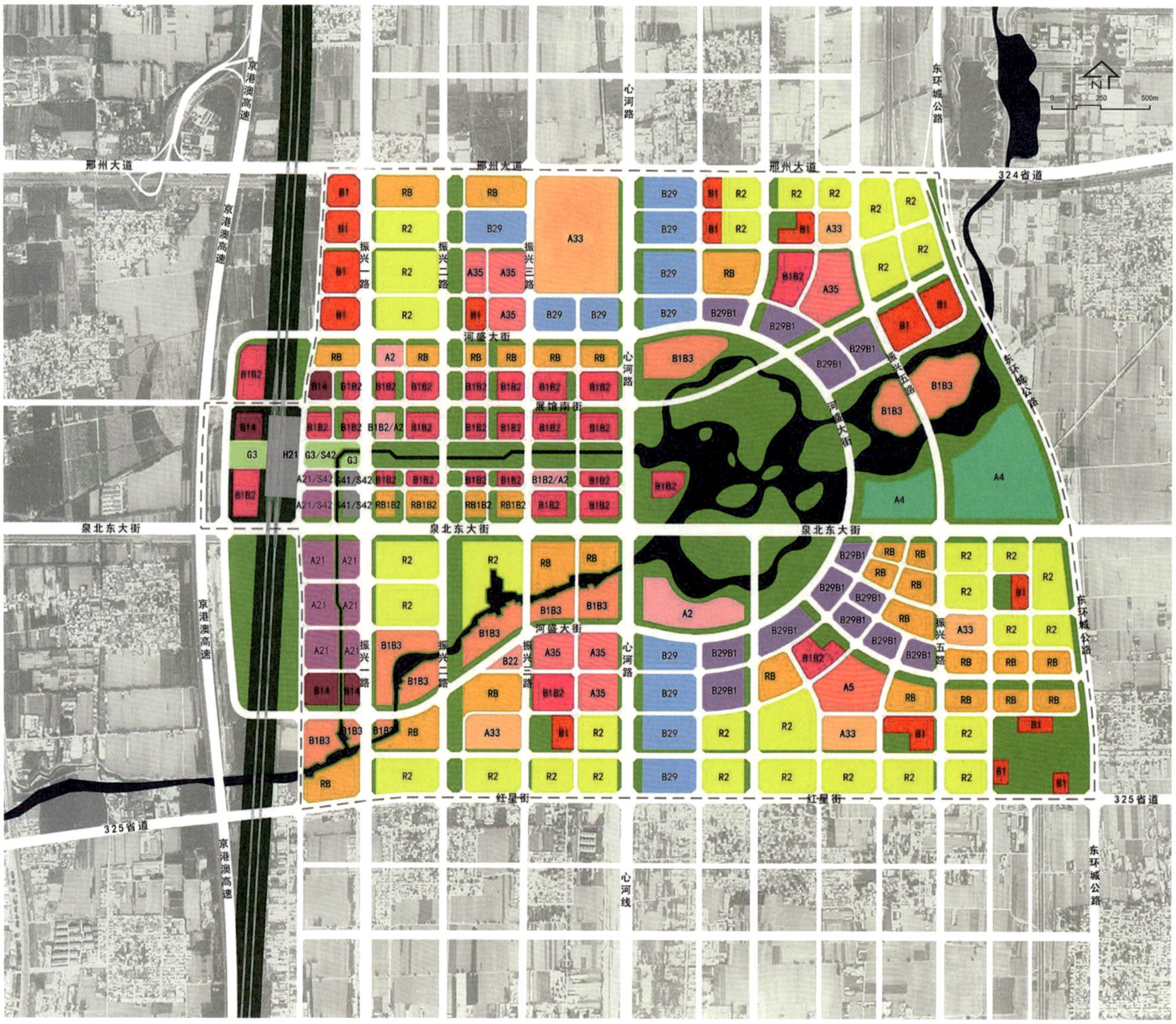

- 文化设施
- 图书展览设施用地
- 中小学用地
- 科研用地
- 体育用地
- 医疗卫生用地
- 商业用地
- 旅馆用地
- 商业商务用地
- 文化设施用地 / 商业设施用地 / 商务设施用地
- 商业设施用地 / 娱乐康体设施用地
- 艺术传媒用地
- 其他商务用地
- 其他商务用地 / 商业用地
- 二类居住用地
- 商住用地
- 公园绿地
- 防护用地
- 广场用地
- 城市道路用地
- 交通枢纽用地
- 公共交通场站用地
- 水域
- 规划范围

土地利用规划图

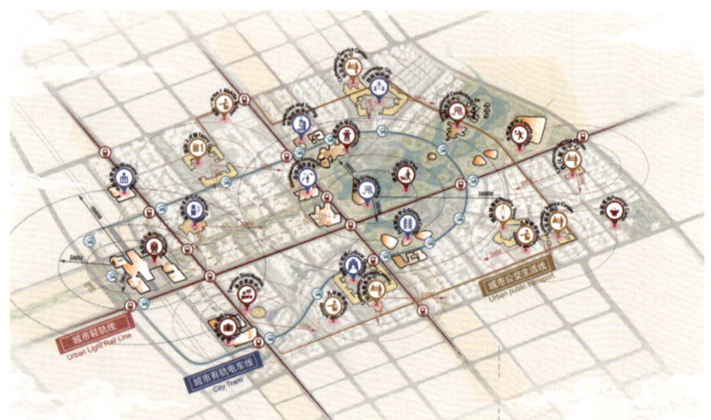

分层构建城市公共服务设施体系

组团功能高度混合

产业体系

依托高铁枢纽，集合现有产业、文化资源等，构筑三大功能板块为主的产业体系。

产业体系

产业圈层

以高铁枢纽、交通服务为核心，形成会议会展、商业贸易、商务金融—科研体育、城市服务、主题文旅—生态居住、度假休闲三大圈层。

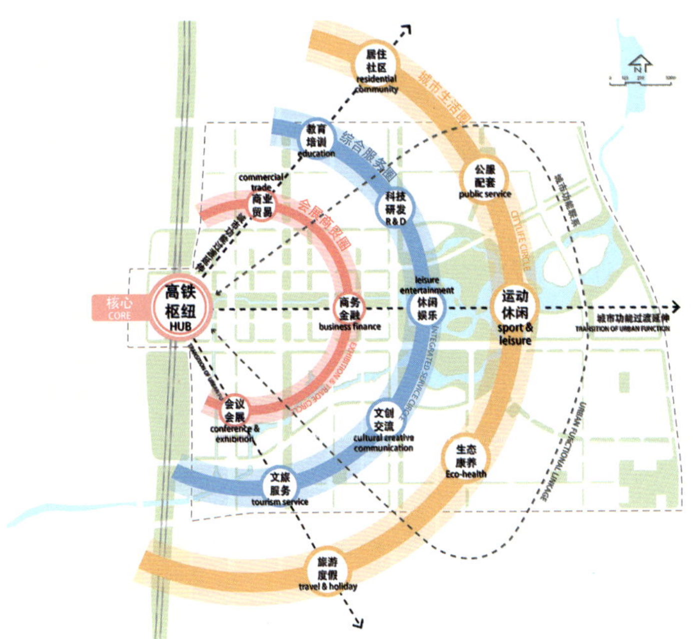

产业圈层结构示意图

功能布局——七大城市复合单元

复合单元作为高铁新区未来的一个开发模式，充分实现了产业和城市生活功能的集聚与混合。每个单元同时兼具产业与居住功能，又具有一定的主导产业集聚度，为产业发展带来规模效应。同时每个单元都考虑多元复合，提供居住与城市生活配套服务支撑，使其相互有机组合构成健康的城市机体。

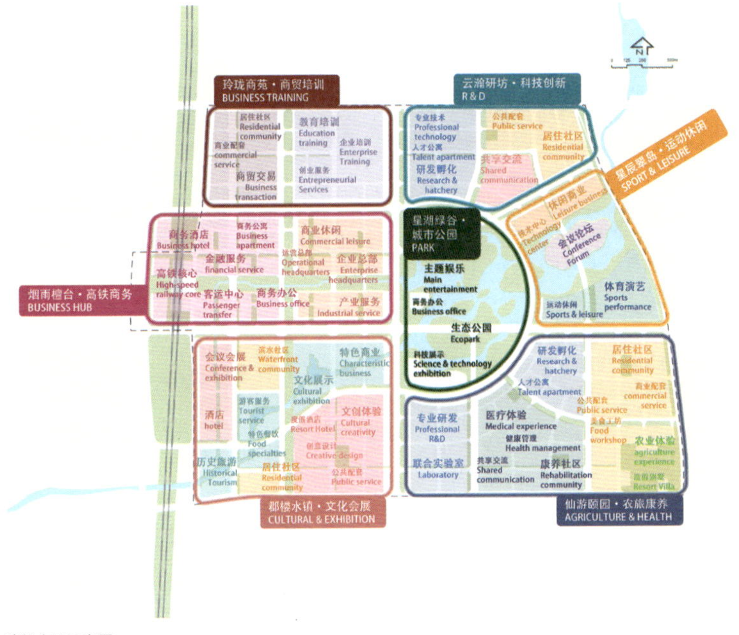

功能布局示意图

星湖绿谷鸟瞰图

布袋庭院

「天」
天文历法

山水意向

「地」
三垣四象二十八星宿 季相节气

青龙玉佩

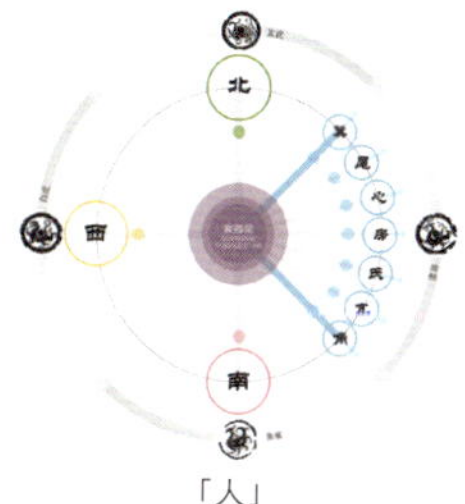


「人」
象法天地 营城造园

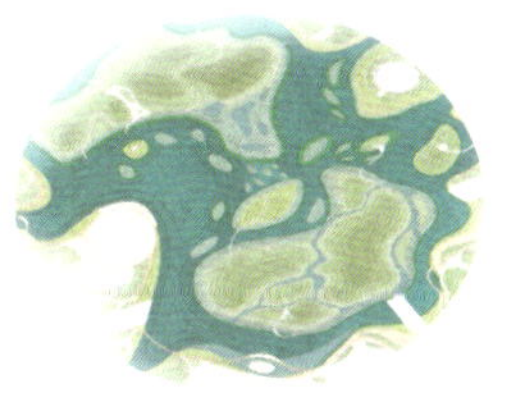

盘龙形水系

星湖绿谷示意图

星河绿谷

象法天地，在星河绿谷融入星象象征的空间布局，以紫微大厦象征紫微星，其东的星湖绿谷成为星盘中青龙位七星宿象征。

水形以青龙玉佩作为原型，融入湖体调蓄、生态理水的现代水处理理念与技术。

紫金台望湖码头

全季相活动图

乐享剧场

立体便捷的交通枢纽

高铁站前中心区鸟瞰图

高铁站东看星湖鸟瞰图

邢东客厅袋状公园

邢东客厅人文水岸

紫微大厦

国际人才城

布袋庭院

牛尾河小镇群

# XINGDONG NEW DISTRICT CITY OF 100 PARKS
# 邢东新区 百园之城

**汤姆·梅恩 (Thom Mayne)**

**墨菲西斯事务所创始人，普利兹克奖得主**

邢台是一座非常著名的历史古城，但它也承受着近代历史发展演变带来的问题。我们可以看到它几百年前的著名历史，从那位著名的工程师、天文学家——郭守敬到邢台的历史文化，但是却也能看到，过去一百年来，邢台是污染最为严重的城市之一。所以，我们想利用邢台的问题，来塑造一个新的邢台，而不是回到旧的历史模式中去。虽然旧的历史模式是一个美丽的想法，但它应该留在历史中。旧的历史中的技术并不能用于未来，邢台的新发展必须基于更宏观的经济模式，基于更新的高科技。

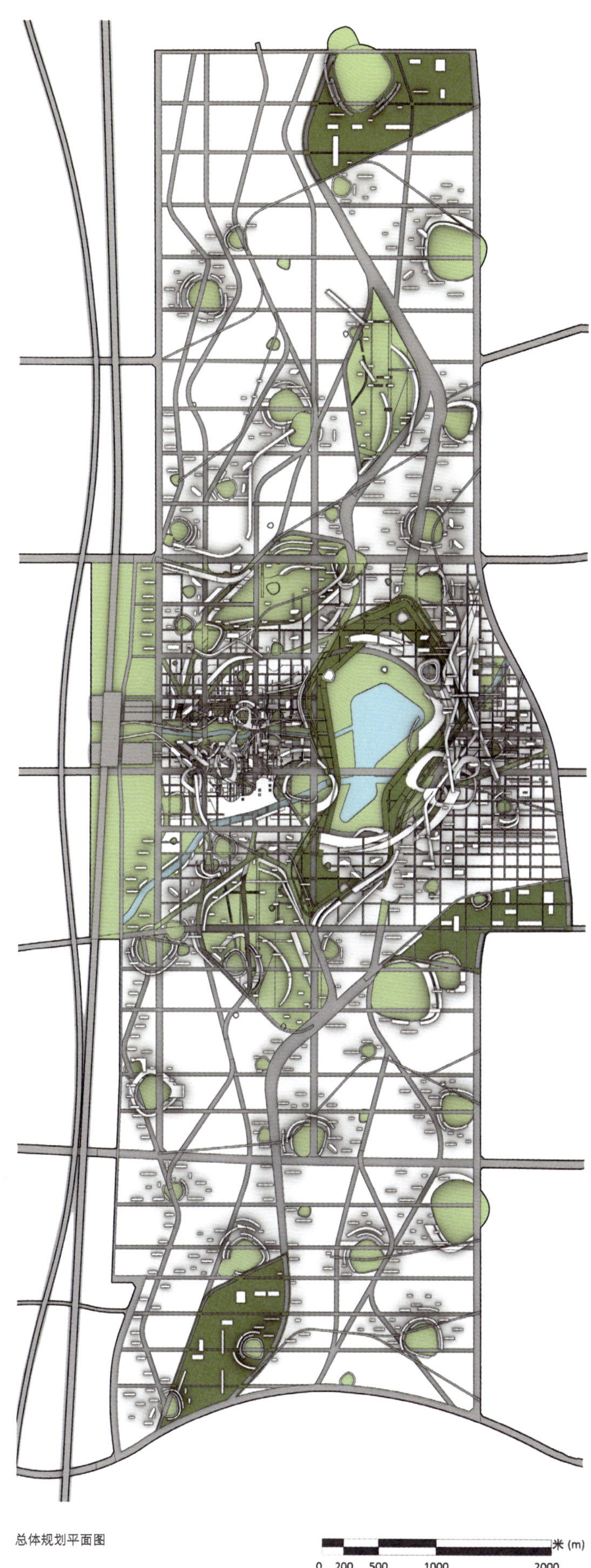

总体规划平面图

邢东新区的建立将成为一个全国范围内都市转型的原型。2012 年，邢台曾是全球污染最严重的第三大城市，也是中国污染最严重的城市。

其污染主要来自三个部分：(1) 金属和煤矿开采；(2) 冬季取暖的燃煤污染；(3) 封闭的地理环境所形成的有害微气候 。此外，邢台重工业的重新安置以及邢台与京津冀、中原城市群的联系，给当地经济和社区的改革带来了新的机遇。

邢东新区方案的提出始于对自然环境的恢复和新的生态友好型社区的建设，使其从曾经的“百泉之城”成为“百园之城”。借由自然景观的介入，提供不同维度、尺寸、范围与不同层次的绿色公园以及开放空间，将自然与绿色输入并渗透进新城区的规划，同时又成为连接不同社区社群的城市织理，就好比健康的血液借由天然的景观、植栽、绿化，输入城市的各个区块，促成新区建设的永续与良性发展。

总体规划

中心区鸟瞰

邢东新区总体规划及功能分区结构图

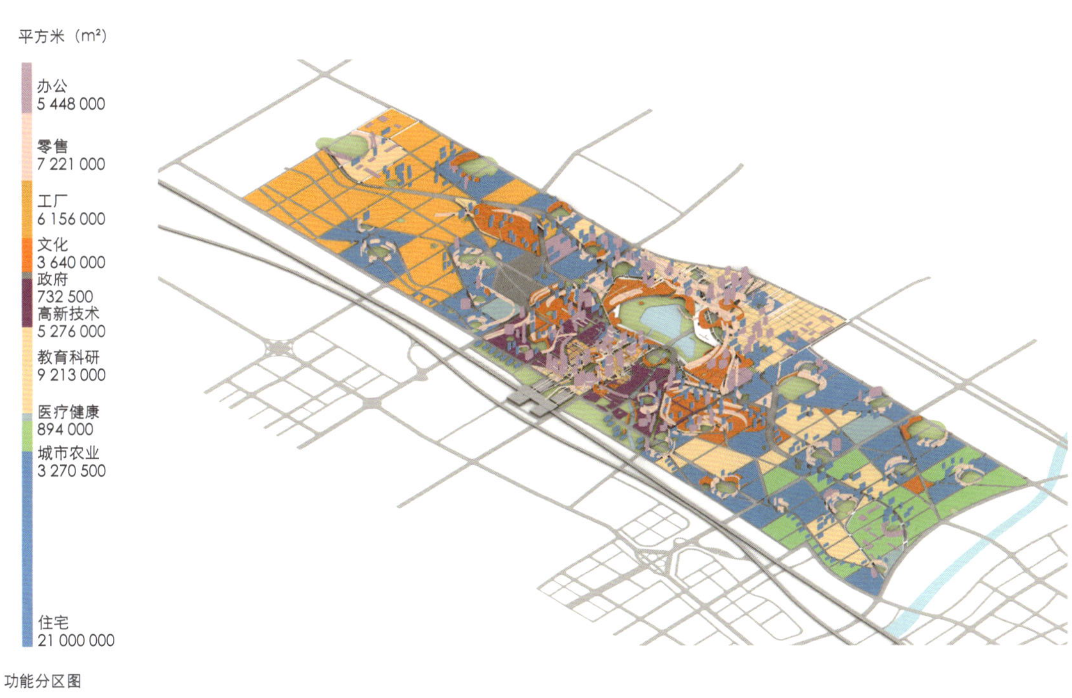
平方米（m²）
办公
5 448 000
零售
7 221 000
工厂
6 156 000
文化
3 640 000
政府
732 500
高新技术
5 276 000
教育科研
9 213 000
医疗健康
894 000
城市农业
3 270 500
住宅
21 000 000

功能分区图

市民公园

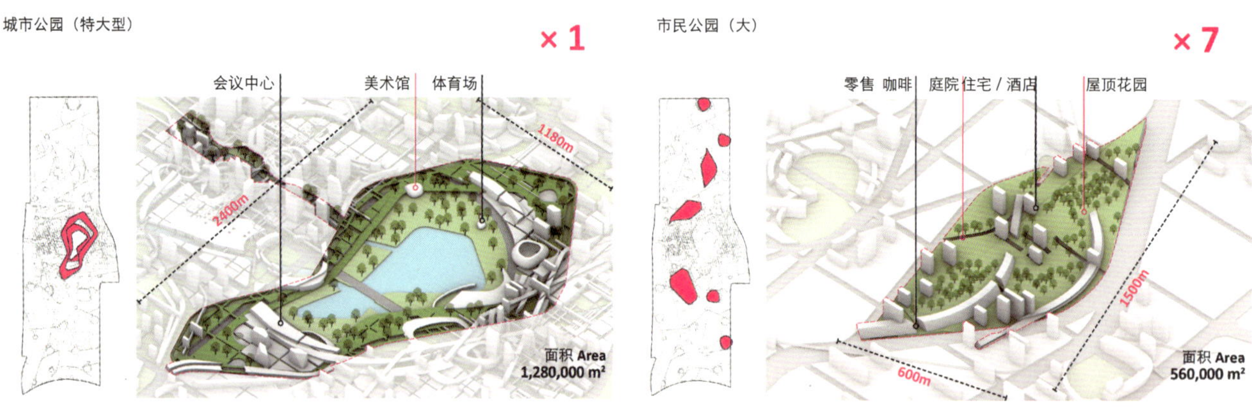
城市公园（特大型）
×1
会议中心
美术馆
体育场
2400m
1180m
面积 Area
1,280,000 m²
市民公园（大）
×7
零售 咖啡
庭院住宅 / 酒店
屋顶花园
1500m
600m
面积 Area
560,000 m²

公园分布图

线性公园

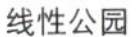

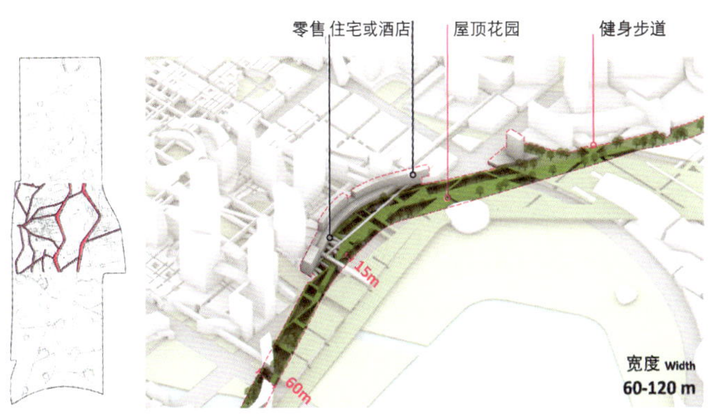


城市绿道

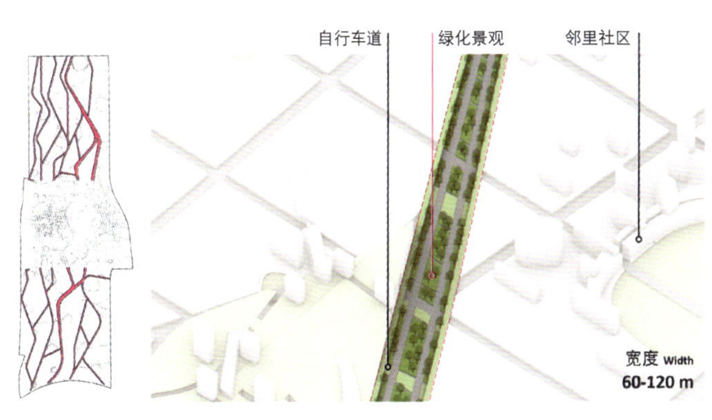


社区公园（中）

× 18

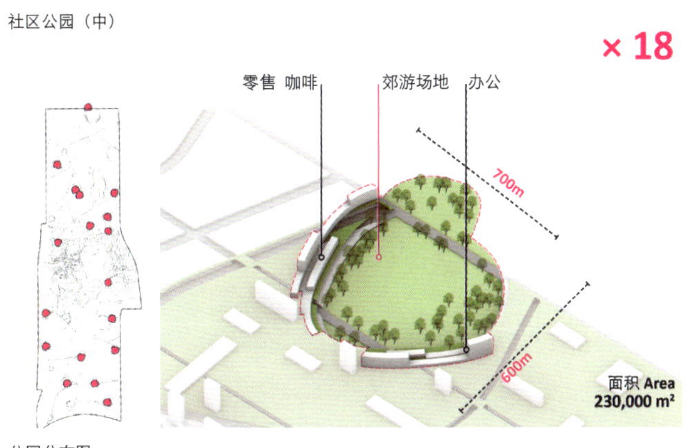


口袋公园（小）

× 74

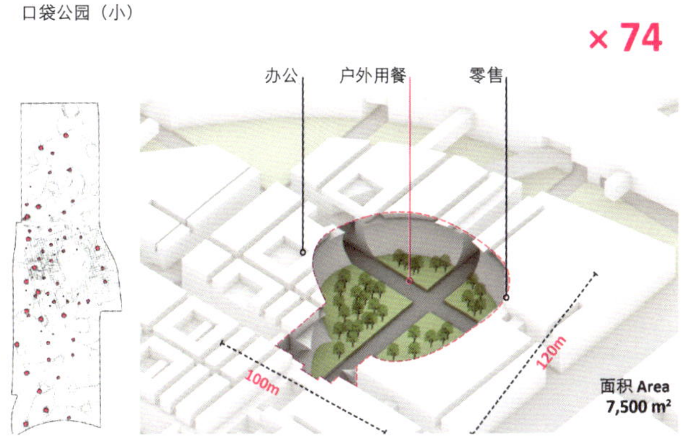


公园分布图

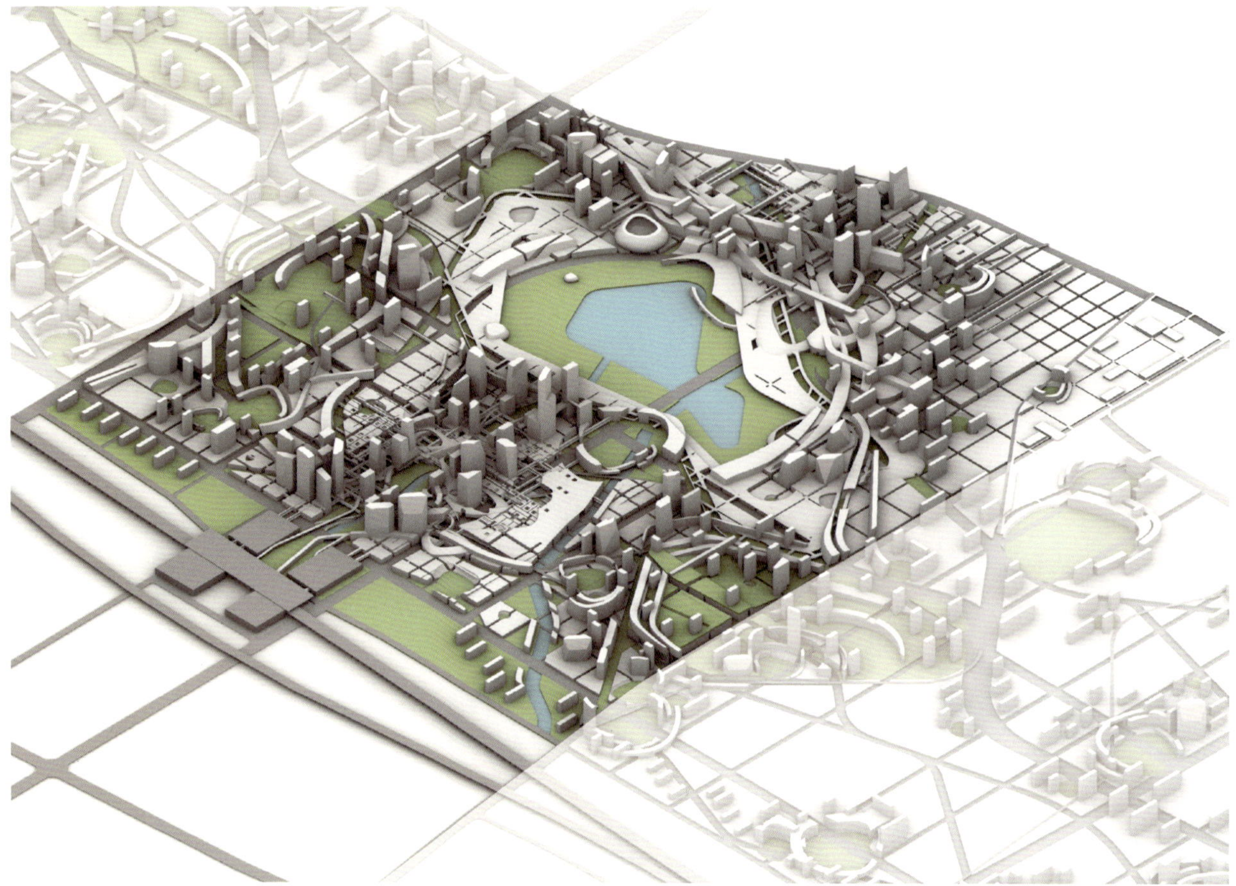

邢东新区核心区

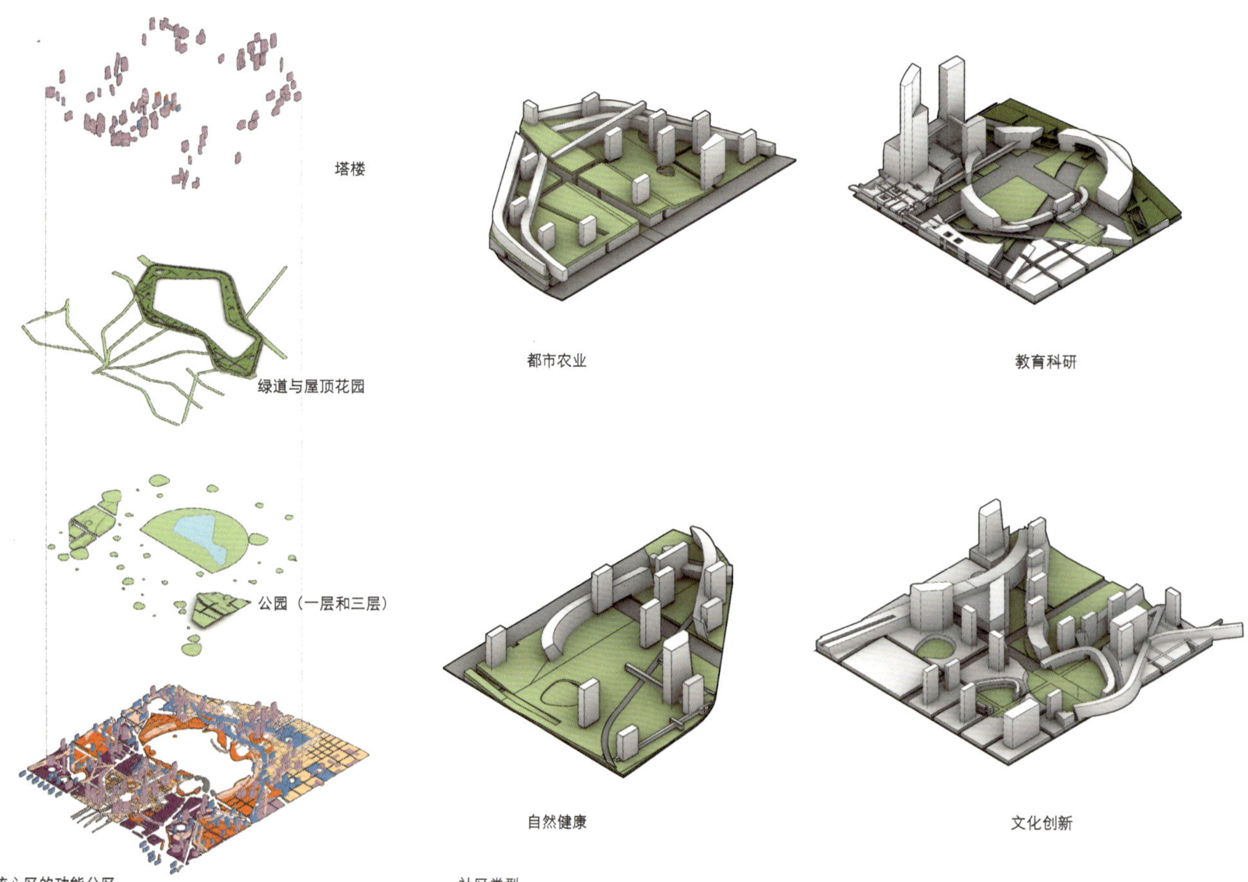


核心区的功能分区

社区类型

中心区鸟瞰图

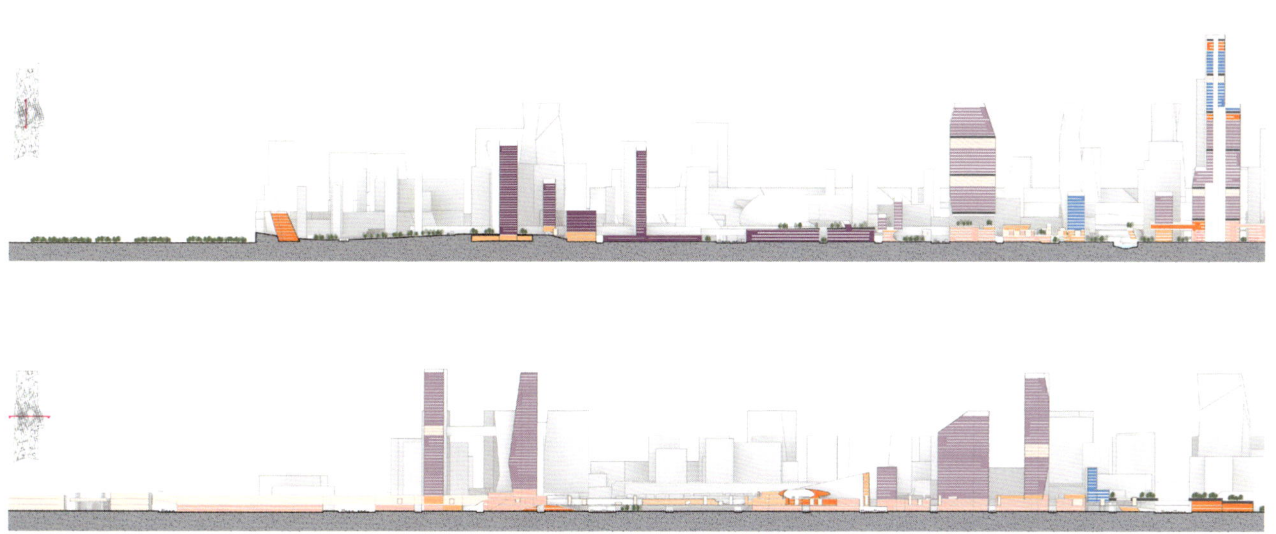

中心区剖面

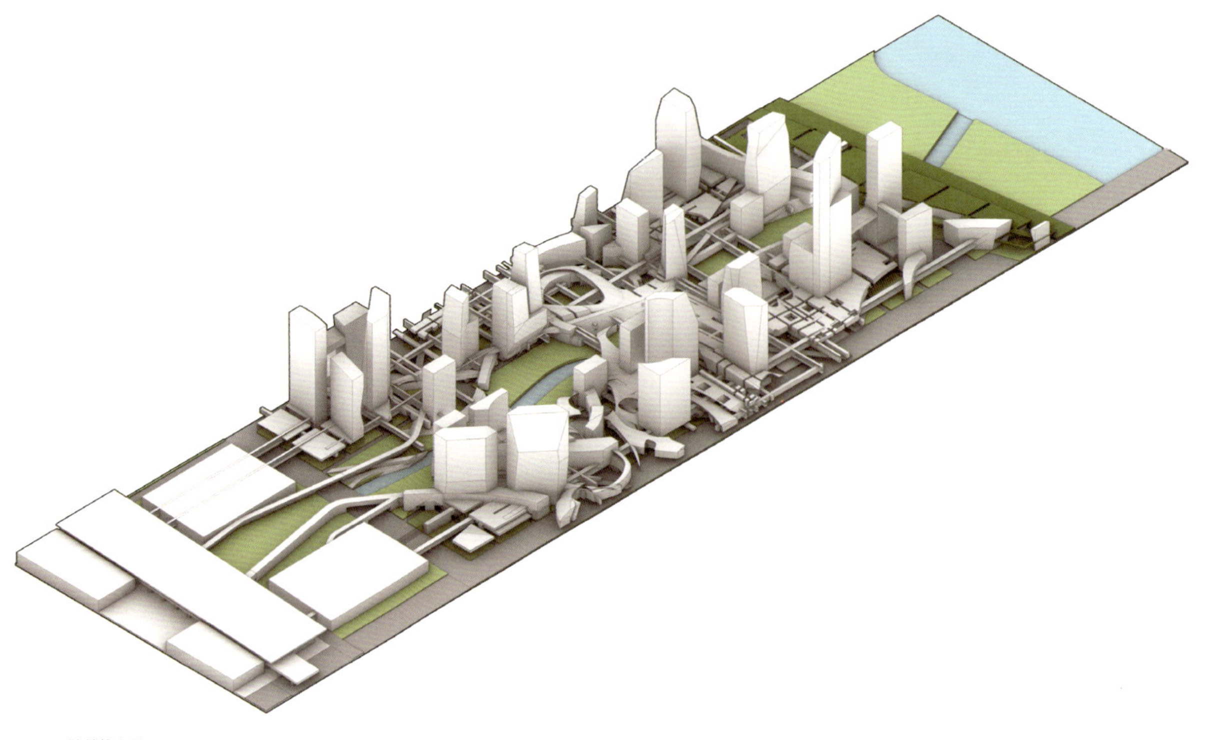

站前核心区

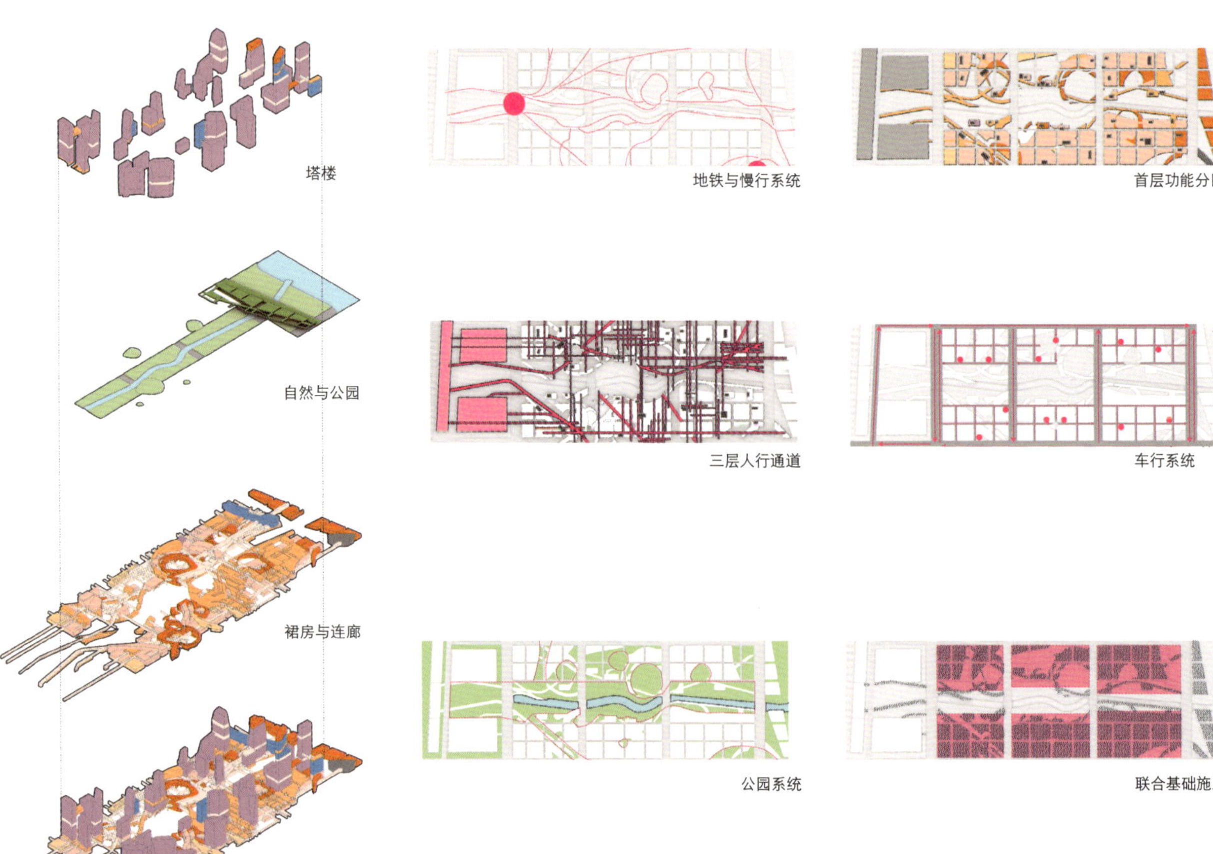


站前核心区功能分区

站前核心区基础设施规划

站前区中轴公园

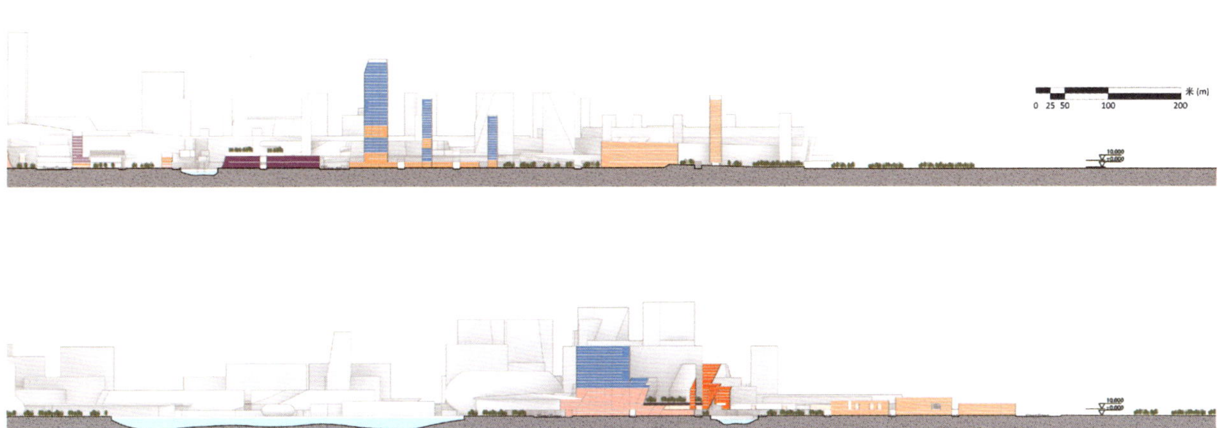


站前核心区剖面图

办公
零售
文化
政府
高新技术
教育科研
住宅

产业政策支持
新型建筑
共享交通与物流
多层级基础设施
公共空间检测
利益去中心化
大众运输可达性
单行系统
资源需求本地化
动态区划
共享空间

智慧城市应用

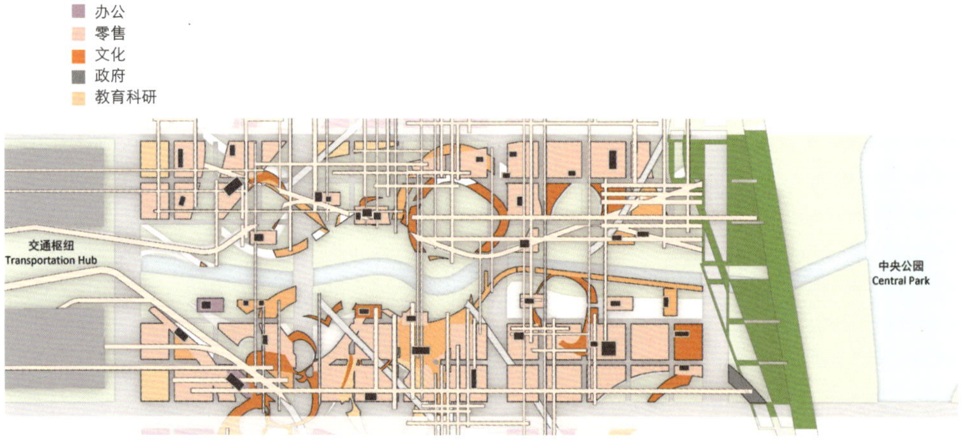

办公
零售
文化
政府
教育科研

交通枢纽
Transportation Hub
中央公园
Central Park

站前区域三层联通区

公园周边

# CLUSTER - MULTI-CORE - SETTLEMENT STYLE CITY COMPLEX
# 集群·多核·聚落式的城市综合体

**帕特里克·舒马赫（Patrik Schumacher）**

扎哈·哈迪德建筑师事务所总裁

邢台这个城市在过去几十年里，经历了历史文化的流失。如今发展的一个重要机遇，是找回曾经丢失的中国城市有趣的元素，尤其是城市与景观之间的相互关系。

在发展过程中，基于千年历史文化的中国特有城市景观正逐渐消失，这本是提升城市品质的契机，庆幸的是我们在邢台又抓住了它。不仅仅是中国城市，世界上的许多城市都可以从中获益。在邢台，我们有很好的合作伙伴，我们希望可以在竞赛中为未来城市的发展贡献我们的智慧。我们提出的许多观点都基于城市与自然的关系以及自然是如何在城市环境中占据重要地位的。

鸟瞰图

本规划设计反思了传统城市的规划和增长模式，提出了一种新一代的城市设计模型，它解决了都市化成长、经济和文化演变及建筑环境变化所延伸出的相关问题。

集群式建筑是本提案的核心思想。当前城市的法规及生活方式、使用者体验以及服务和社会基础设施等都面临密集压缩化和集中化的状况，原因是现有城市发展大多为扩展型。高密度扩散型发展使文化、经济和社会环境以及自然与都市环境的失衡，都更加确立了本方案这种多核心集群式城市化模型发展的必要性。基于本城市规划模型，可以产生各种当代所渴求的城市结构以及新都市生活形态，例如：可持续的建筑环境和交通方式、充满社会活力的小尺度社区、健康的生活方式、以行人为中心的城市尺度等。

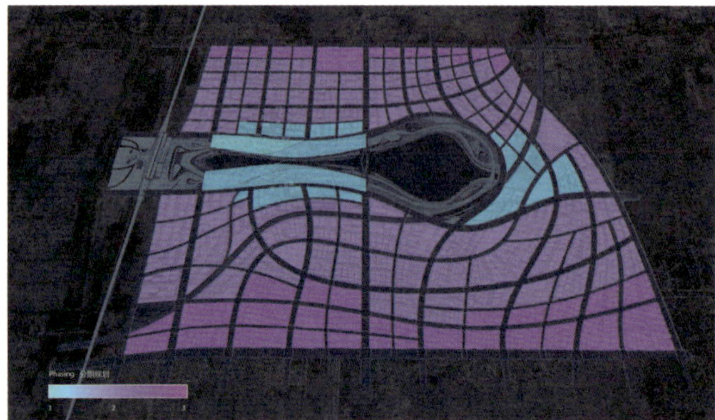
分期建设计划

道路等级系统

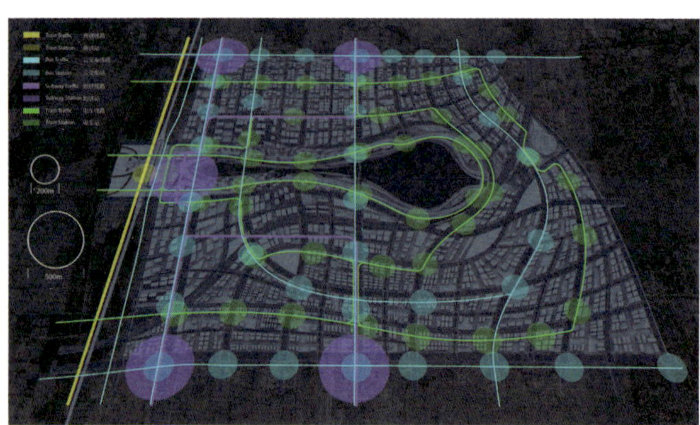
绿色交通系统

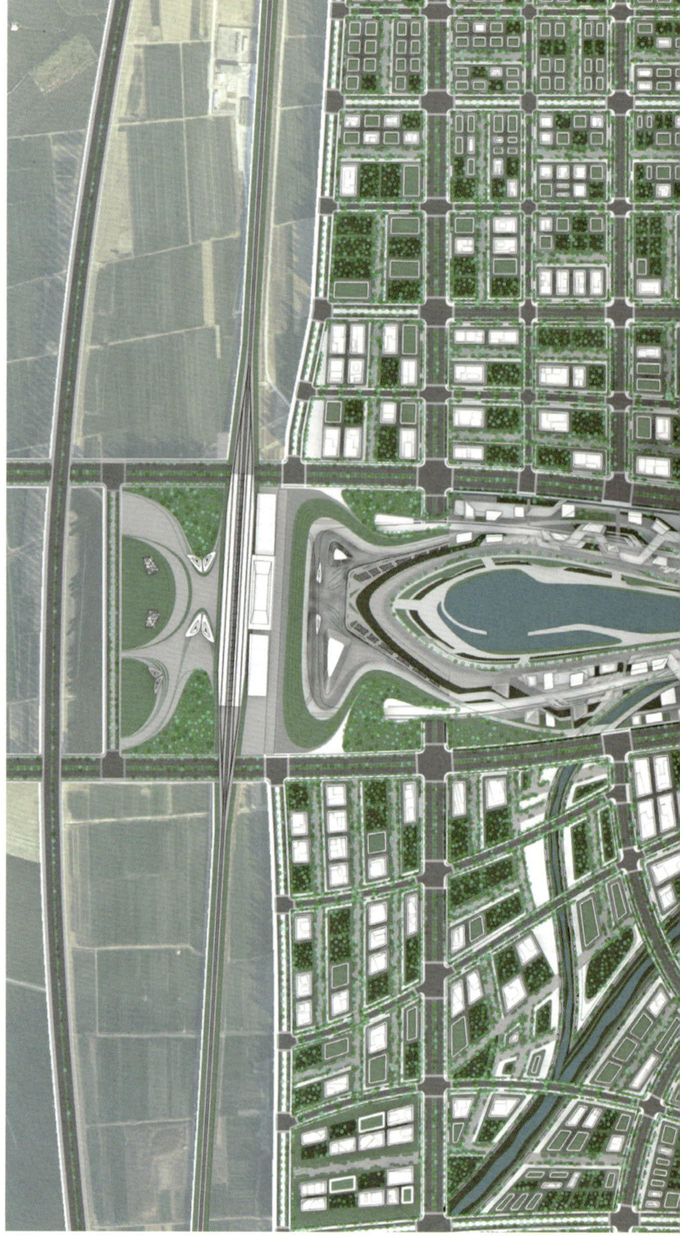
总平面图

## 功能组织与产业布局

土地使用分区由中心综合商务区往外构成混合功能区及住宅区。我们从两方面出发去设计以及规划邢台新区的土地使用策略。一方面是考虑当地的发展意愿以及当地需要保护与发展的土地与产业，一方面引入合理高效的土地使用方法与产业布局，让新区的每一寸土地都找到自己的价值并且深刻地、积极地影响周围产业以及人居生活。

本设计将分三期开发，由核心区放射向外开发。首先创建核心商业起步区，并且通过景观长廊，将新城区与旧城区进行决定性的联系。再通过商业区带来的活力建立周围的住宅区域。搭配建立相关的公共设施，让整个新区的功能结构与时俱进，实现高效发展的目标。

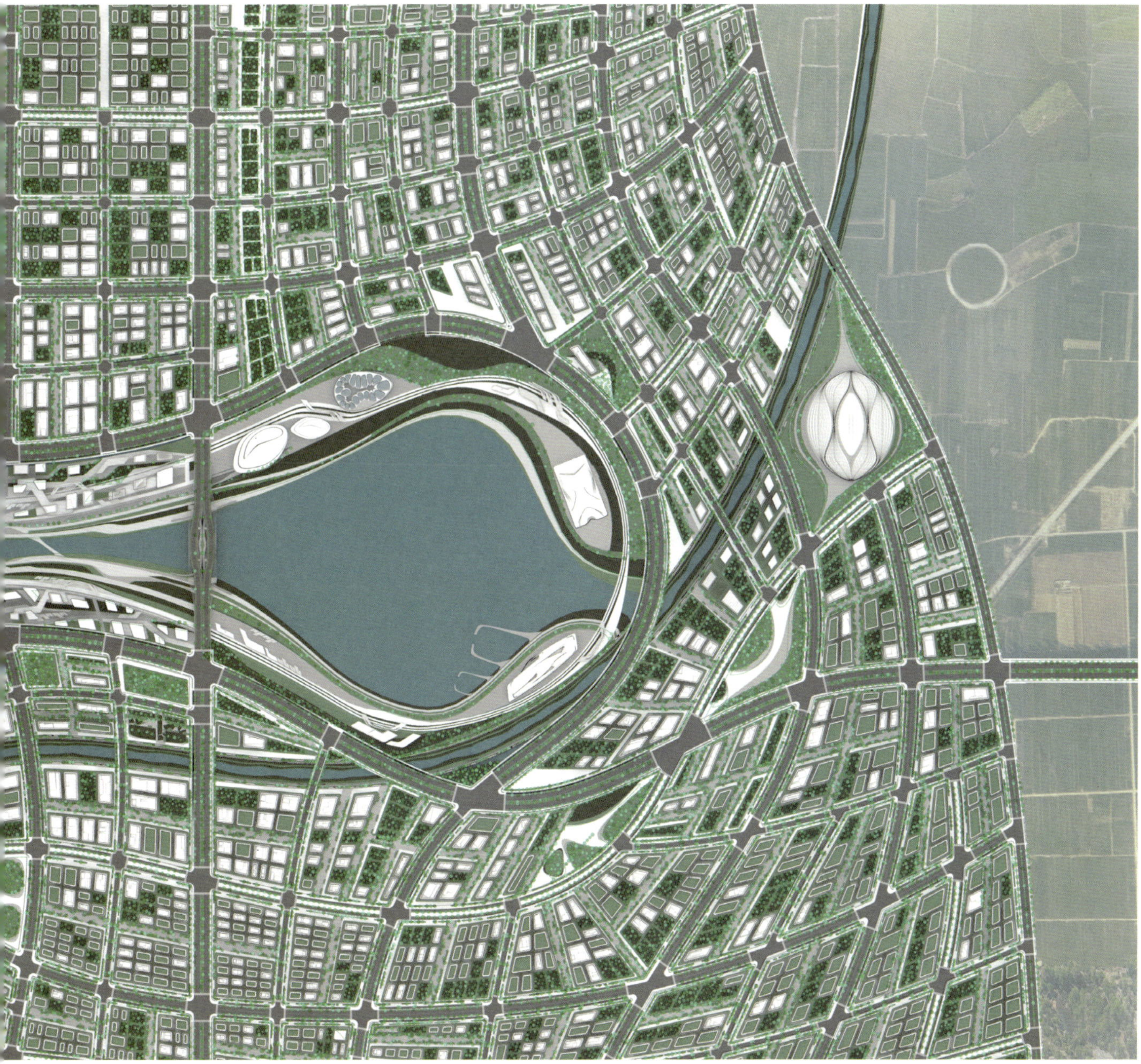

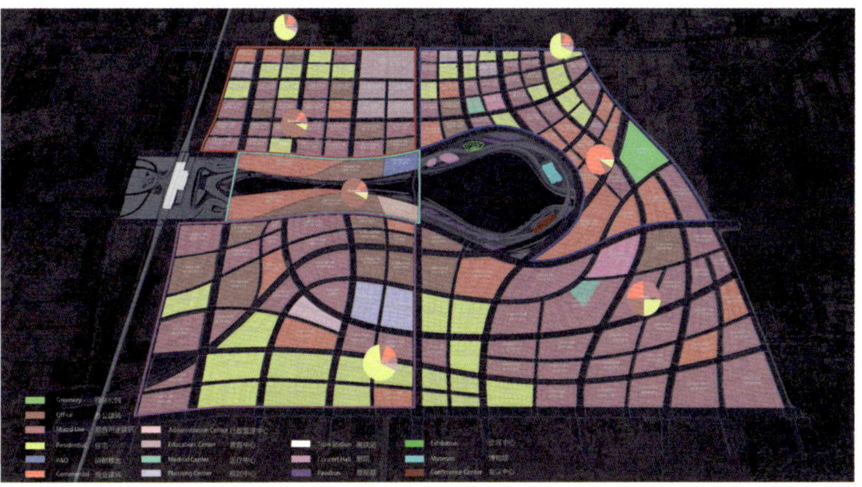
Greenery
Office
Mixed Use
Residential
R&D
Commercial
Administration Center
Education Center
Medical Center
Planning Center
Train Station
Concert Hall
Pavilion
Exhibition
Museum
Conference Center

功能分区图

## 公共空间与产业景观

这个设计区域对于城市发展轴线、公共运输流线及大型绿带空间的串联，都扮演了重要的角色。 其中，综合商务区由混合功能区以及住宅区包裹。高效的公共交通系统让步行系统变得更加便捷以及重要，同时，低密度的空间布局提供了一个更适合人们居住的城市。在道路系统的设计上，我们保留了现有的南北向两条主要道路，中央商务区被设置为绿色人行徒步区，次要道路及支路沿河流蔓延，并且由中心区向周围区域逐层分布。此外本设计将分三期开发，由中间核心区放射向外发展。

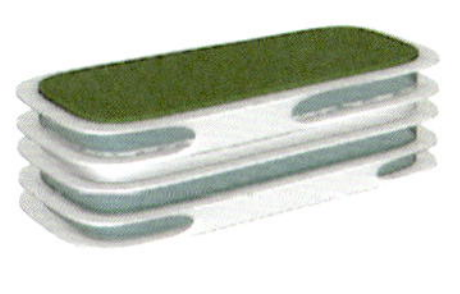
商业建筑

商业建筑

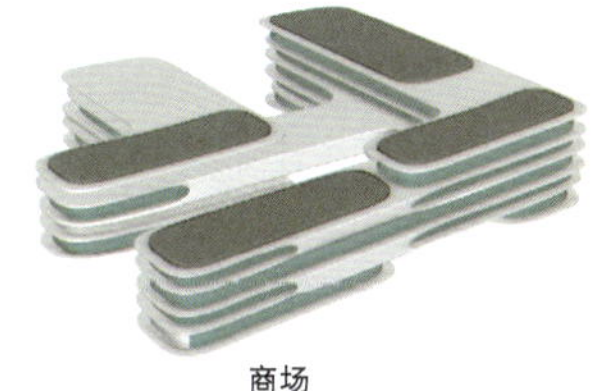
商场

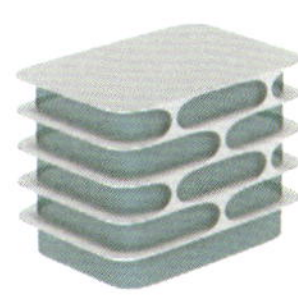

退台式住宅建筑

研究与发展建筑

教育中心

研究与发展建筑

单元式住宅建筑

单元式住宅建筑

社区建筑类型

## 核心区域设计

中央商务区被分为七个不同的主要功能区域，这样的多层商业结构中心塑造了场地的多功能特性，建筑之间通过通廊以及空中花园等方式连接的同时，整个商业区的产业以及步行体系也同时合为一体，变得更加高效以及具有活力。

中心商务区为起步示范区，现有的交通枢纽是示范区设计的起点，同时也是设计的重要影响元素。河道两旁栖息着商业、休闲以及创新中心等具有城市活力的功能中心，他们共同通向环湖的文化区域，那里坐落着诸多公共文化建筑，并且与独特的邢台都市景观一起打造旅游业、新兴产业以及都市生活的生机。

功能中心分布

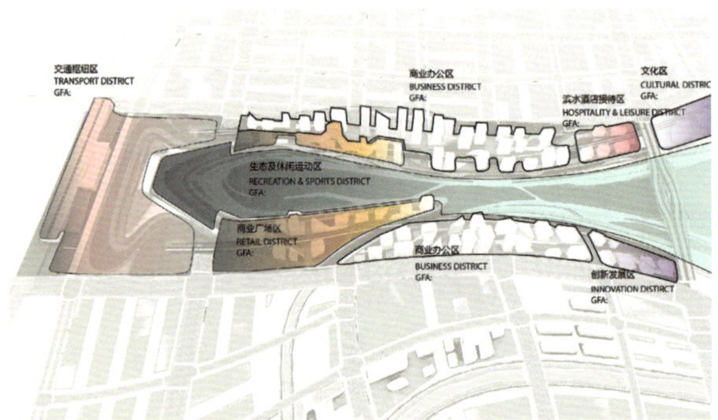


功能分区

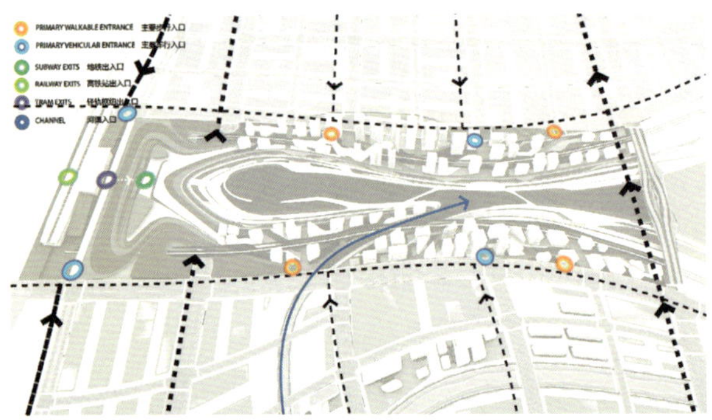


出入口与道路关系

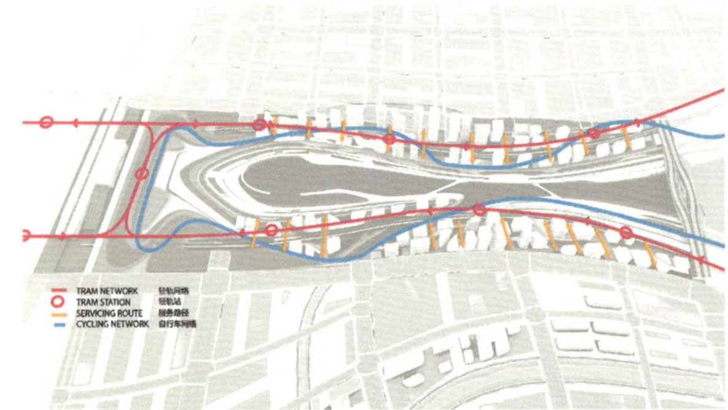


绿色交通系统

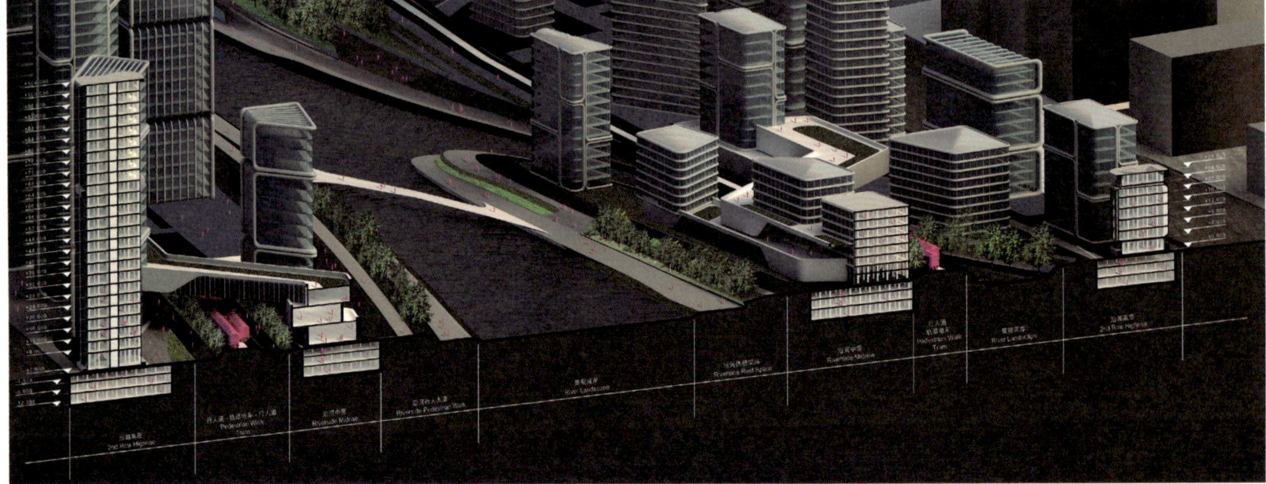

# JUDGING PANEL COMMENTARY
# 评委点评

## 评委会主席

### 赵宝江

中国住房和城乡建设部原副部长

本次国际大师邀请赛六家团队的方案都进行了大量调查研究，达到了实际任务书要求，各有非常明显的特色，希望无论最后谁是胜出组，都能够吸取其他方案的优点，加以综合再提高。另外，我觉得应该充分肯定的是，邢台市委市政府举办第二届河北国际城市规划设计大赛的决策是非常英明的。邢台市现在处于发展边缘化的非常危险的境地，具有非常大的发展压力，通过这个大赛集中吸取国际、国内的城市建设、城市经济和城市规划大师的理念和观点来为邢台市的发展提供很好的思路，我觉得这是对的，也是邢台市委市政府抓住了高铁时代的发展契机，我觉得也应该充分肯定。

我对邢台市的发展确实有些担心，发展动力不足，人口增长缓慢，生态环境非常脆弱。我们规划的目的不是为了规划而规划，而是为了这个城市的发展，希望各位国内、国际的专家能为邢台的发展多提供一些好的意见和建议。比如邢台发展靠高铁带来人流是一个契机，那它的旅游怎么发展？邢台给很多人的第一印象是邢台大地震，那邢台会不会再来一次大地震？崔愷院士团队的方案里有一个地震防灾的措施，我觉得非常英明。还有，邢台的旅游怎么发展？我听说太行山在邢台市这一带是最好的一带，但是太行山的这一带旅游观光资源该怎么整合，怎么发展？所以，希望各位专家能从多个方面为邢台的发展出谋划策。

## 评委会成员

### 王建国

中国工程院院士，东南大学城市设计研究中心主任，教授、博士生导师

六家团队的作品呈现效果都很好，相比较而言，崔愷院士带领的中建院团队的作品在理念以及设计等方面还是有挺多创新性的。所以我认为在如今的时代背景下，从创新的角度来说，崔院士的团队是做得最好的。

崔院士对于城市区域有很细致的考虑，邢东新区虽然是一个高铁新城，但邢台是一个比较小的站，且过去车站是依托了城市的发展，现在则是要依据高铁站规划一座城市。另外，高铁站所在区域目前还是一些村落、村庄、县城等，需要整合。他的方案会比较多地关注场地原来地理、人文的脉络以及在聚落成长过程中留下来的文化印记，所以它在现有的规划道路布局上，顺应现在场地中在地性的文化脉络、地理脉络以及过去生产活动留下来的沟渠田地划分方式，多种因素的结合非常有亮点。

另外，城市其实是成长的，目前规划是一个整体，可是建造的时候是一步一步去建的，所以崔院士对这个方案中一些分期的考虑，我觉得也是比较好的。同时对城市组团的尺度以及组团里的一些公共服务、居住和一些其他科创功能的关系等有很好的把握。这是这个方案的亮点，给我的印象比较深刻。

## 盖瑞 · 哈克（Gary Hack）

美国城市规划协会主席，宾夕法尼亚大学设计学院前院长，
MIT 城市规划系前系主任

在所有的方案中，我对打破传统风格的方案比较感兴趣。

在过去，中国城市中几乎每个主要的新区域都有宏伟的轴线，从一端的重要建筑物到另一端的开放空间或其他活动空间。然后，有沿主轴聚集的高层建筑，也有毗邻后方较低矮的建筑物，这些低矮的建筑物将商业区与居住区分开。这些规划方案往往设置在距离正建设的新区很远的工业区，拥有自己的工业园区来处理环境等因素。因此，在这个地方提出更新的问题迫使人们以不同的方式思考。

首先，穿过这座城市的水系和河流系统表明，轴向空间可能不是思考大体量空间的最佳方法，可能河流沿岸的空间是一种思考的方式。其次，这座城市正在寻找新的经济发展机遇。因此，我们正在努力吸引高科技公司，而创新型公司则开始成立 UPS 小公司。而且他们需要靠近人们的居住区附近，那里有更多娱乐场所，尤其是那些正在促进这类事情的年轻人，他们不想在城市外的某个工业园区内游玩，所以这迫使许多人思考如何在城市内部构建这样的区域的新方法。我有一些印象深刻的现实案例，一些美妙的滨水步道，伴随着文化活动和其他类型的活动，甚至连一个明确的轴线都看不到。在这种情况下，你得到了原本属于这里的土地，然后将其散布在几个不同的地方。最后，在一组方案中，建议做一百个公园，并将它们分布在新区中，每个公园都有各自独立的特征，独立的身份，并且每个都可以被生活在那个区域的人所管理，这是一个非常有趣的主意，整个活动产生了许多好的创意。

## 唐凯

中国住房和城乡建设部原总规划师

作为规划人来说，规划本身就是一个综合性的工作。规划人本身就是追求综合效益的，我们在几十年前做规划的时候就在讲经济效益、社会效益、环境效益综合最佳，今天就更加注重生态、文化、经济，而且最终要以人民为中心。习总书记说过，金杯银杯都不如人民群众的口碑，它是为人的，不是虚的。我们在不同的时期，规划时可能更偏重经济一点，或者更强调速度、扩张，在一定时期会有一定的特殊性。但它并不是可持续的，它在不同的时期会有不同的办法，尤其到了今天，更应该注重综合性以及生态、文化、历史、人文等，当然综合效应是最佳的。现在规划也不是以速度为主，而是要以质量为主。

## 艾伦·贝斯基（Aaron Betsky）

美国赖特建筑学院院长，荷兰建筑师学会前会长，2008 年威尼斯建筑双年展主席

我们都对崔愷院士的方案非常满意。我认为非常重要的是，它是唯一一个以保护尽可能多的现有景观（包括某些现有村庄）为前提的项目。我希望他们能在此基础上更进一步。我还希望他们没有给这个方案强加上一个任何地方都可以有的大型中央商务区，而是考虑如何使用现有的资源以及如何以更可持续的方式建造其核心区。而且该方案对滨水景观、农田和村民的积极保护也使它更有趣。

## 张国华

国家发改委城市中心总工程师，国土产业交通规划院院长

首先，这次邢东新区的规划设计是一个非常难得的机会，集聚了国内外六家最知名、最顶级的机构，每一家机构的特点也是不一样的，有的偏建筑，有的偏规划，很好地体现了邢东新区发展的特点。

第二，针对于未来经济协同发展，未来邢台城市的转型以及如何把邢台做好承接经济协同的平台，并聚焦于邢东新区等方面，大家都是有所共识的。

第三，在具体的空间方案中，大家都比较关注方案中蕴含的重大要素，即高铁站和地区的协同发展问题。包括这个地区有着比较好的河流、水等生态环境资源以及将来围绕这个地方的环境治理，甚至包括治霾的工作等。在这个地区中该怎么去结合，这些方面大家都进行了探索。

但是我想，对于通过规划方案如何更好地指导这个地区的发展，可能还要从邢台的实际出发。我们如何把邢台自身的差异化资源更好地发掘出来，通过产业各方面等人才吸引竞争力比较的分析，下一步邢东新区要发展一些什么东西？不是和别人一样的东西，而是和别人不一样的东西。而且只有邢台才能做好，别的城市例如邯郸、石家庄等是做不了或者不能做的。那这样一个地区的做法，对于整个邢台的转型，对于更好地承接经济协同发展的要素的集聚，是很难得的一次机会。

## 东 · 凡乎文（Ton Venhoeven）

荷兰政府基础建设前首席顾问，Venhoeven CS 建筑与城市规划事务所 CEO 和创始人

我们认为崔愷院士的提案非常有趣。从我作为一个外国人的角度来看，许多中国城市都是现代城市设计，在全国范围内看起来都是一样的。而且似乎总是一样的套路，例如标志性的塔楼和广场上的中轴线，还有超宽的马路等。我认为崔愷院士在非常勇敢地从现状出发，考虑发展时序，并呼吁唤回土地的田园性，尝试维护农业用地，而不是铲平一切从头再来，也不是一次性全部建造出来。

另外，我对墨菲西斯事务所的方案印象也比较深刻，原因并不在于它的可行性强或是它的复杂程度，事实上是有些太过于集成了，但我觉得它的总体规划很有智慧，能看到更多分阶段建设的东西。

## 袁 昕

北京清华同衡规划设计研究院院长，中国城市规划协会副会长，中国城市规划学会常务理事

崔愷院士和杨保军大师这两个团队的作品给我的印象更深刻一些，特别是崔院士团队的作品。做为一个建筑师，从崔院士这些年在城市设计领域上的探索能够看到他对城市的思考正逐步地加深。

除了有非常清晰的思路、脉络，崔院士团队方案的最大特点在于很好的考虑到了邢台这个城市未来的发展问题，这样一个大尺度空间的发展，有相当的不确定性，而这个方案为未来发展的不确定性留下了更多余地，是可操作性最好的一个方案。

## 周 俭

上海同济城市规划设计研究院院长，同济大学建筑与城市规划学院教授

从方案来讲，六家团队的每一个方案都是非常有创意的，每一个团队都想为邢台邢东新区的高铁片区提供自己的经验和智慧，提供自己的畅想和创意。如果说从具体来讲，可能分成两大类。一类更面向未来，面向未来城市的生活方式、未来的城市品质以及未来的城市科技带来的对城市发展和城市生活的变化；另外一点，则更加注重实际，如何因地制宜地在这块基地上，对邢台的历史文化和基地的生态环境做出自己方案的构思。总体来讲，我觉得是符合我们国家中央提倡的生态文明、绿色发展的方向的。

第二届河北国际城市规划设计大赛（邢台）

# Xingtai Grand Theatre International

# 邢台大剧院 建筑设计国际竞赛

THE SECOND HEBEI INTERNATIONAL URBAN PLANNING AND DESIGN COMPETITION (XINGTAI)

# Architectural Design Competition

# COMPETITION BACKGROUND
# 竞赛背景

*邢台大剧院所在区域是邢东新区的核心地段，是未来新城的集中展示区。邢台大剧院作为地段的标志性建筑，对提升和带动邢东新区的品质和文化艺术发展具有重大意义。本项目旨在将大剧院建设成为邢台文化新地标，通过对邢襄文化价值的挖掘，打造邢台的文化新高地，同时完善城市功能，提升邢台市的城市品质和核心竞争力，塑造邢东新区生态人文未来之城的城市形象。*

## 设计范围

邢台大剧院用地位于邢台中心城区北部，北至兴盛街，南至邢州大道，西至兴东街，东至邢台科技馆用地界线。项目东侧为待建设的邢台科技馆，大剧院与科技馆需要在地下空间、建筑风貌等方面统筹协调。地块南侧为园博园（2019 年开园）以及邢台总规中确定的中央生态公园。邢台大剧院项目地上建筑面积约 3.5 万平方米，限高 36 米，容积率不大于 0.8，绿地率不小于 40%。设置地下车库，并统筹考虑车库出入口。地块北侧开口位置为兴盛街，西侧开口位置为兴东街。

## 设计目标

立足邢东新区发展定位及邢台市自身发展条件，采用先进的设计理念和技术手段，构建城市完整的文化系统和高品质生活模式，使项目所在中心区成为邢台未来建筑展示区，体现邢台独特的文化魅力。设计需统筹考虑大剧院与东侧科技馆、文化广场以及南侧中央生态公园的关系，形成整体片区。

## 设计内容与要求

### 设计要求

体现与环境相协调的关系：建筑设计方案强调与周边环境的整体协调关系。将大剧院、科技馆以及园博园等项目有机地结合起来。

强调合理的功能分区：功能布局和流线设计应科学合理。各主要功能区既要保持相对独立又要有紧密的联系，各种流线要顺畅。强调各功能分区的交通流线组织，使之成为一个有机整体，有利于各项资源的集约利用。

丰富的建筑空间层次：建筑设计既要兼顾从邢州大道上观看中心立面效果，在内部也要形成一个连贯的空间整体，创造一个真正具有绿色生态效应的外部环境和建筑空间。

设计方案应兼顾灵活性：本次方案设计中应统筹考虑后期运营模式研究。

交通流线实现人车分流；各功能区应考虑无障碍设计 。

建筑等级：建筑满足一级防火等级、耐久年限、抗震设防烈度均执行国家有关规范和规定的要求。

绿色建筑要求：按照国家《绿色建筑评价标准》认证要求进行设计，达到国家绿色建筑三星级标准。

**功能要求**

1400～1800 座多功能剧院以及配套的排练厅、后台区；多功能厅 4～8 个，艺术展厅约 1000 平方米；公共服务大厅、休息厅（贵宾接待室）；办公、后勤管理用房、技术设备用房、地下车库等；功能空间不局限于以上内容，可根据方案创意进行灵活补充。

**设计挑战**

打造邢台文化地标：依托邢台市丰富厚重的历史文化，塑造城市新区的文化内涵，建设国际、国内一流的公共文化空间聚集地，构筑展现邢襄魅力和前沿艺术的文化新高地，打造邢台文化名片。

空间组织及功能定位：综合考虑邢东新区未来空间结构及周边功能布局，营造高品质生活环境。

新理念和技术运用：引入国际先进的建筑设计理念、技术，打造文化地标。

可持续性：设计应尊重自然，考虑保护性地利用环境资源，使建筑与自然生态和谐共处。全面分析建筑能耗，做到能源与资源的节约、循环以及高效利用。

功能布局的灵活性：设计方案应满足未来建筑、片区不同的功能需求，空间布局具有灵活性、适应性。

可实施性：设计理念应符合国际标准，具有创新性，同时考虑方案的经济、技术可行性。

**深度要求**

建筑设计成果深度需达到概念性建筑设计深度

# THE PLACE OF HEAVEN AND EARTH——REINTERPRETATION OF HISTORICAL CONTEXT

# 天圆地方——历史文脉的重新诠释

**谢蒂尔·索尔森 (Kjetil Thorsen)**

**斯诺赫塔建筑事务所创始合伙人、建筑师**

邢台大剧院以“天圆地方”的环境观，理解项目场地特性。凭借城市设计视野，大剧院被呈现为连接邢东新区规划中轴线南北行政中心和园博园的文化纽带。

Snøhetta 将邢台历史之水文化与台文化抽象结合，升华为“水之包容”与“文化平台”。由此，邢台城市客厅始于园博园，盛于圆形水景广场并沿环形坡道蔓延至大剧院屋面 。

大剧院功能布局让大小两个剧场平行并置于首层，既可满足流线和剧目的高效运转，同时又可清晰界定出公共区域和后勤区域，而多功能厅及排练室被叠置于更高楼层以获取自然光的沐浴。

剧院结构设计采用混合体系，混凝土框架结构承托后勤区域，公共空间的钢结构则顺应幕墙的几何走势提供了大跨度的解决策略。双层幕墙系统是对可持续设计的多重解读：就地取材使用白瓷延续了邢台的历史传统，所形成的外层幕墙百叶则提供了遮阳性能。

# 天圆地方

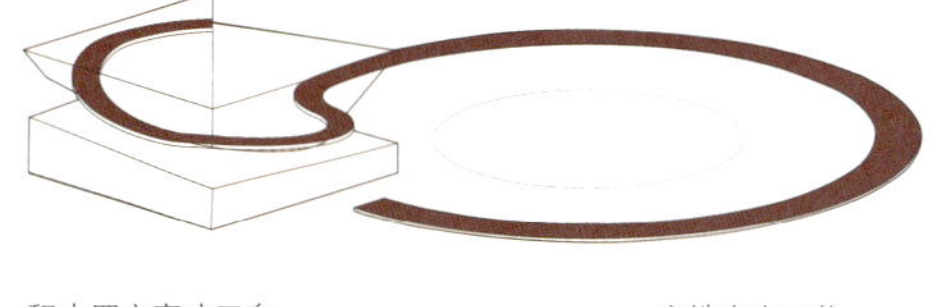

积土四方高丈曰台　　穴地出水曰井

文化概念

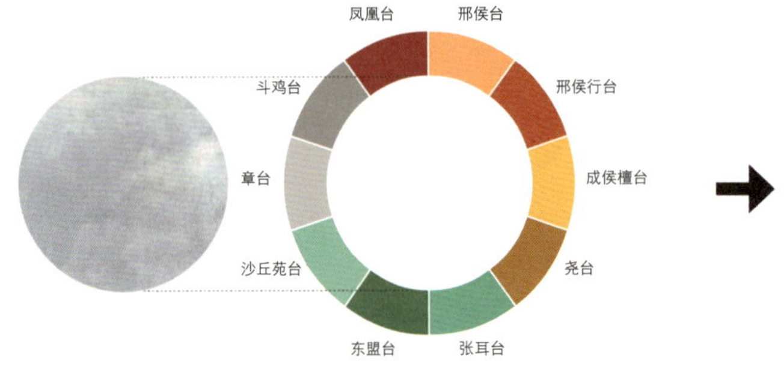


220 BC

邢（井，水）

邢台之邢由井而来，井，德之地也

台（场所）

积土四方高丈曰台。邢台之台见证着历史，
传承着精神

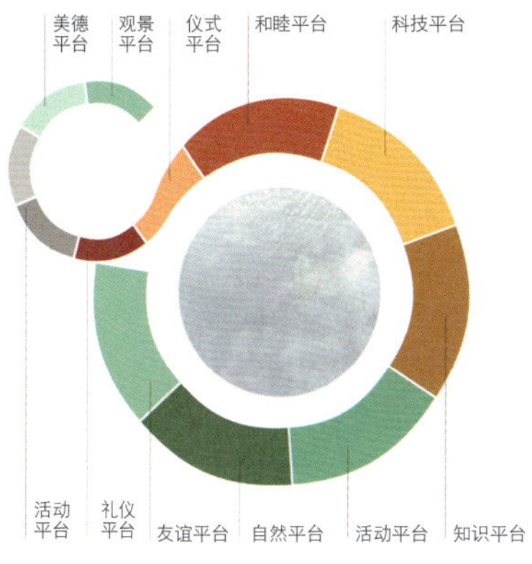


Future

友谊平台

目的地 + 水文化之延续 + 未来的，
包罗万象的文化平台

## 概念与策略

穴地出水曰井

积土四方高丈曰台

## 城市设计概念

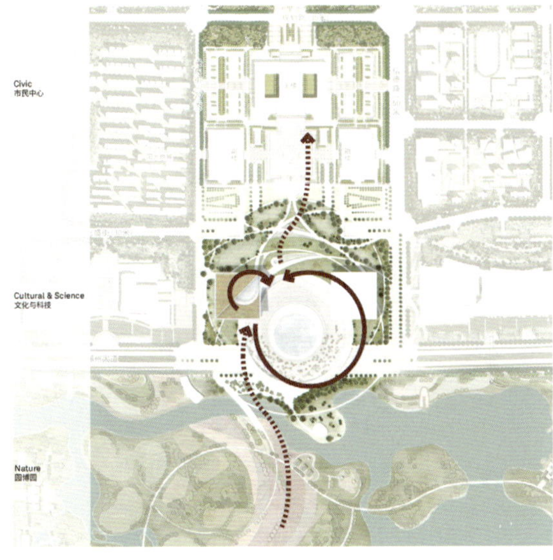
Civic
市民中心
Cultural & Science
文化与科技
Nature
园博园

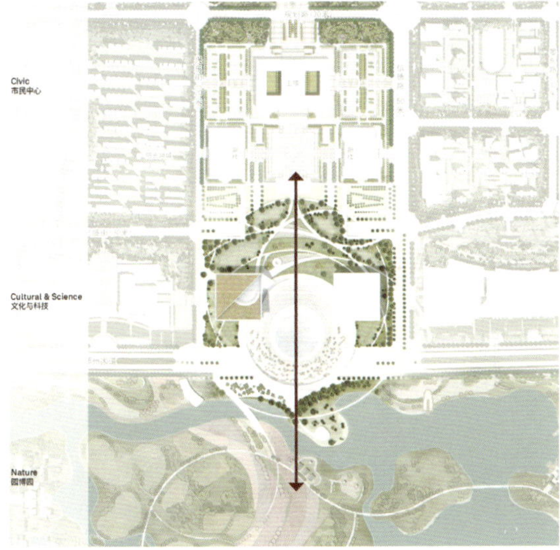
Civic
市民中心
Cultural & Science
文化与科技
Nature
园博园

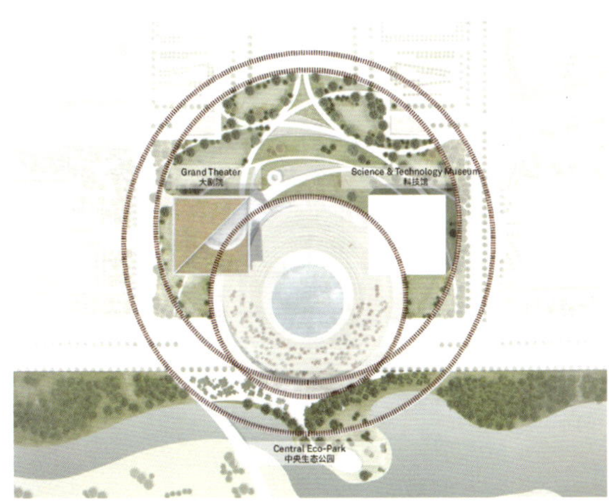
Grand Theater
大剧院
Science & Technology Museum
科技馆
Central Eco-Park
中央生态公园

北立面图

东立面图

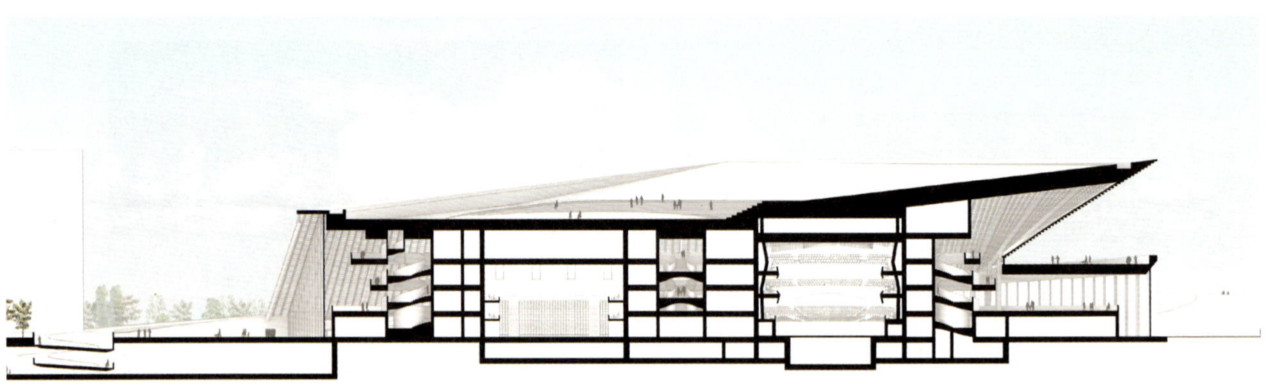

东西剖面（朝东南）

南立面图

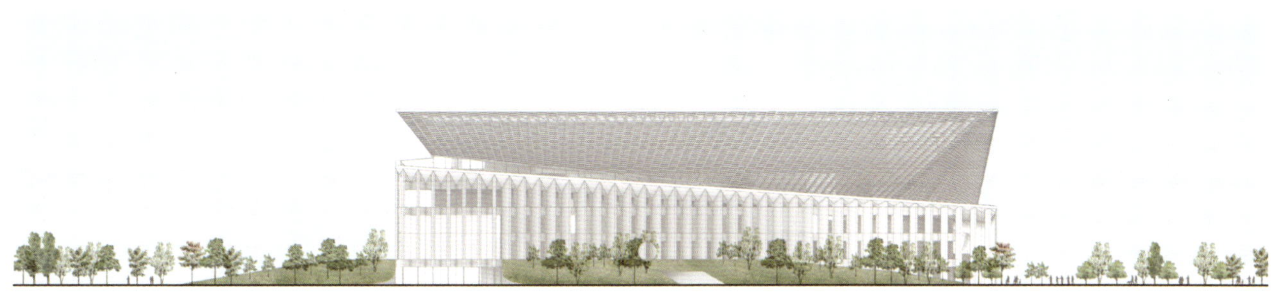

西立面图

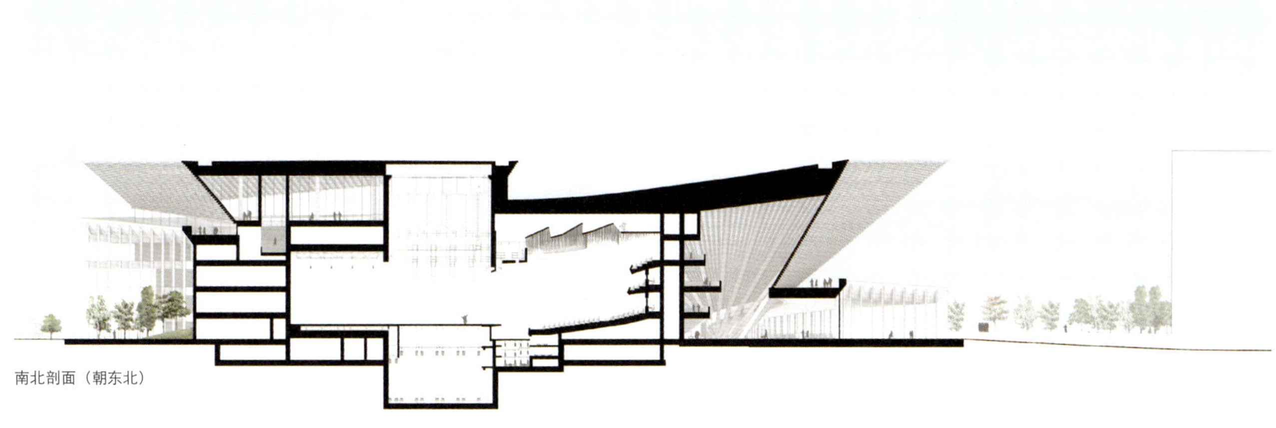

南北剖面（朝东北）

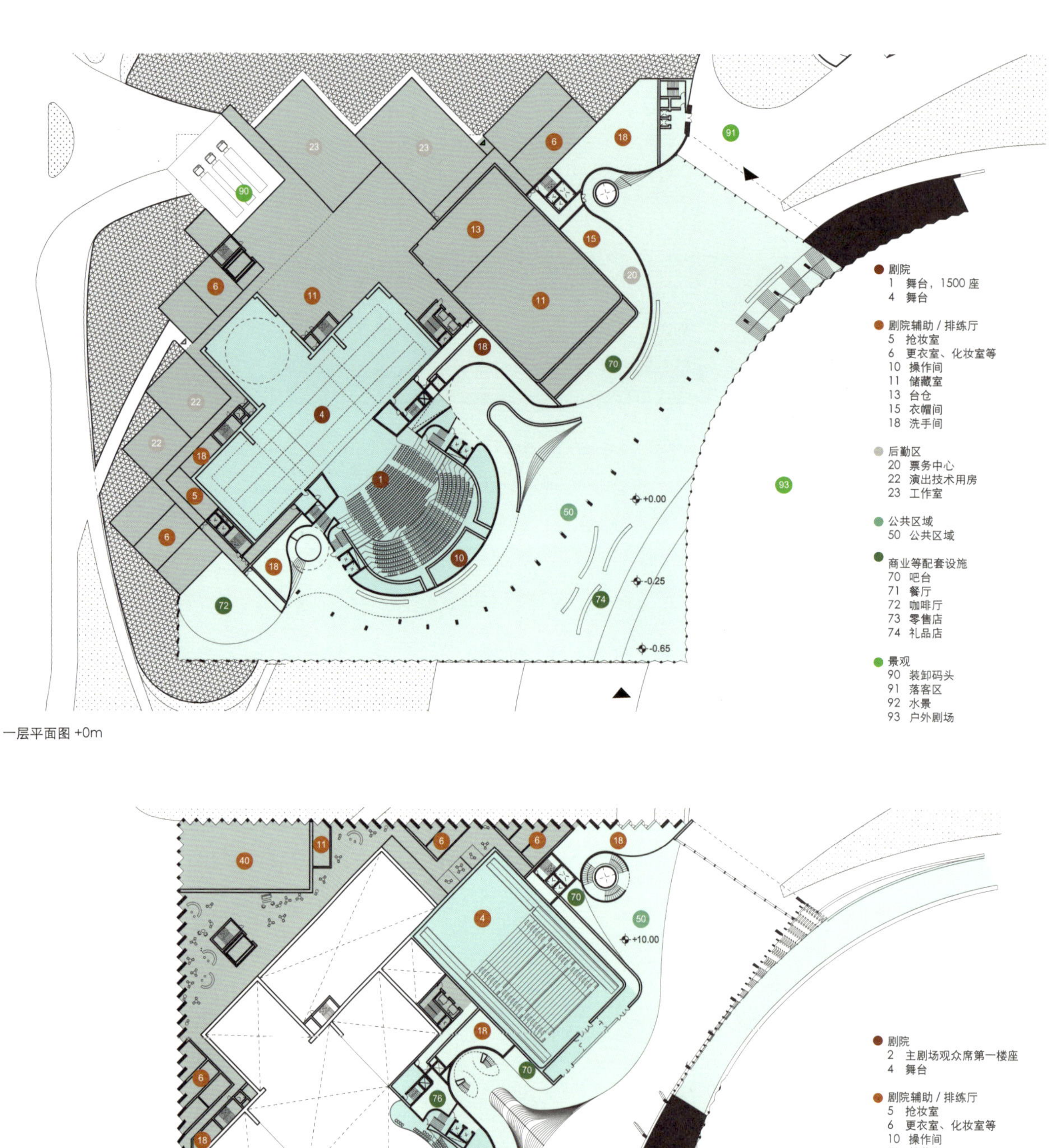


一层平面图 +0m



二层平面图 +5.00m

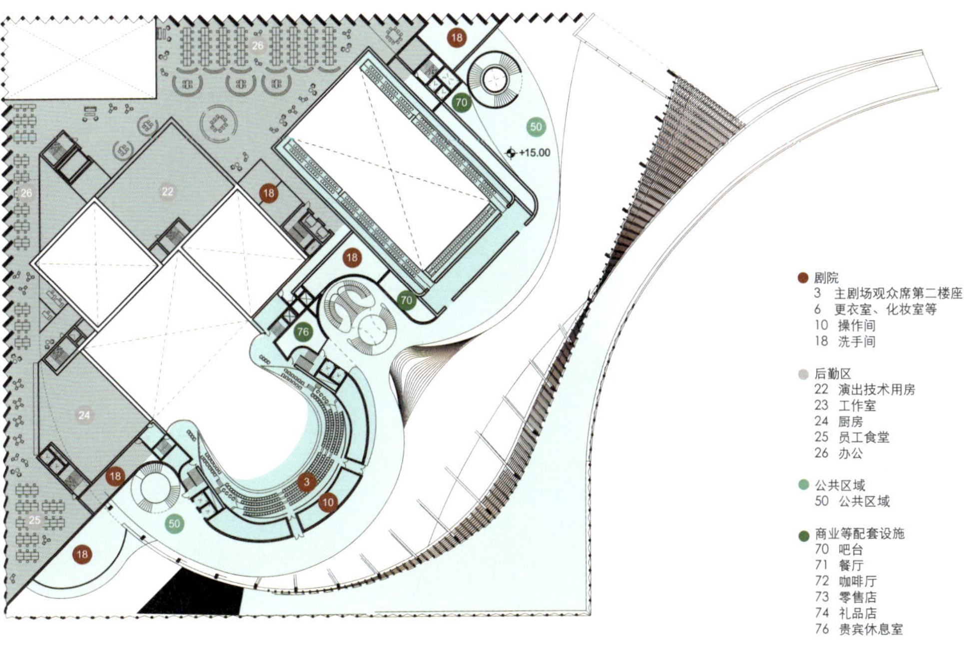


三层平面图 +10.00m

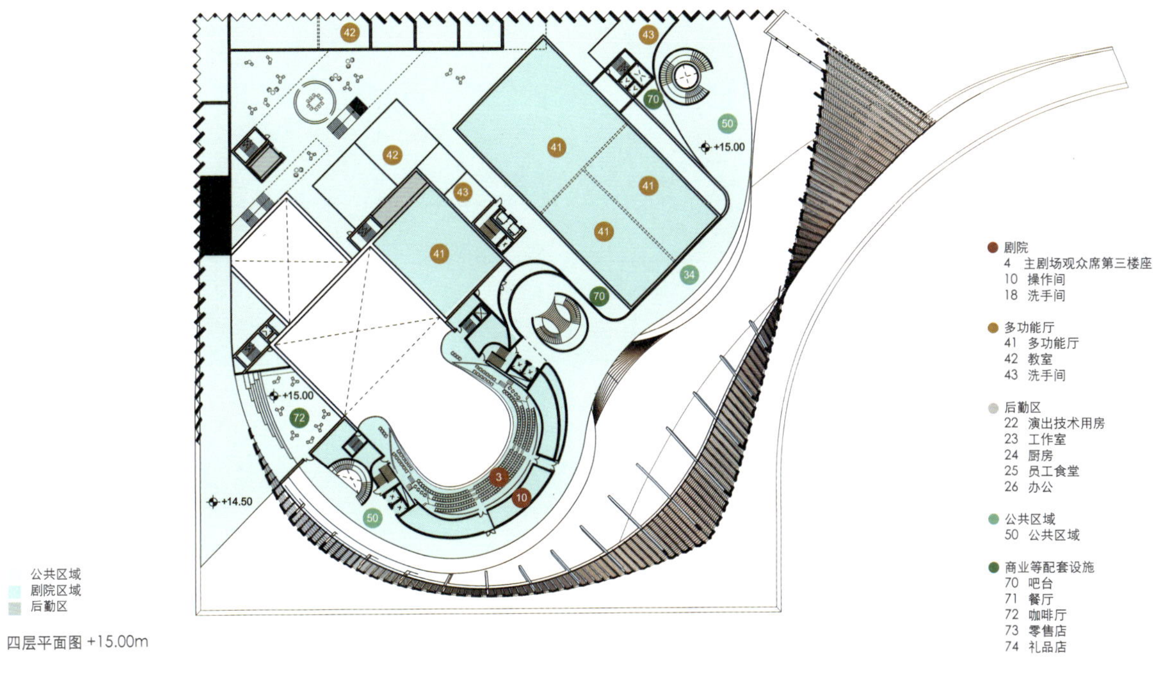


四层平面图 +15.00m

# VESSEL OF CULTURE
# 文化容器

**佩卡·萨米宁（Pekka Salminen）**

**PES 建筑设计事务所创始合伙人，芬兰技术科学院院士，前芬兰建筑师协会主席**

我们会为将来留下什么？为了未来几代人，我们将留下对邢台悠久历史的记忆和理解。

纯白瓷由于其简约优雅而在中国广受欢迎。白瓷的成熟生产出现在公元 6 世纪的中国北方，最高质量源于今日邢台的邢窑。我们想要使用白色的邢窑瓷器元素，而邢台的文化和历史元素为该项目创造了重要的形象。

我们发展了一个“文化容器”的概念，灵感来自古老的邢窑高品质白色陶瓷。我们的理念不仅包括邢台的悠久历史，还包括各种文化活动和现代邢台的魅力。

我们对邢台大剧院的建议是一个紧凑而合理的建筑，拥有新型灵活的演出和会议厅。作为一个城市概念，我们的建议充分利用了邢东新区特定的文化城市轴线。这个步行区是一个城市

广场入口

阳台，从邢州大道延伸到中央生态公园。大剧院经过精心调配，不仅有地下商业和停车场，还有未来的科学中心和科技博物馆。

我们的功能概念包括大型且完全灵活的艺术表演（西方歌剧、戏剧、音乐、舞蹈）和大型会议的主礼堂以及商业会议和展览。

在大厅的顶部，有一个“花园阳台”，有四个灵活的多功能厅，可以举办小型表演，如当地歌剧和音乐团体，以及会议、艺术展览等。我们认为，为所有这些不同的表演和会议区域提供一个集中的主要入口是对使用者友好的。为了解决入口轻松舒适的问题，我们的建议是以非常大的“花园大厅”为入口区。如果用户来自商业和停车场地下落客区，或者来自中央城市轴线方向，可以从中央大厅轻松进入主礼堂和位于“花园阳台”楼层的所有多功能厅。带有绿色“花园大堂”和绿色“花园阳台”的建筑为新型生态建筑创造了吸引人的形象，建筑成为公园的一部分，公园是建筑的一部分。

我们还建议在花园阳台的顶部以创新的“表演村”的形式来建造楼面，采用木结构，由大型“太阳能森林”屋顶覆盖。所有这些可持续元素以及白色瓷砖外观，旨在成为邢台新的可持续发展未来的象征。

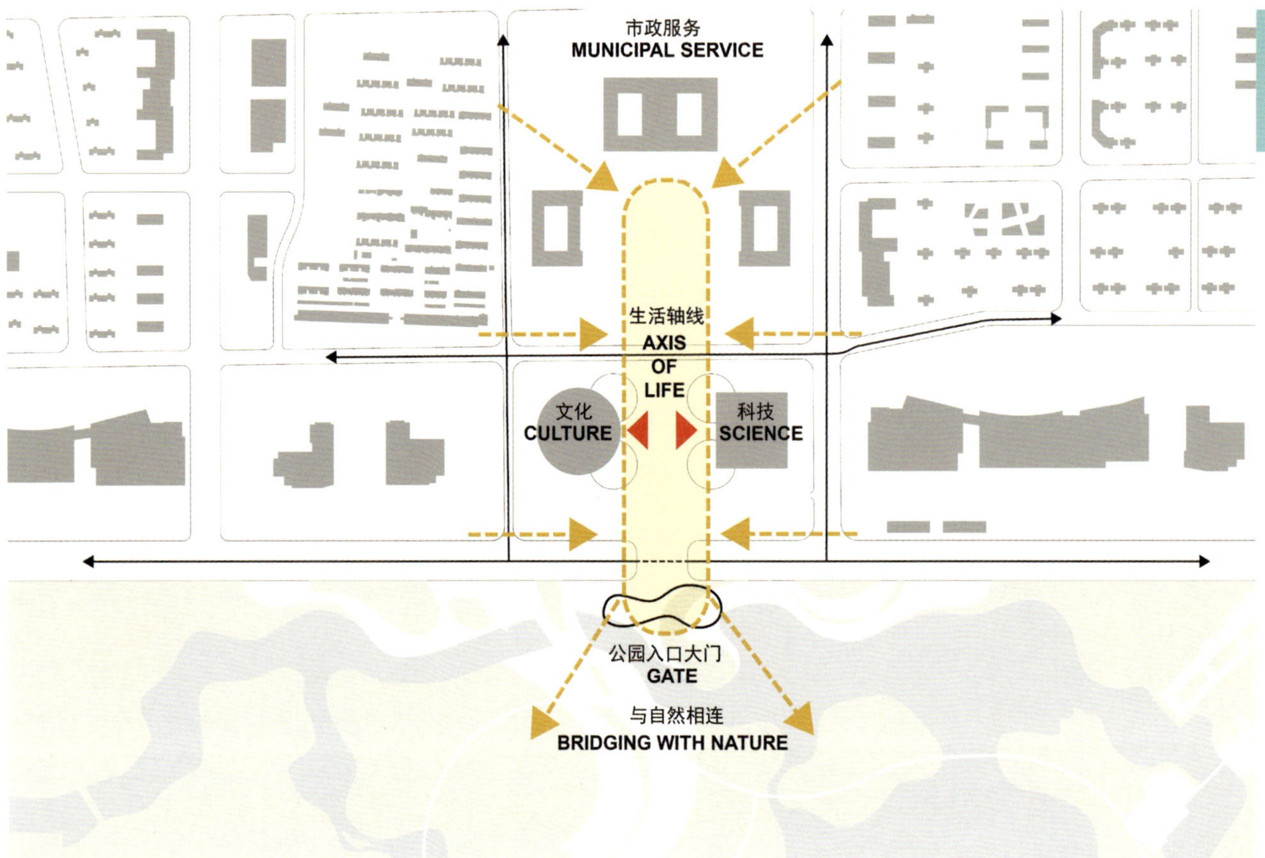


场地分析图解

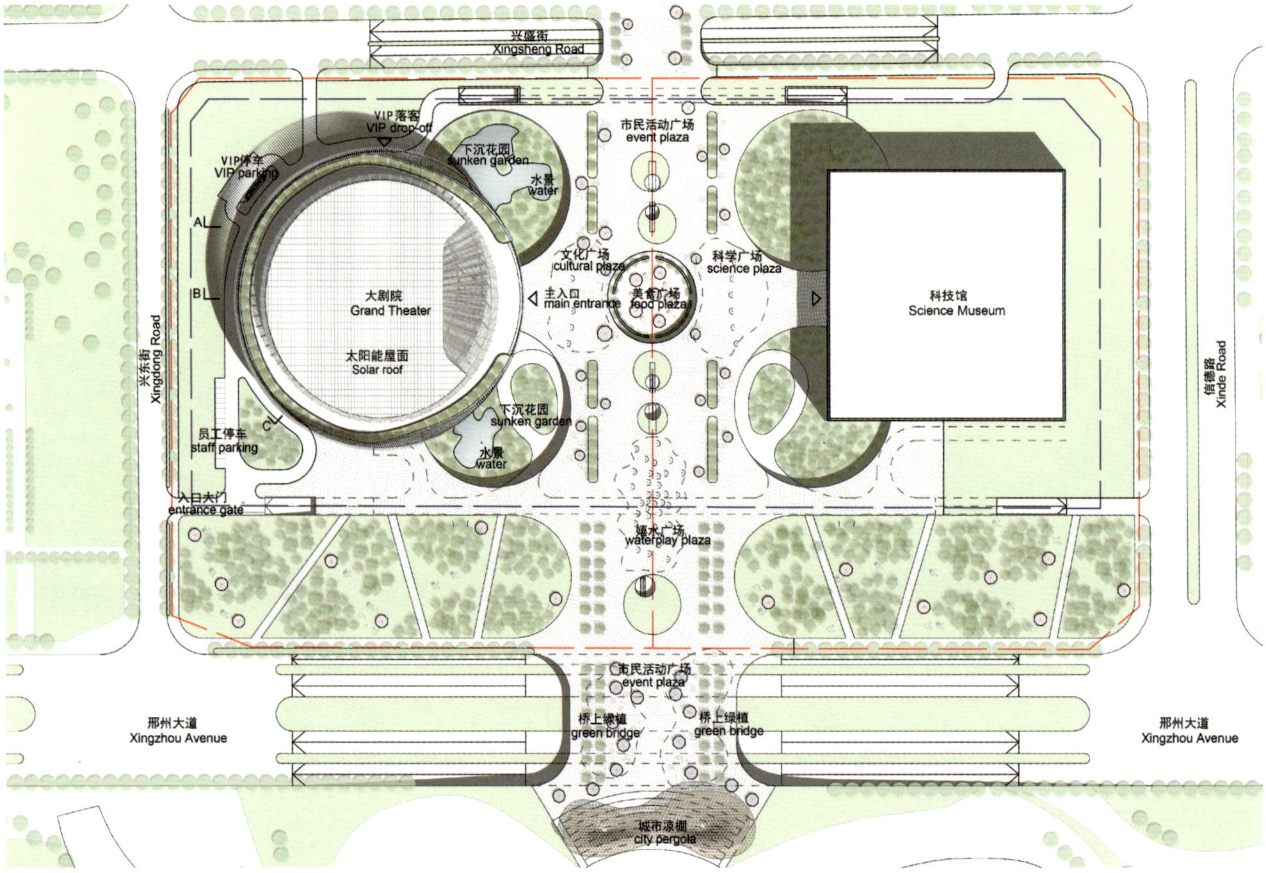

场地总平面图

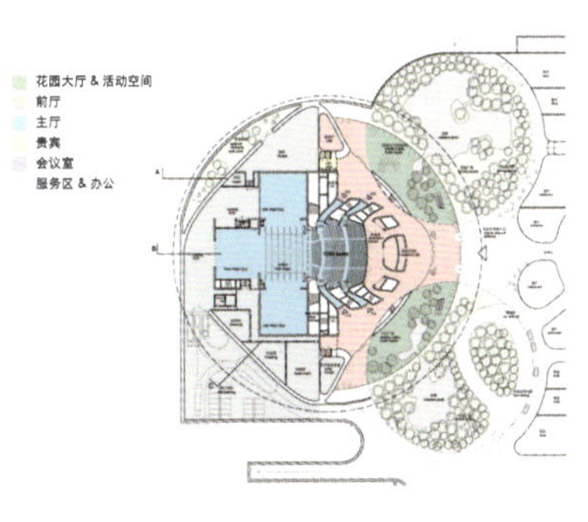


-5m 下沉广场层平面图

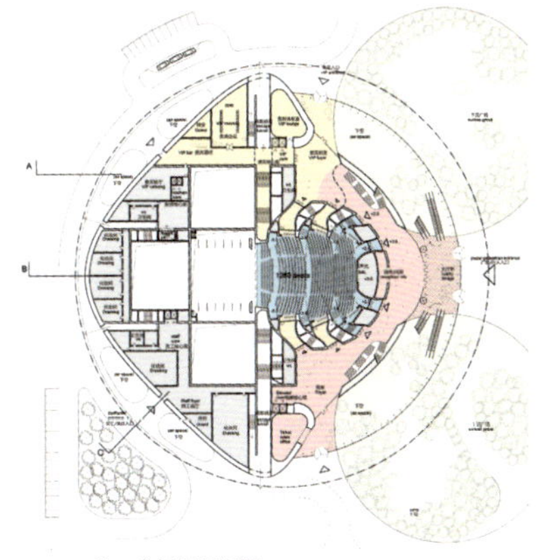

-2m 广场层平面图

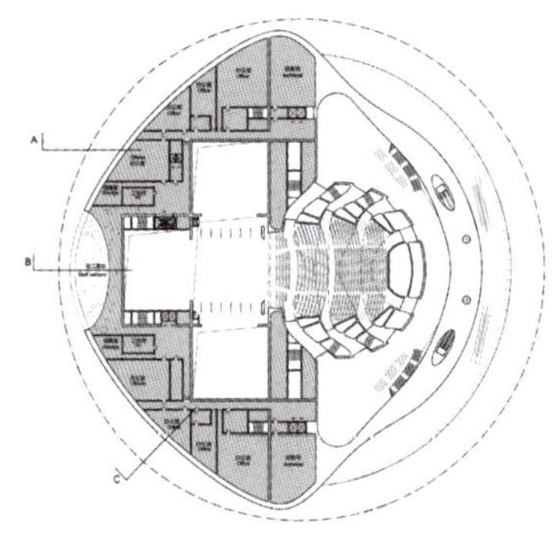

+7.4m 办公层平面图

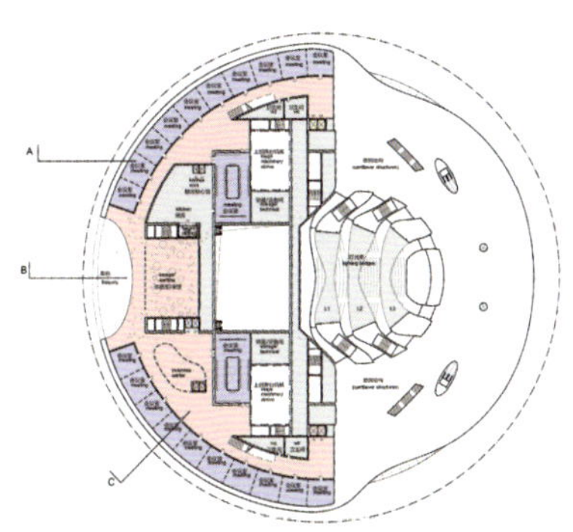

+12.4m 会议层平面图

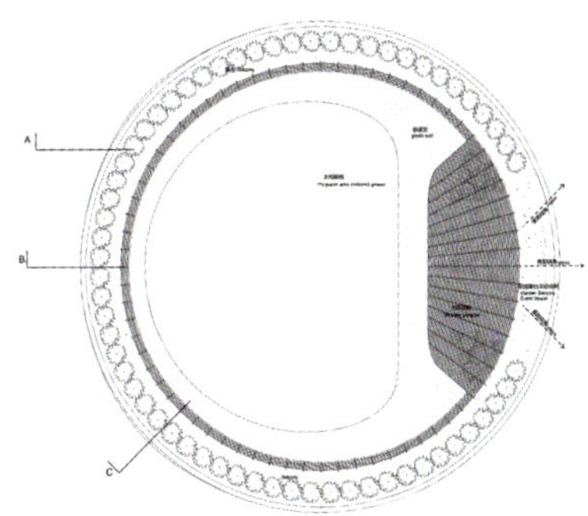

+12.4m 层平面图

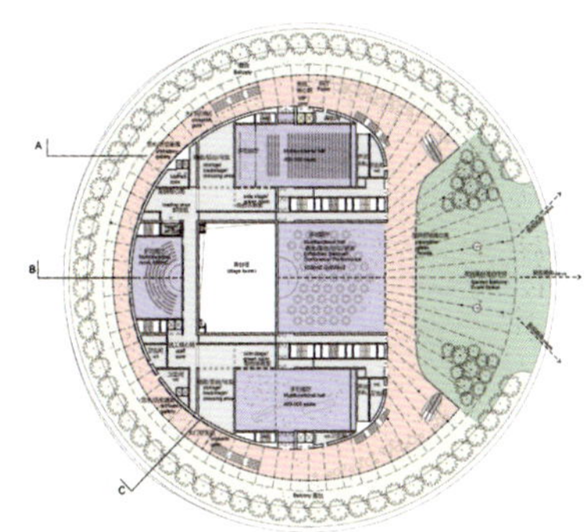

+17.4m 会议花园层平面图

## 城市肌理

“城市阳台”将竞赛区与政府中心和生态公园连接起来。它被设计成一系列广场，每个广场都具有不同的功能和特征。将“城市阳台”作为活跃的休闲区对于邢台所有公民团体都是非常重要的。

圆形建筑的各个主题在功能上将城市长轴线上的各个部分联系起来。这创造了一种强烈的特殊身份感以及大剧院建筑类似形式的语言。

“城市阳台”相对周围的街道被抬高了 2 米。下沉的广场是将地下商业和停车区与人性标高的“城市阳台”相结合的重要元素。

两座文化建筑之间的文化广场对于户外的各种文化活动非常重要。位于中间的下沉美食广场是地下购物中心和美食世界的焦点。

“城市阳台”轴线从邢州大道延伸到生态公园，最后我们建议将木制的城市天篷作为公园的大门。此外，它还为户外约有 2000 个观众位置的圆形剧场提供了一个防止日晒的遮蔽场所。

在城市天蓬前方，邢州大道上方的绿色桥顶上，可能会有一个出售本地产品和举办活动的集市。这与圆形剧场一起将使它成为文化城市轴线和中央生态公园之间的一个吸引点。

主入口区域立面图

自园博会公园方向立面图

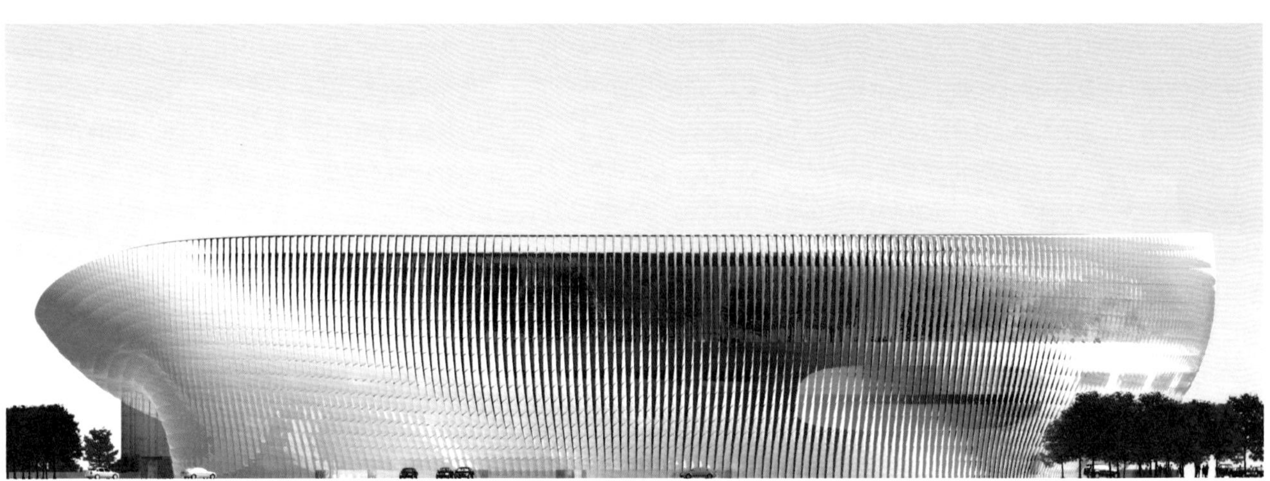

城区方向立面图

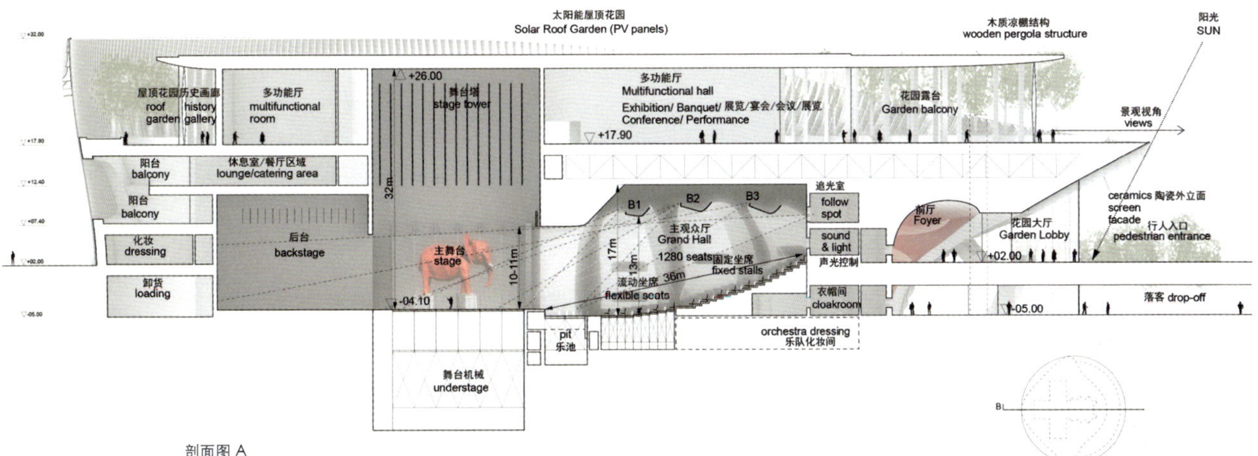


剖面图 A

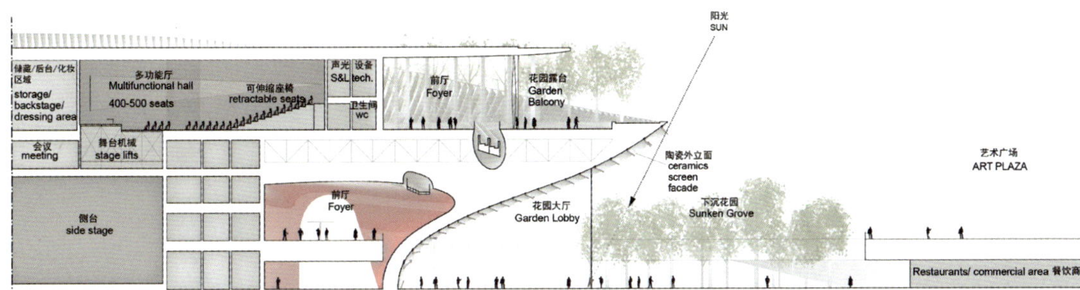


剖面图 B

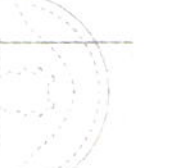

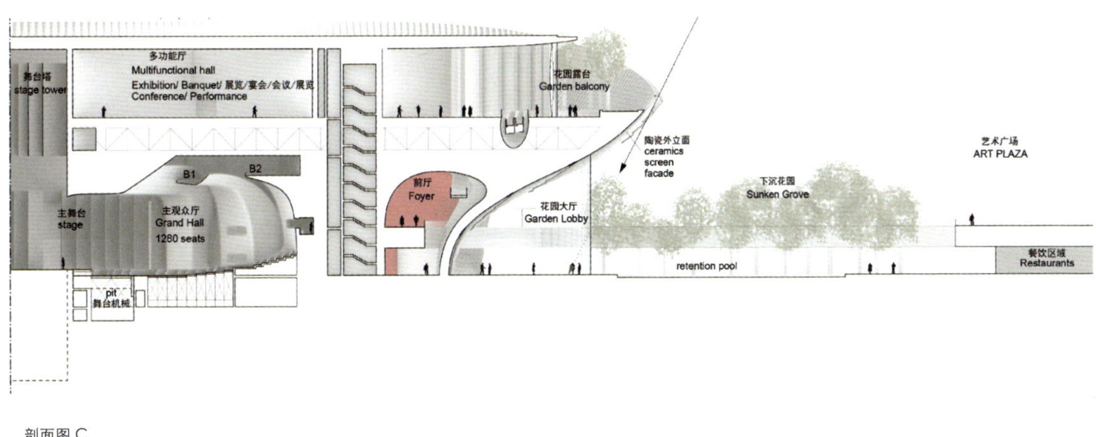


剖面图 C

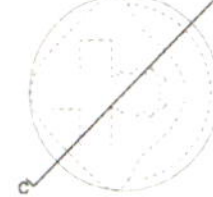

白色陶瓷外檐

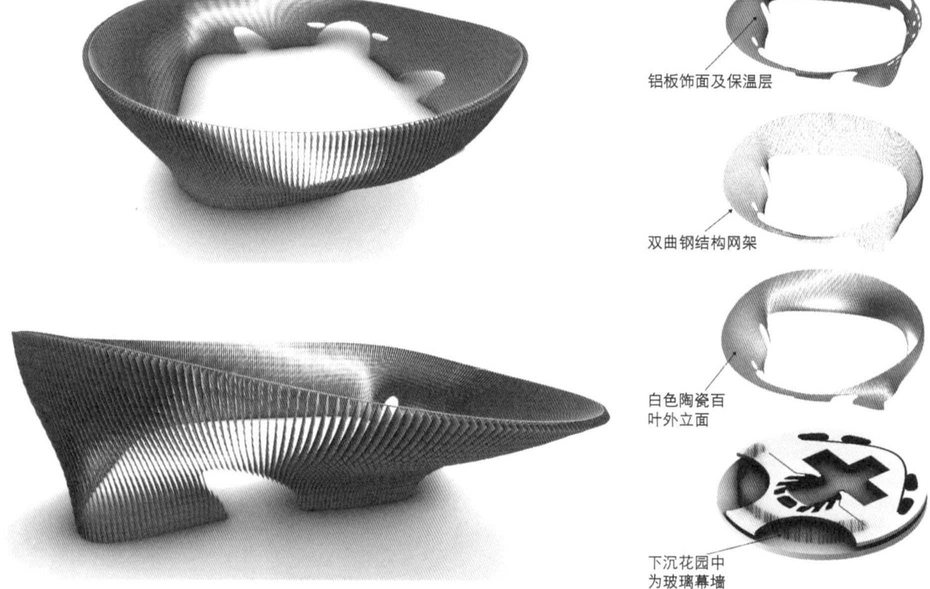


建筑外檐

鸟瞰图

下沉花园落客区

生态公园大门与户外活动场馆

冬季花园前厅

邢窑前厅

会议花园阳台

# CITY STAGE
# 城市舞台

**胡越**

**全国工程勘察设计大师，北京市建筑设计研究院有限公司总建筑师**

邢台大剧院是一个面向城市公共空间的舞台，吸引人们靠近它一探究竟。你会发现它不是一个传统意义上的大剧院，它有着奇幻的空间、引人入胜的各种功能。大剧院的核心是一个超级大厅，面向南侧的巨大的玻璃幕墙使超级大厅与城市成为互动的舞台。

大剧院主入口庄严又充满艺术气质，从主入口进入大厅，红色的球形观众大厅位于主入口轴线上，充满仪式感。观众大厅内部花瓣状的包厢和中央具有声反射功能的花灯让观众厅充满魅力。超级大厅不仅是大剧院的活力点，同时也是绿色科技和智能运维的重要部位。

我们将以被动技术为主，局部辅以主动技术，把大厅打造成绿色建筑的典范。球形观众厅的设计灵感源自郭守敬的观天仪器，突出了大剧院的地域特点。

位于南侧的“云”餐厅和“顶尖”书店占据重要位置，造型和内部空间奇特，为庄重的大剧院增加了不小的活力。

剧场东南视图

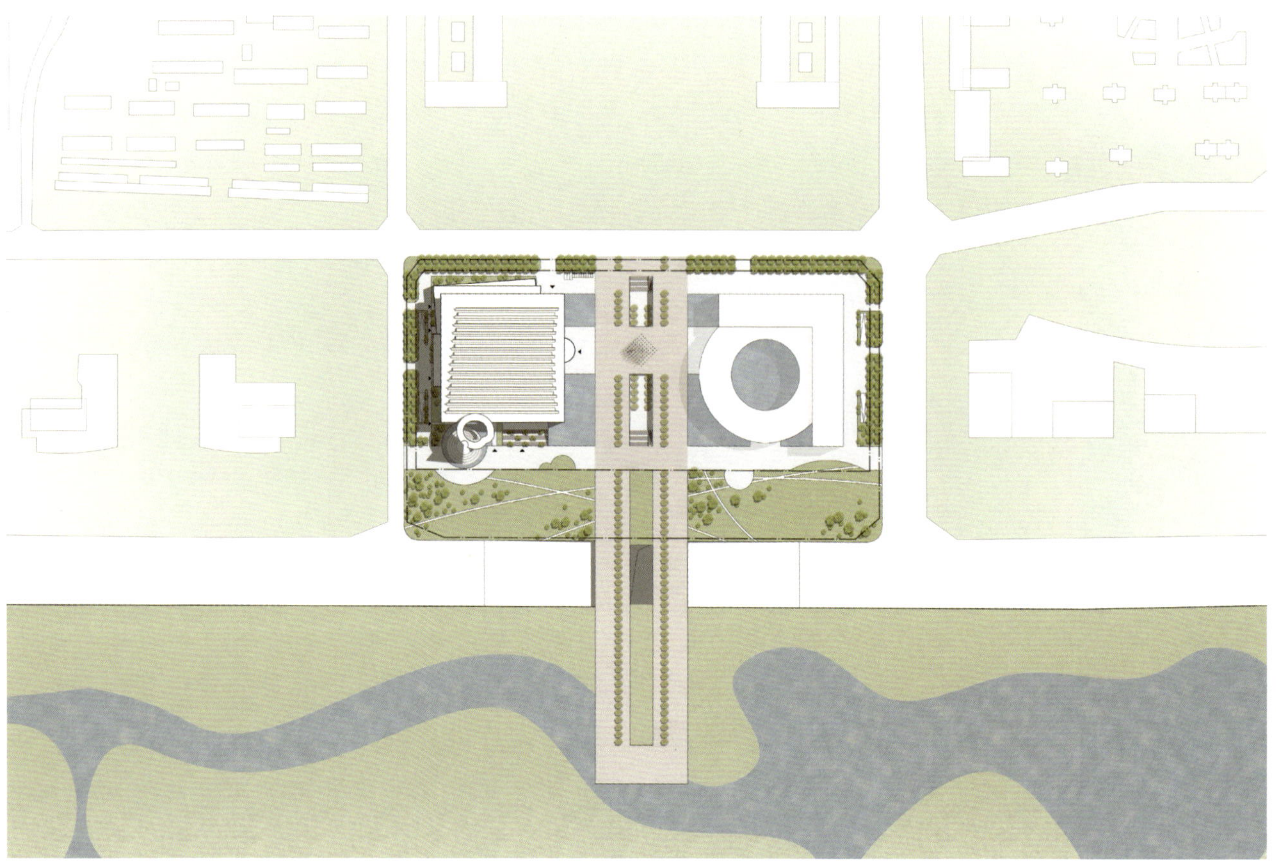

总平面图

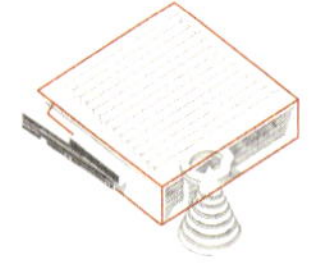

大剧院体形方正，建筑形象源自“台”的造型，庄重大方

球形观众厅的设计灵感源自郭守敬的观天仪器，突出了大剧院的地域特点

位于南侧的“云”餐厅和“顶尖”书店占据重要位置，两个建筑的祥云造型为大剧院增添了中国气质。

设计构思

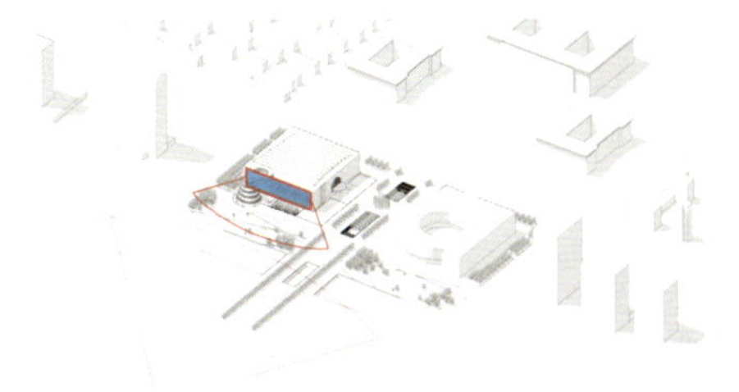

城市舞台

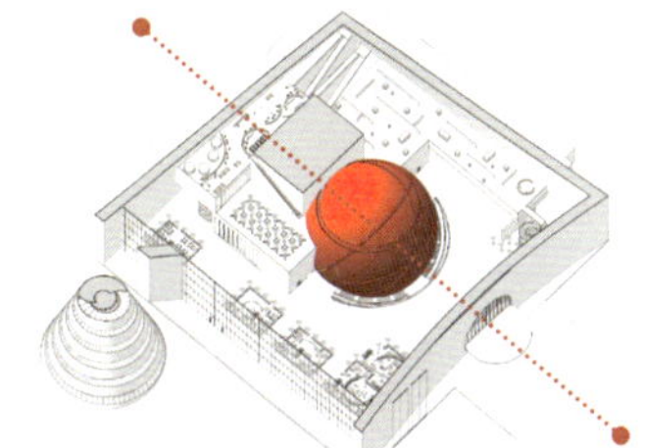

隆重的人口

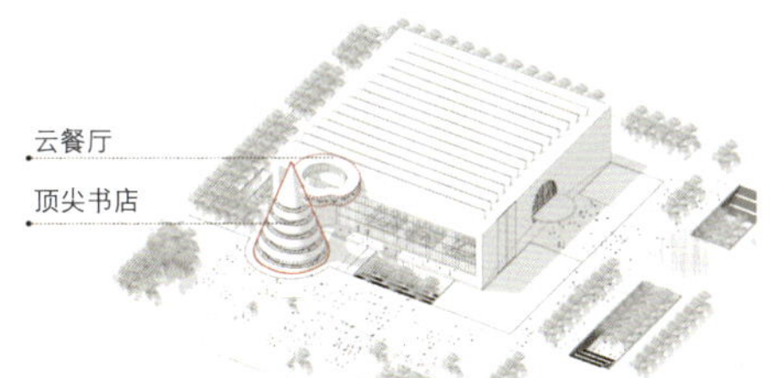


有吸引力的造型

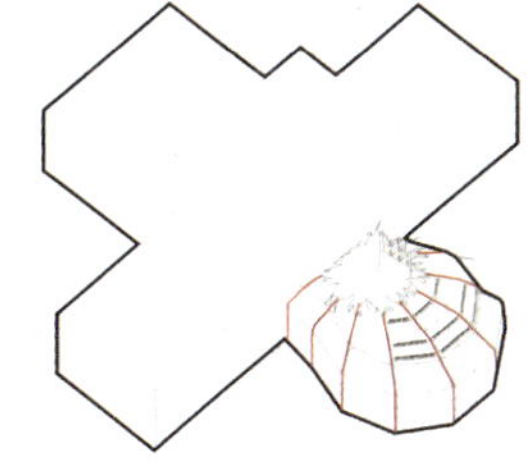

宏伟的大剧院

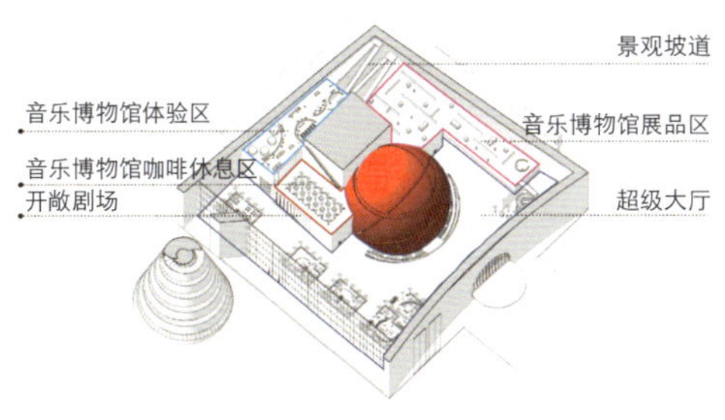


复合功能

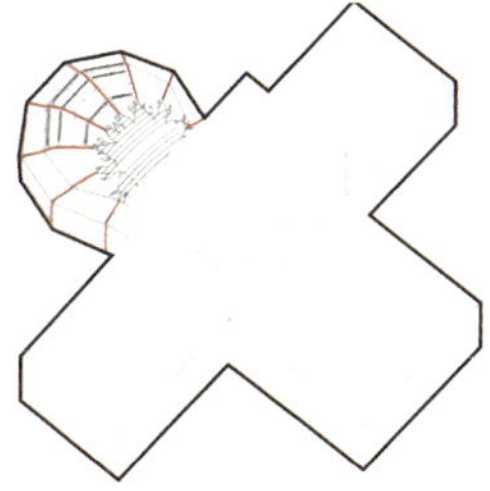

高雅的艺术殿堂

立面图

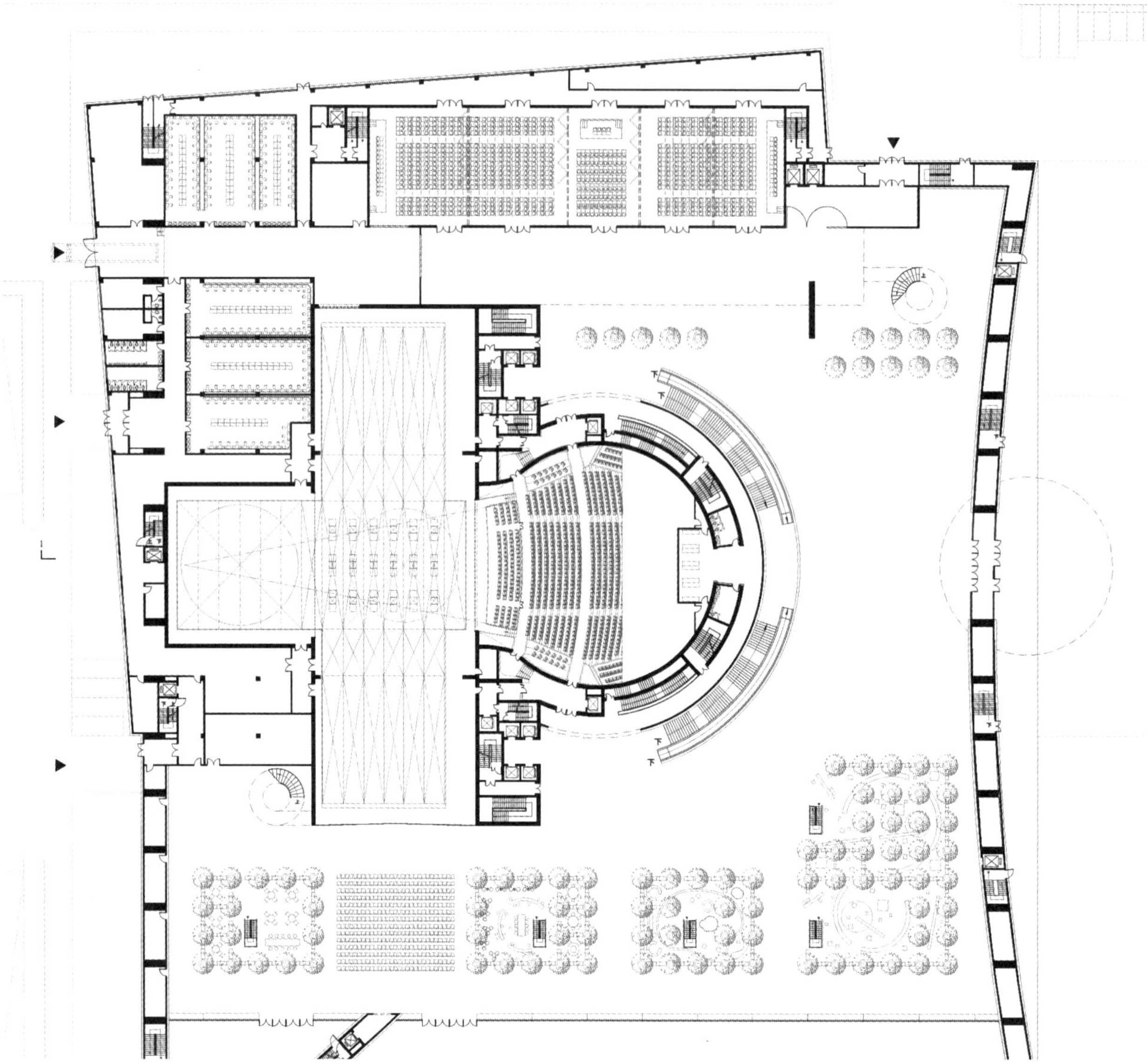

首层平面图

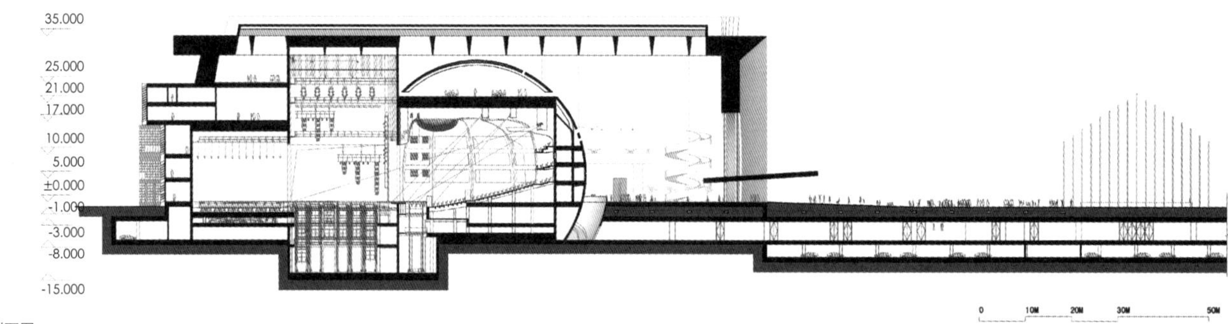
35.000
25.000
21.000
17.000
10.000
5.000
±0.000
-1.000
-3.000
-8.000
-15.000
0
10M
20M
30M
50M

剖面图

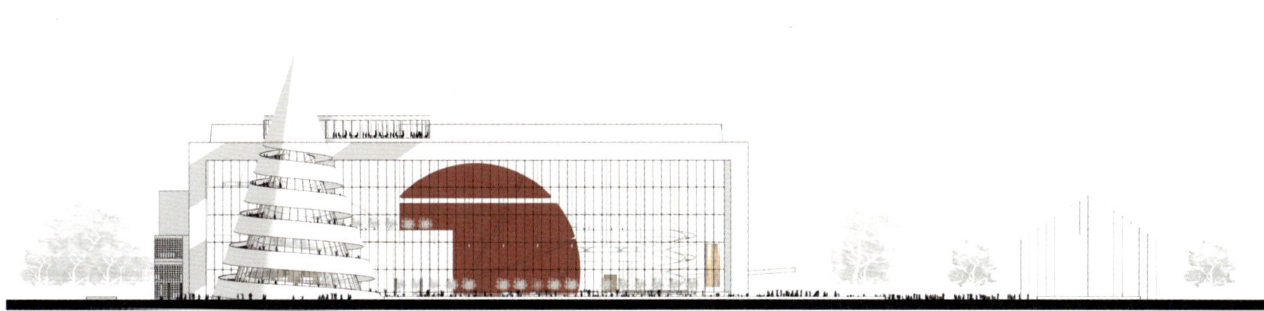

北立面图

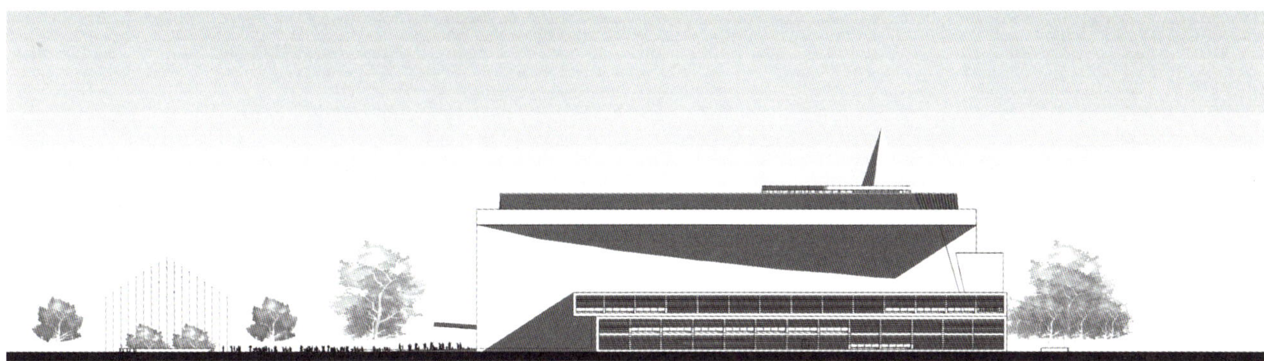

南立面图

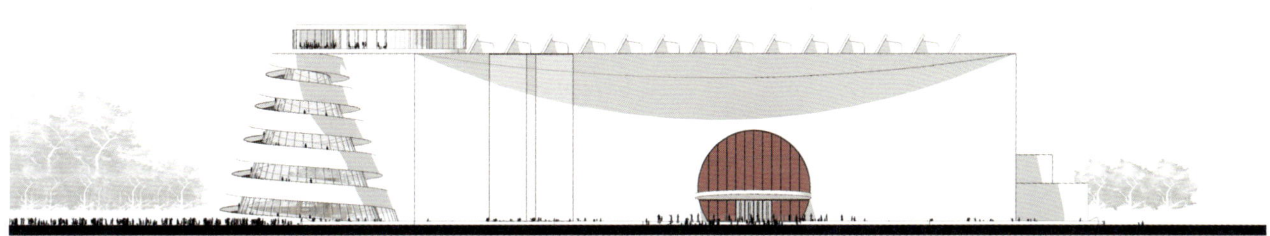

西立面图

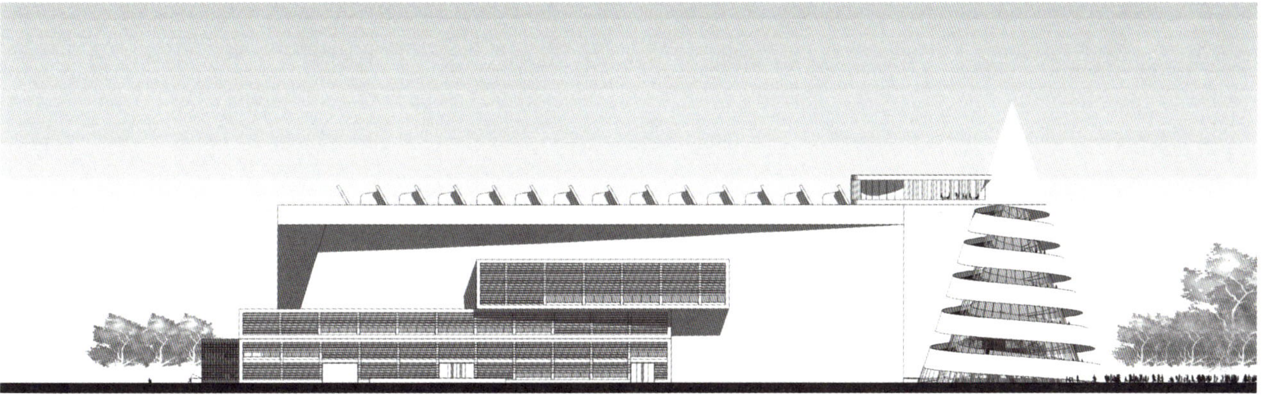

东立面图

整体鸟瞰图

夜景人视

东侧透视图

西南侧透视图

顶尖书店内景

大剧场内景

超级大厅内景

超级大厅内景

超级大厅内景

# URBAN CULTURE LIVING ROOM
# 城市文化客厅

**程泰宁**

**中国工程院院士，东南大学建筑设计与理论研究中心主任**

鸟瞰图

邢台是华北最古老的城市，拥有 3500 年建城史的邢台市区内仍有多处珍贵的文物古迹。作为河北发展最快的城市之一，老城的空间布局已经不能满足城市快速发展的需求，邢东新区的建设对邢台市未来的发展具有战略意义。邢台大剧院所在区域是邢东新区的核心地段，是未来新城的集中展示区。邢台大剧院作为地段的标志性建筑，对提升和带动邢东新区的品质和文化艺术发展具有重大意义。

本项目旨在将大剧院建设成为邢台文化新地标，通过对邢襄文化价值的挖掘，打造邢台的文化新高地，同时完善城市功能，提升邢台市的城市品质和核心竞争力，塑造邢东新区生态人文未来之城的城市形象。

设计充分利用区位优势、场地条件和景观资源，创造独具特色的大剧院布局形式，以圆形体量来控制场地，将建筑向东面和南面打开，并在两者交汇处形成开放的文化艺术客厅，形成了大剧院与东侧文化主轴和南侧绿地及园博园的良好对话关系。在突显大剧院主体功能的同时，融入丰富的日常功能及文化活动内容，使大剧院各个时段都充满活力。并以公共、开放、丰富的空间形式，营造既具艺术品质，又具吸引力的独特场所氛围。

大剧院形象大气、典雅、整体、丰富，她以简洁独特的建筑造型和层次丰富的内部空间，既突显出艺术殿堂的特有气质，又呈现出城市日常的多彩与生气。她以温润的陶质般的建筑肌理，暗合着邢台传统文化的雅致，以其开放和包容展现出当代邢台的精神气质。

## 生成构思

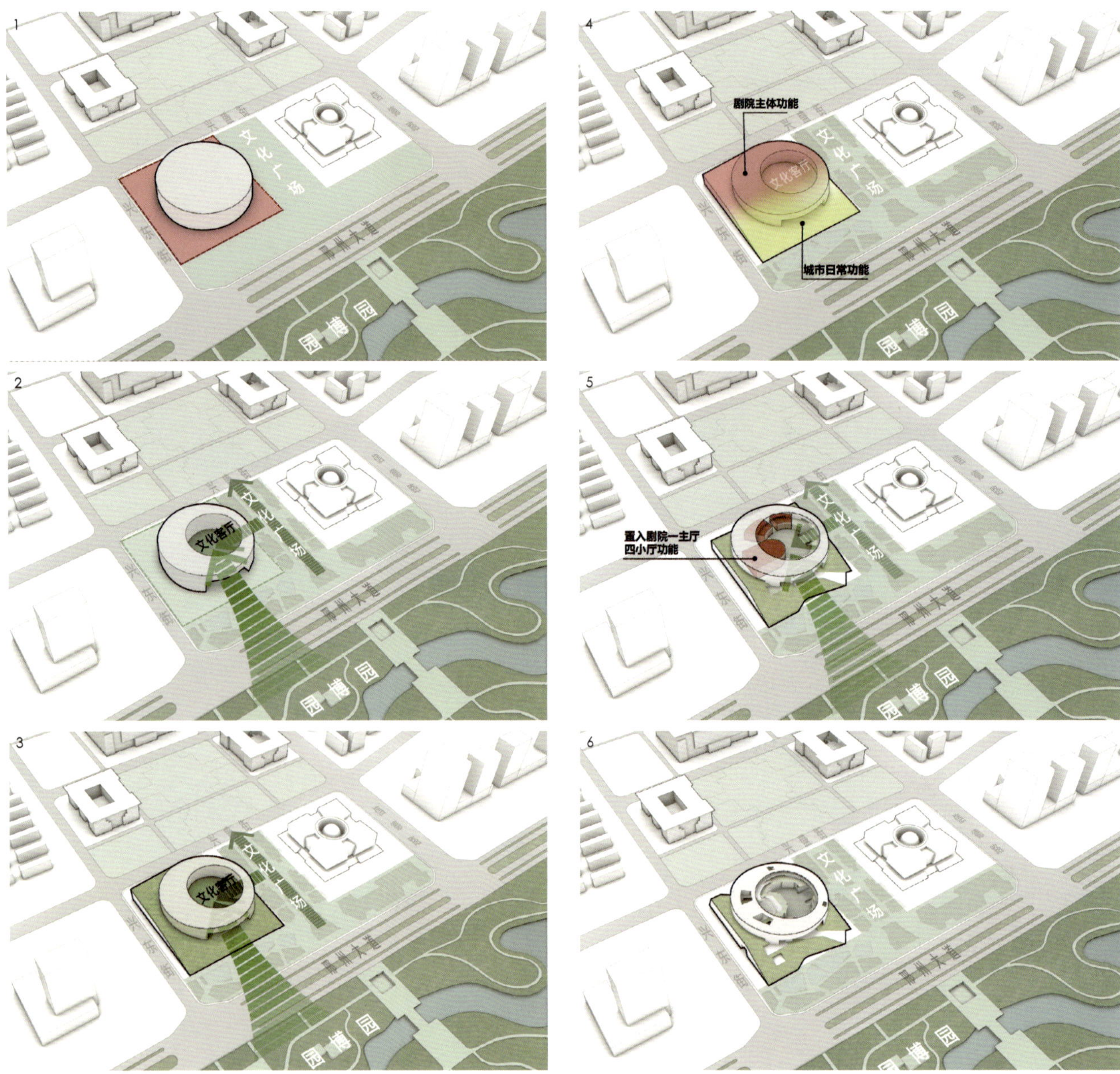


1. 置入体量

本案用地以北为政府办公，西侧商务办公，东面科技馆，南望园博园。设计中置入完整圆柱体量以形成对各城市界面良好的呼应关系。

2. 引绿入厅

呼应文化广场轴线和园博园景观，对体量进行挖切，在两者交汇处形成文化客厅。

3. 形成台地

设计结合景观及环境在用地范围内形成建筑体量，并且将基地西北角抬升，由东、南两侧引入绿坡。

4. 功能融合

基于分析调研，设计将大剧院分为剧院主体功能及城市日常功能，借由文化客厅将两大功能融合。

5. 植入剧院功能

结合周边环境关系，植入大剧院 + 四小剧院的基本功能。

6. 生成造型

围绕大剧院 + 四小剧院的基本功能，设计将日常性功能、绿环环境、公共空间进行组织及深化，生成最终造型。

## 城市肌理

本方案采用玻璃幕墙 + 白陶陶棍组合的立面肌理，具有下列优势。

1. 生态性：陶棍采用纯天然陶土为原料，100% 能循环回收利用且表面不产生静电，灰尘不易吸附，自洁性强；养护成本低，无须频繁更换。
2. 地域性：白陶为邢台邢窑的特色产品，色彩天然，材质温润且邢台白陶历史底蕴悠久，具有塑造城市文化内涵的巨大优势。
3. 节能性：本方案采用 500mm 长，100mm 宽截面的陶棍，背装于玻璃幕墙之外，对夏季强烈的阳光具有显著的遮挡作用，大大降低了夏季室内能耗。

城市肌理

邢窑白陶

定制白陶陶棍

陶棍质感及光影氛围

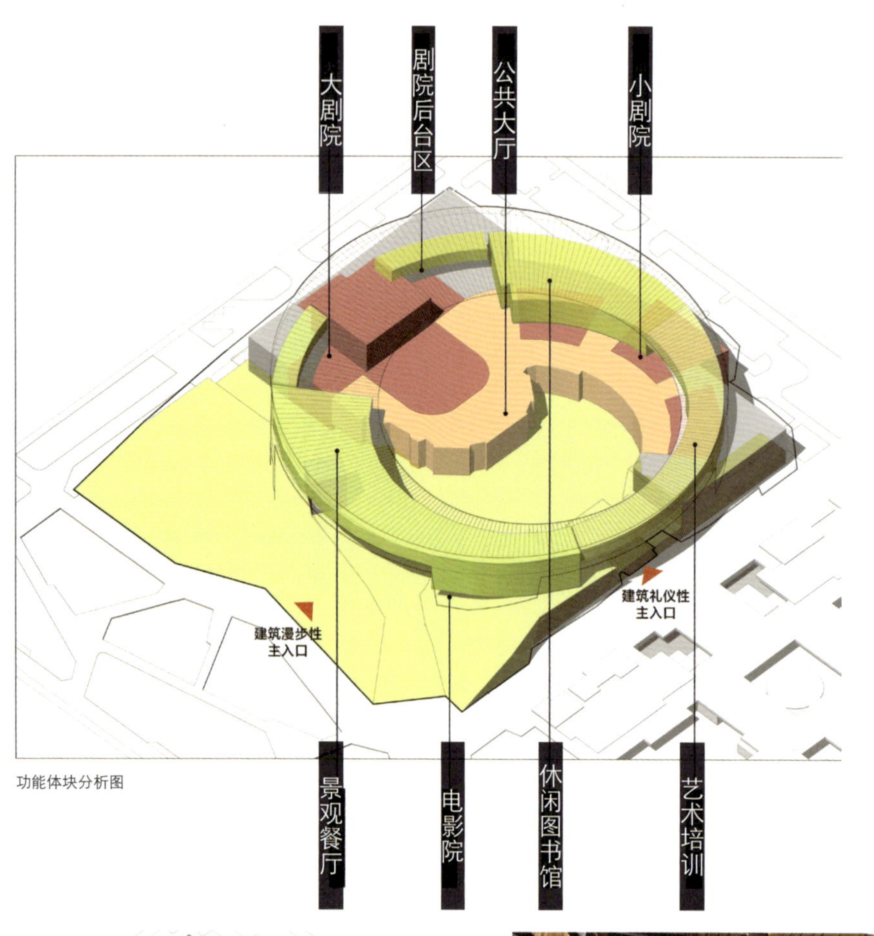


功能体块分析图

## 功能体块

结合景观和环境，设计通过抬高场地，形成抬高的文化客厅和利于观景的绿化草坡，将自然景观最大限度引入建筑空间，并且将剧院主体功能布置在西北侧，城市日常功能布置在东南侧。

这样独特的布局形式，使得大剧院的剧院主体功能和城市日常功能各得其所，形成了东侧的礼仪性主入口和南侧的漫步性主入口，更好地呼应文化主轴和科技馆以及南侧的园博园自然景观。

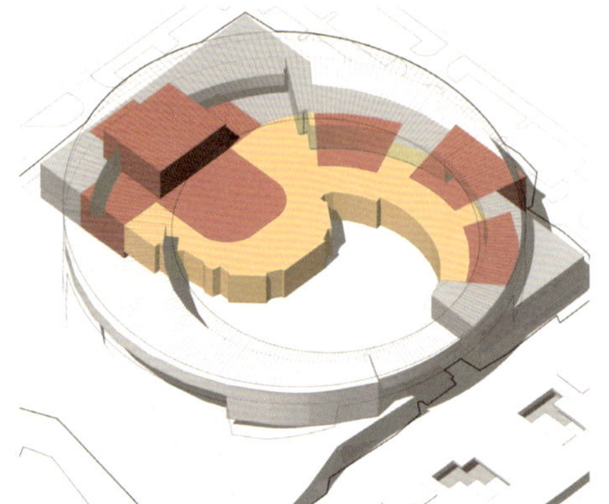

大剧院的主题功能为演艺功能

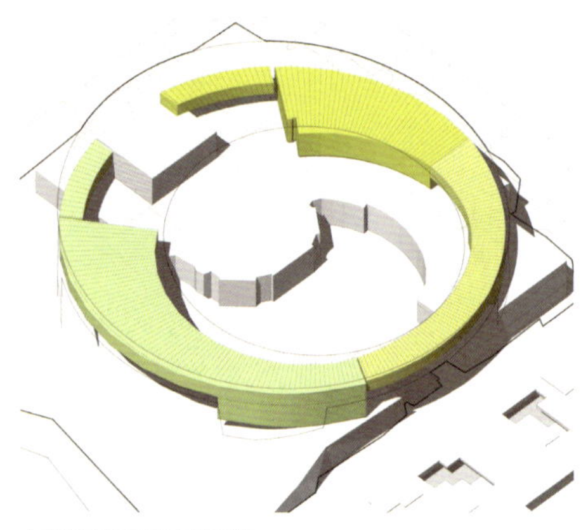

大剧院辅助以城市日常功能

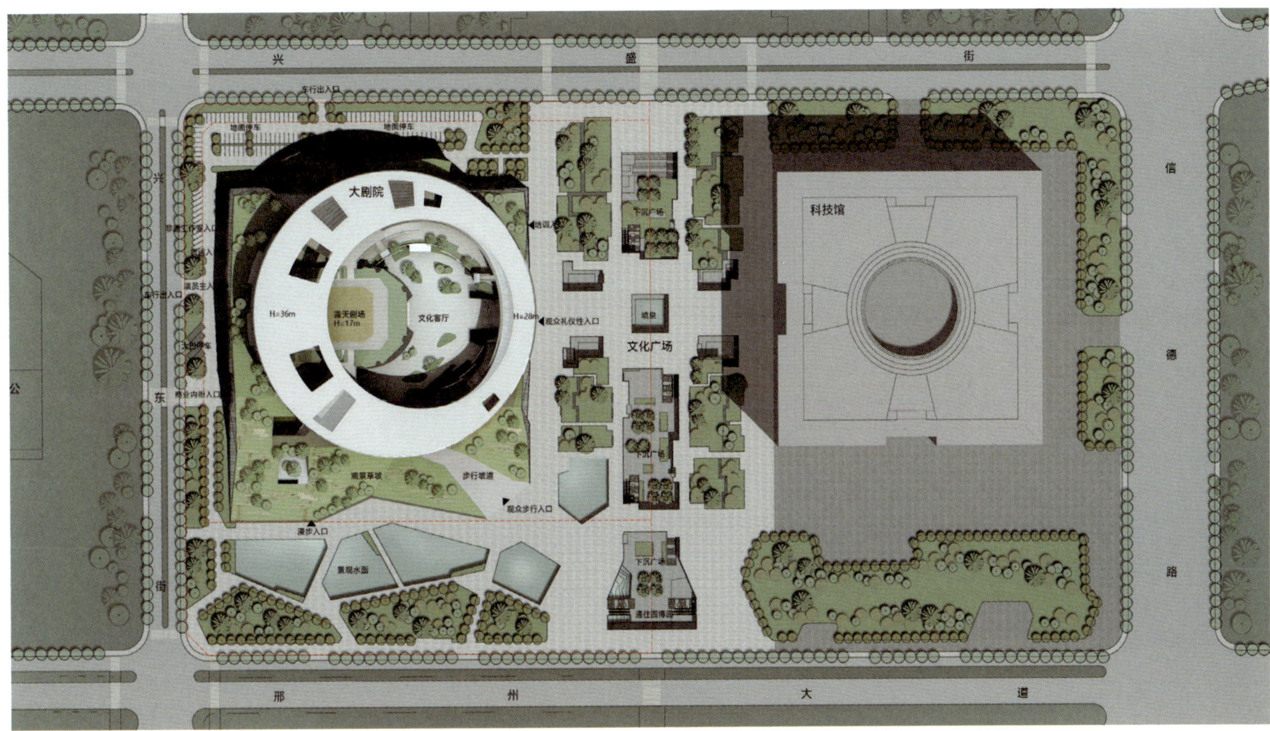


总平面图

## 分层功能

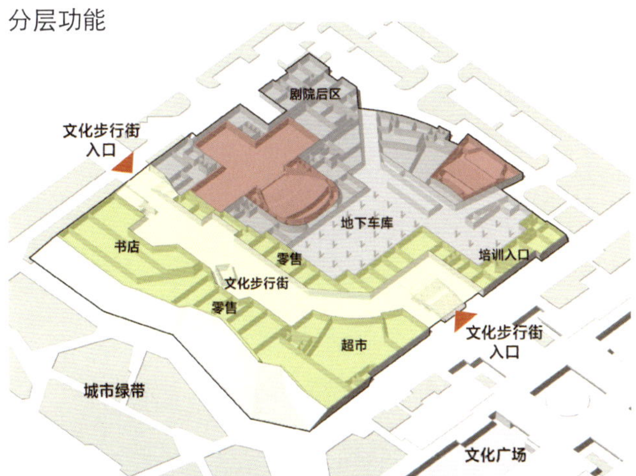


街道广场层面：文化步行街（0 标高）

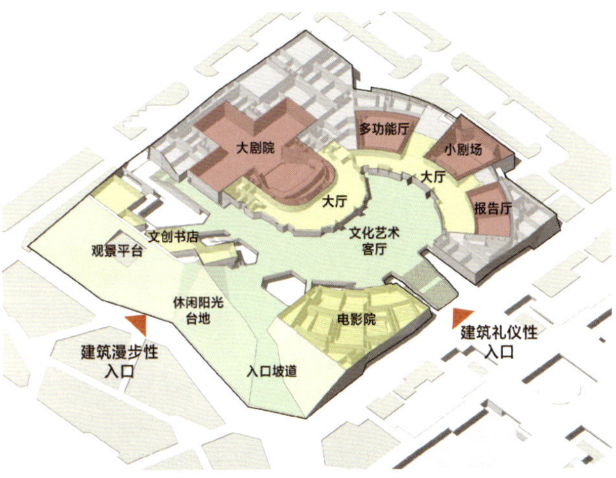


文化艺术层面：文化艺术客厅（5.00 标高）

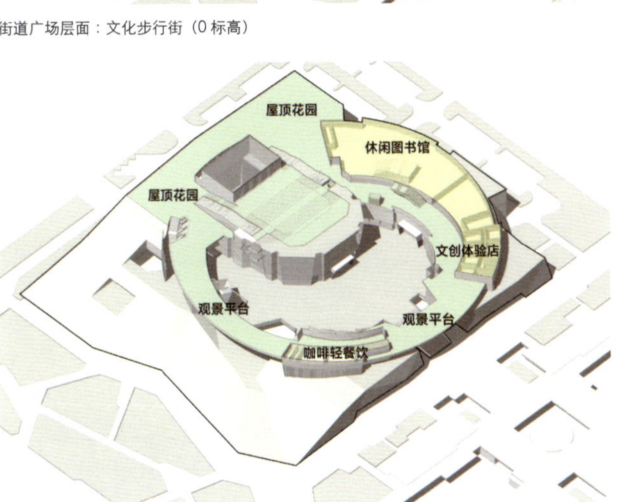


城市休闲景观廊（17.00 标高）

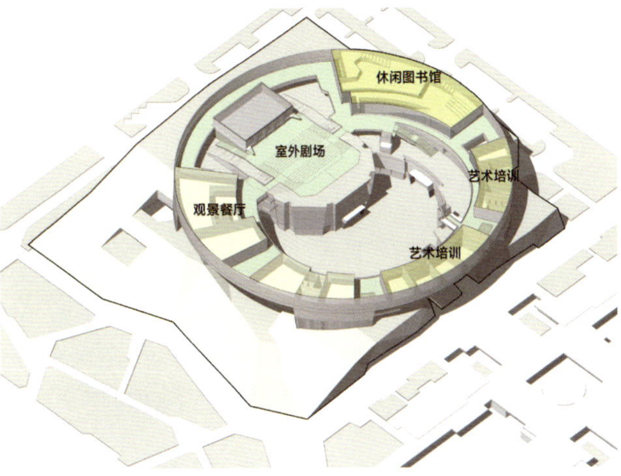


艺术教育及表演环廊（23.00 标高）

透视图

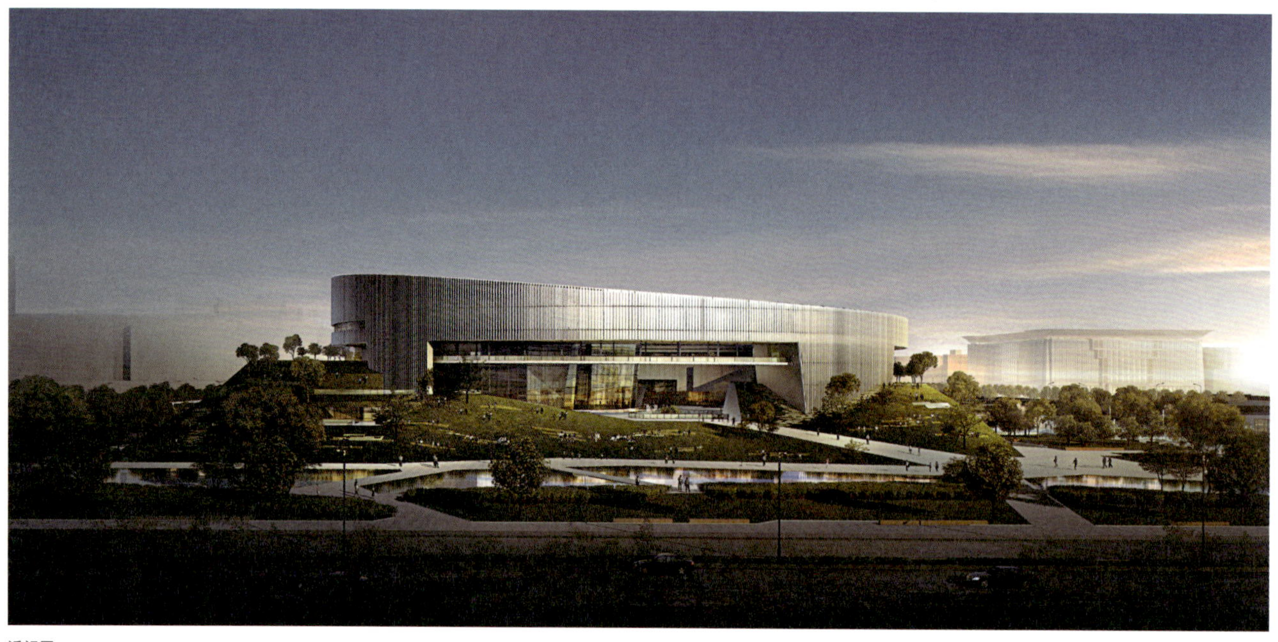

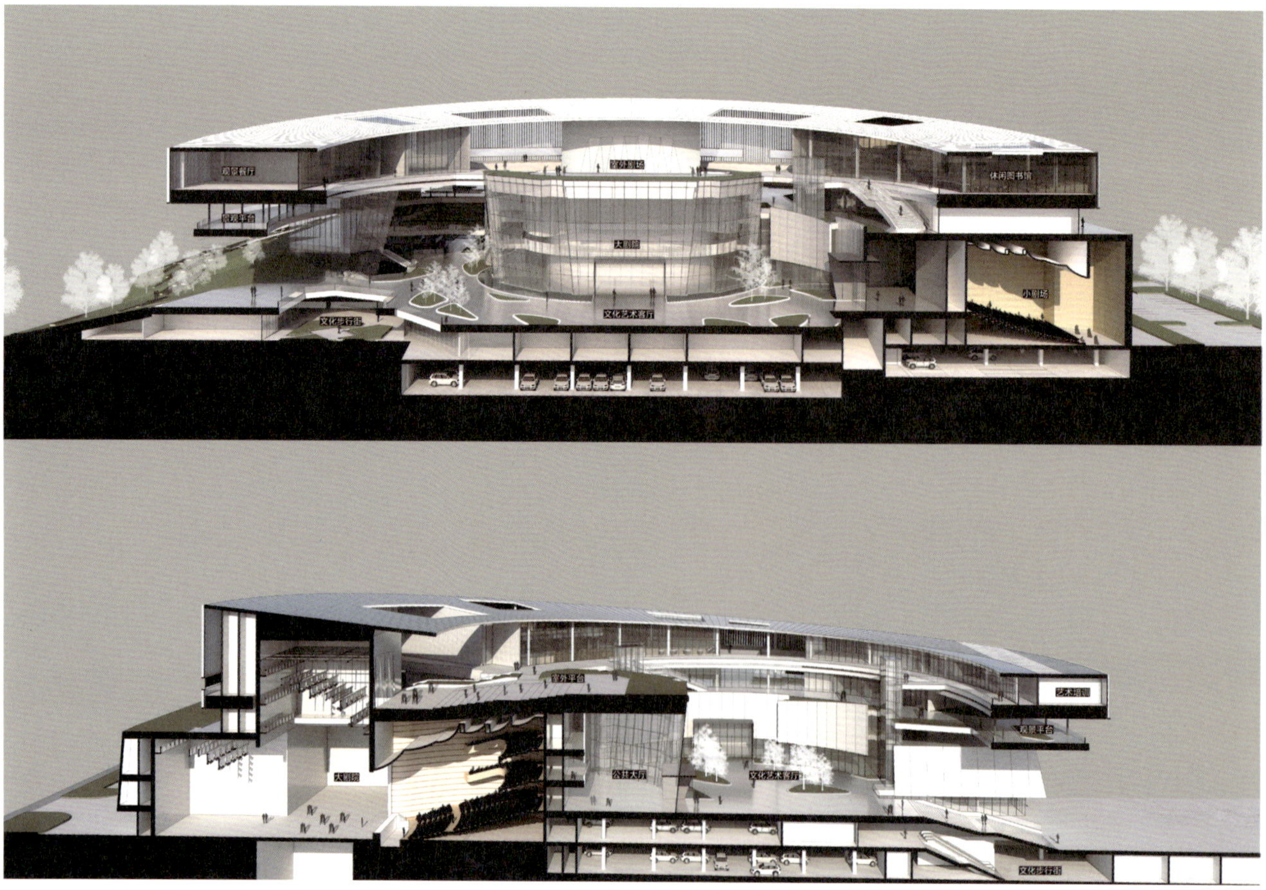
观景餐厅
室外剧场
休闲图书馆
观景平台
大剧院
小剧场
文化艺术客厅
文化步行街
室外平台
艺术培训
观景平台
大剧院
公共大厅
文化艺术客厅
文化步行街

剖面图

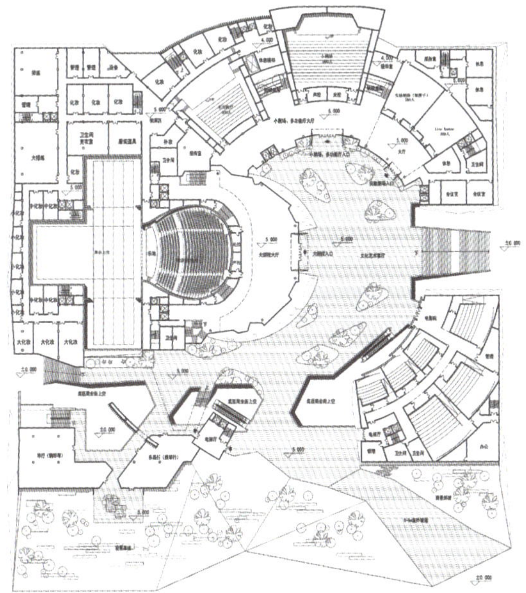

5.00 标高平面图

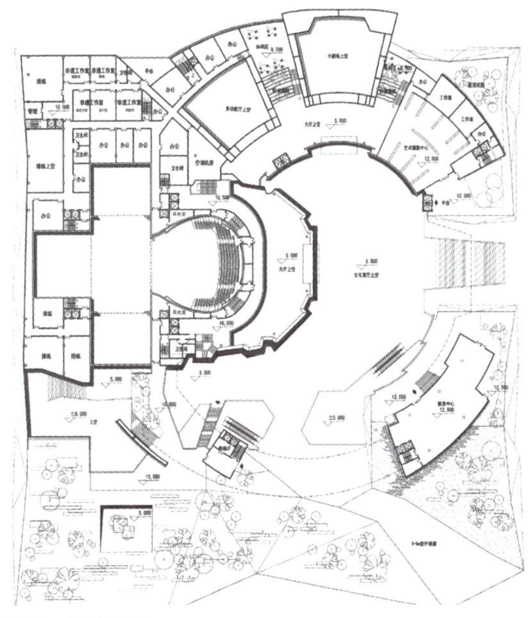

12.500m 标高平面图

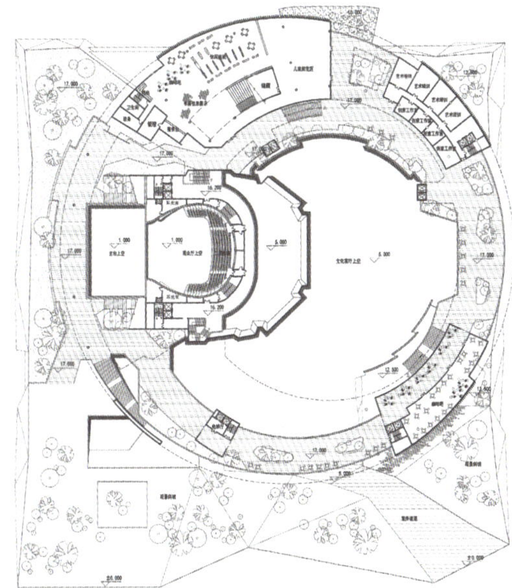

17.00m 标高平面图

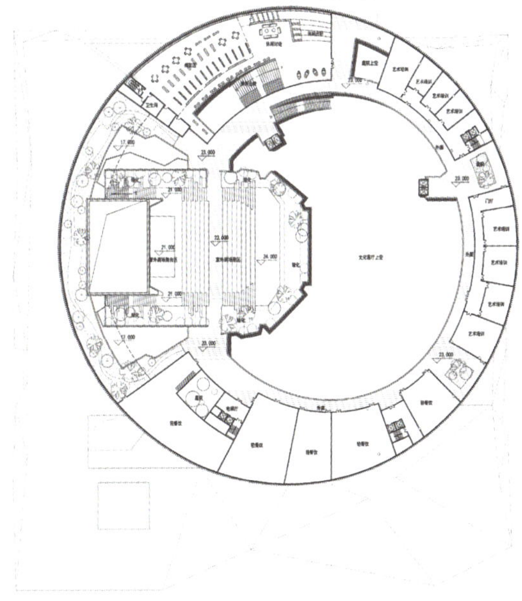

23.00m 标高平面图

文化艺术客厅

室外剧场

文化广场下沉庭院

剧场主入口

第二届河北国际城市规划设计大赛（邢台）

# Xingtai Science and Technology Museum

# 邢台科技馆 建筑设计国际竞赛

THE SECOND HEBEI INTERNATIONAL URBAN PLANNING AND DESIGN COMPETITION (XINGTAI)

# International Architecture Design Competition

# COMPETITION BACKGROUND
# 竞赛背景

*邢台科技馆所在区域是邢东新区的核心地段，是未来新城的集中展示区。邢台科技馆作为地段的标志性建筑，对提升和带动邢东新区的品质和文化发展具有重大意义。本项目旨在将科技馆建设成为邢台科技新地标，在邢台全面建设绿色新城的背景下，打造邢台的文化新高地，同时完善城市功能，提升邢台市的城市品质和核心竞争力，塑造邢东新区生态人文未来之城的城市形象。*

## 设计范围

邢台科技馆位于邢台中心城区北部，用地约 6.94 公顷（与西侧大剧院共用 13.87 公顷用地，范围为北至兴盛街，南至邢州大道，西至兴东街，东至信德路。项目西侧为待建设的邢台大剧院，科技馆与大剧院需要在地下空间、建筑风貌等方面统筹协调。地块南侧为园博园（2019 年开园）以及邢台总规中确定的中央生态公园。邢台科技馆项目地上建筑面积约 3.5 万平方米，限高 36 米。容积率不大于 0.8，绿化率不小于 40%。设置地下车库，并统筹考虑车库出入口。地块北侧开口位置为兴盛街。

## 设计目标

立足邢东新区发展定位及邢台市自身发展条件，采用先进的设计理念和技术手段，构建城市完整的文化系统和高品质生活模式，使项目所在中心区成为邢台未来建筑展示区，体现邢台的独特魅力。设计需统筹考虑科技馆与西侧大剧院、文化广场以及南侧中央生态公园的关系，形成整体片区。

## 设计内容与要求

### 设计要求

体现与环境相协调的关系：建筑设计方案强调与周边环境的整体协调关系。将大剧院、科技馆以及园博园等项目有机地结合起来。

强调合理的功能分区：功能布局和流线设计应科学合理。各主要功能区既要保持相对独立又要有紧密的联系，各种流线要顺畅。强调各功能分区的交通流线组织，使之成为一个有机整体，有利于各项资源的集约利用。

丰富的建筑空间层次：建筑设计既要兼顾从邢州大道上观看中心立面效果，在内部也要形成一个连贯的空间整体，创造一个真正具有绿色生态效应的外部环境和建筑空间。

设计方案应兼顾灵活性：本次方案设计中应统筹考虑后期运营模式研究。

交通流线实现人车分流；各功能区应考虑无障碍设计 。

建筑等级：建筑满足一级防火等级、耐久年限、抗震设防烈度均执行国家有关规范和规定的要求。

绿色建筑要求：按照国家《绿色建筑评价标准》认证要求进行设计，达到国家绿色建筑三星级标准。

**功能要求**

展览教育用房：常设展厅、短期展厅、报告厅、影像厅、科普活动室等；

公众服务用房：门厅、大厅、休息厅、票房、问讯处、商品部、餐饮部、卫生间、医务室等；

业务研究用房：设计研究室、展品制作维修车间、图书资料室、技术档案室、声像制作室、展（藏）品和材料库等；

管理保障用房：办公室、会议室、接待室、值班室、警卫室、食堂及水、电、暖、空调、通讯设备用房等；

功能空间不局限于以上内容，可根据方案创意进行灵活补充。

**设计挑战**

打造邢台科技地标：在将邢东新区建设成为绿色新城、生态人文未来之城的指导下，塑造城市新区的科技内涵，建设国际、国内一流的公共文化空间聚集地，构筑展现邢襄魅力和前沿科技的文化新高地，打造邢台科技创新名片。

空间组织及功能定位：综合考虑邢东新区未来空间结构及周边功能布局，营造高品质生活环境。

新理念和技术运用：引入国际先进的建筑设计理念、技术，打造科技地标。

可持续性：设计应尊重自然，考虑保护性地利用环境资源，使建筑与自然生态和谐共处。全面分析建筑能耗，做到能源与资源的节约、循环以及高效利用。

功能布局的灵活性：设计方案应满足未来建筑、片区不同的功能需求，空间布局具有灵活性、适应性。

可实施性：设计理念应符合国际标准，具有创新性，同时考虑方案的经济、技术可行性。

**深度要求**

建筑设计成果深度需达到概念性建筑设计深度

# A NEW INTERPRETATION OF TRADITIONAL CULTURE
# 传统文化的全新演绎

**沃尔夫·德·普瑞克斯 (Wolf D. Prix)**

**蓝天组联合创始人、设计总监、首席执行官**

邢台科技馆的设计目标在于彰显邢台市作为河北省创新科技、科学发展以及科技教育的新焦点。

源于邢台自身固有的科学文化渊源、悠久的天文学历史背景、深厚的工程学根基，亦基于邢台历代科学家所秉承的探索精神，邢台科技馆把对中国尖端经济、生态和建筑技术的展示推向了一个全新的高度。它将全面展示中国的科学发展与技术更迭，并将成为过去、现在和未来共生、并存和对话的精彩平台。

该建筑兼顾现代性与传统性，在采用超前的结构概念，实践最前沿的能源体系的同时，兼顾对博大精深的中国传统文化的展示。力图呈现邢台市、河北省乃至中国古往今来的科学、历史成就、预期未来潜在科技发展的新动向。

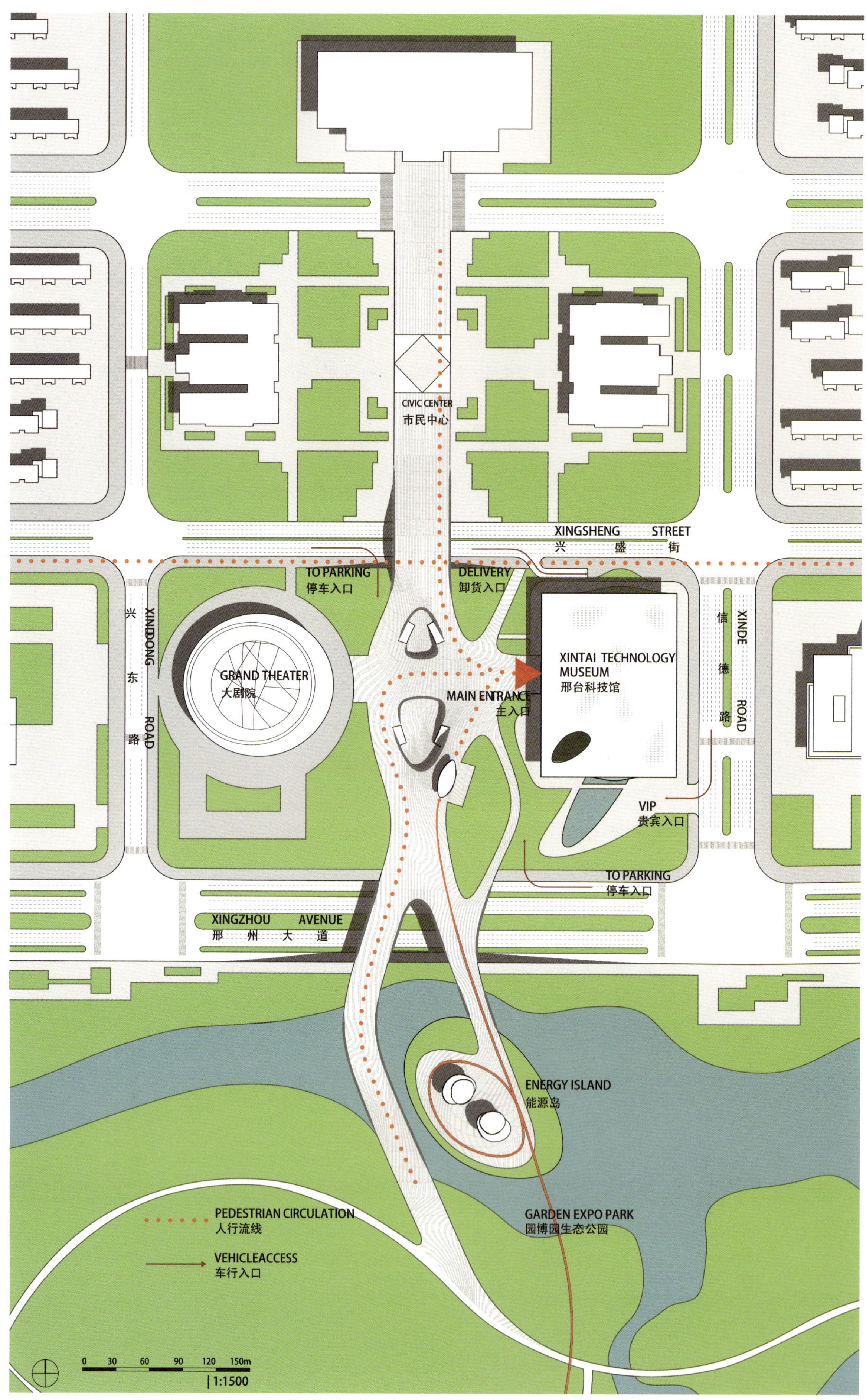
CIVIC CENTER
市民中心
XINGSHENG STREET
兴盛街
TO PARKING
停车入口
DELIVERY
卸货入口
XINDDONG ROAD
兴东路
GRAND THEATER
大剧院
XINTAI TECHNOLOGY MUSEUM
邢台科技馆
MAIN ENTRANCE
主入口
XINDE ROAD
信德路
VIP
贵宾入口
TO PARKING
停车入口
XINGZHOU AVENUE
邢州大道
ENERGY ISLAND
能源岛
PEDESTRIAN CIRCULATION
人行流线
GARDEN EXPO PARK
园博园生态公园
VEHICLEACCESS
车行入口
0 30 60 90 120 150m
1:1500

总体规划

鸟瞰图

从连桥处看向科技馆

自科技馆看向塔楼方向

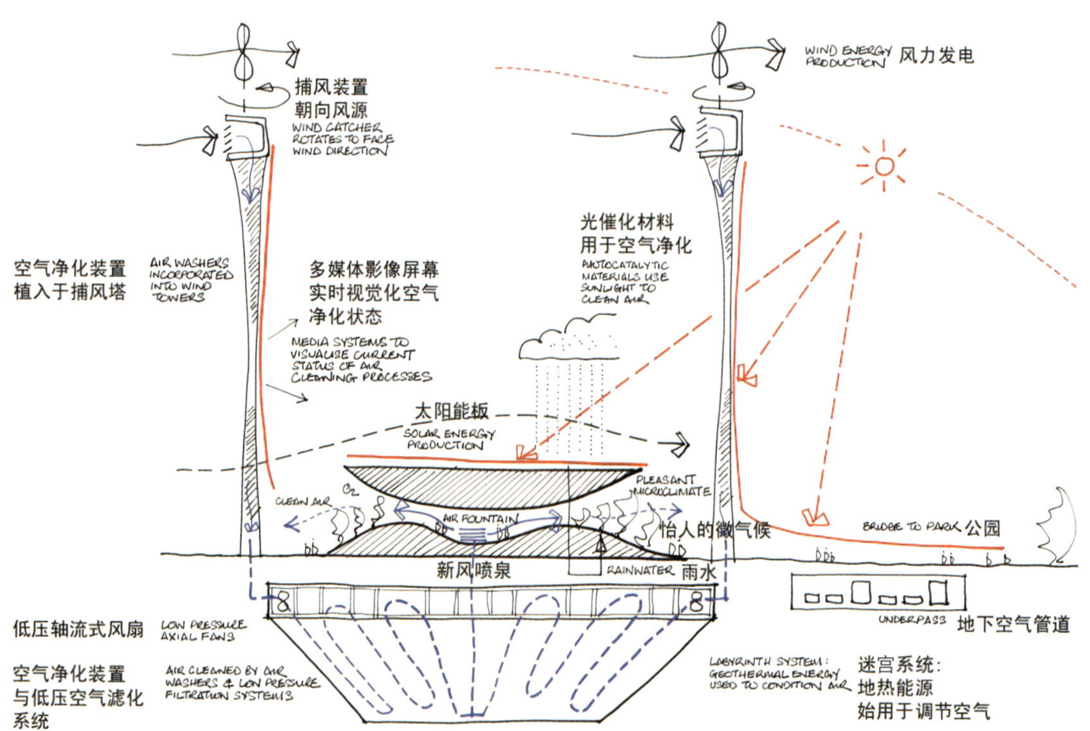

WIND ENERGY PRODUCTION 风力发电
捕风装置
朝向风源
WIND CATCHER ROTATES TO FACE WIND DIRECTION
空气净化装置
植入于捕风塔
AIR WASHERS INCORPORATED INTO WIND TOWERS
多媒体影像屏幕
实时视觉化空气
净化状态
MEDIA SYSTEMS TO VISUALISE CURRENT STATUS OF AIR CLEANING PROCESSES
光催化材料
用于空气净化
PHOTOCATALYTIC MATERIALS USE SUNLIGHT TO CLEAN AIR
太阳能板
SOLAR ENERGY PRODUCTION
PLEASANT MICROCLIMATE
CLEAN AIR
$O_2$
AIR FOUNTAIN
怡人的微气候
BRIDGE TO PARK 公园
新风喷泉
RAINWATER 雨水
低压轴流式风扇
LOW PRESSURE AXIAL FANS
UNDERPASS 地下空气管道
空气净化装置
与低压空气滤化
系统
AIR CLEANED BY AIR WASHERS & LOW PRESSURE FILTRATION SYSTEMS
LABYRINTH SYSTEM: GEOTHERMAL ENERGY USED TO CONDITION AIR
迷宫系统:
地热能源
始用于调节空气

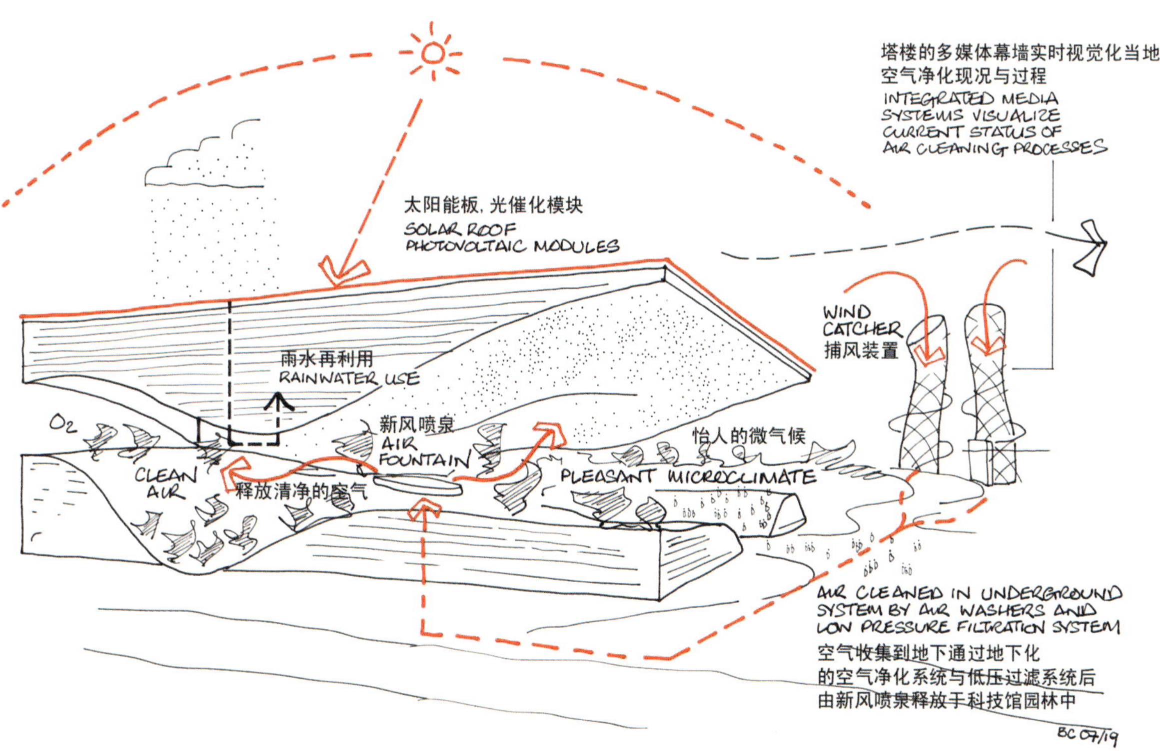

塔楼的多媒体幕墙实时视觉化当地空气净化现况与过程
INTEGRATED MEDIA SYSTEMS VISUALIZE CURRENT STATUS OF AIR CLEANING PROCESSES
太阳能板, 光催化模块
SOLAR ROOF PHOTOVOLTAIC MODULES
WIND CATCHER
捕风装置
雨水再利用
RAINWATER USE
O2
新风喷泉
AIR FOUNTAIN
怡人的微气候
PLEASANT MICROCLIMATE
CLEAN AIR
释放清净的空气
AIR CLEANED IN UNDERGROUND SYSTEM BY AIR WASHERS AND LOW PRESSURE FILTRATION SYSTEM
空气收集到地下通过地下化的空气净化系统与低压过滤系统后由新风喷泉释放于科技馆园林中
BC 07/19

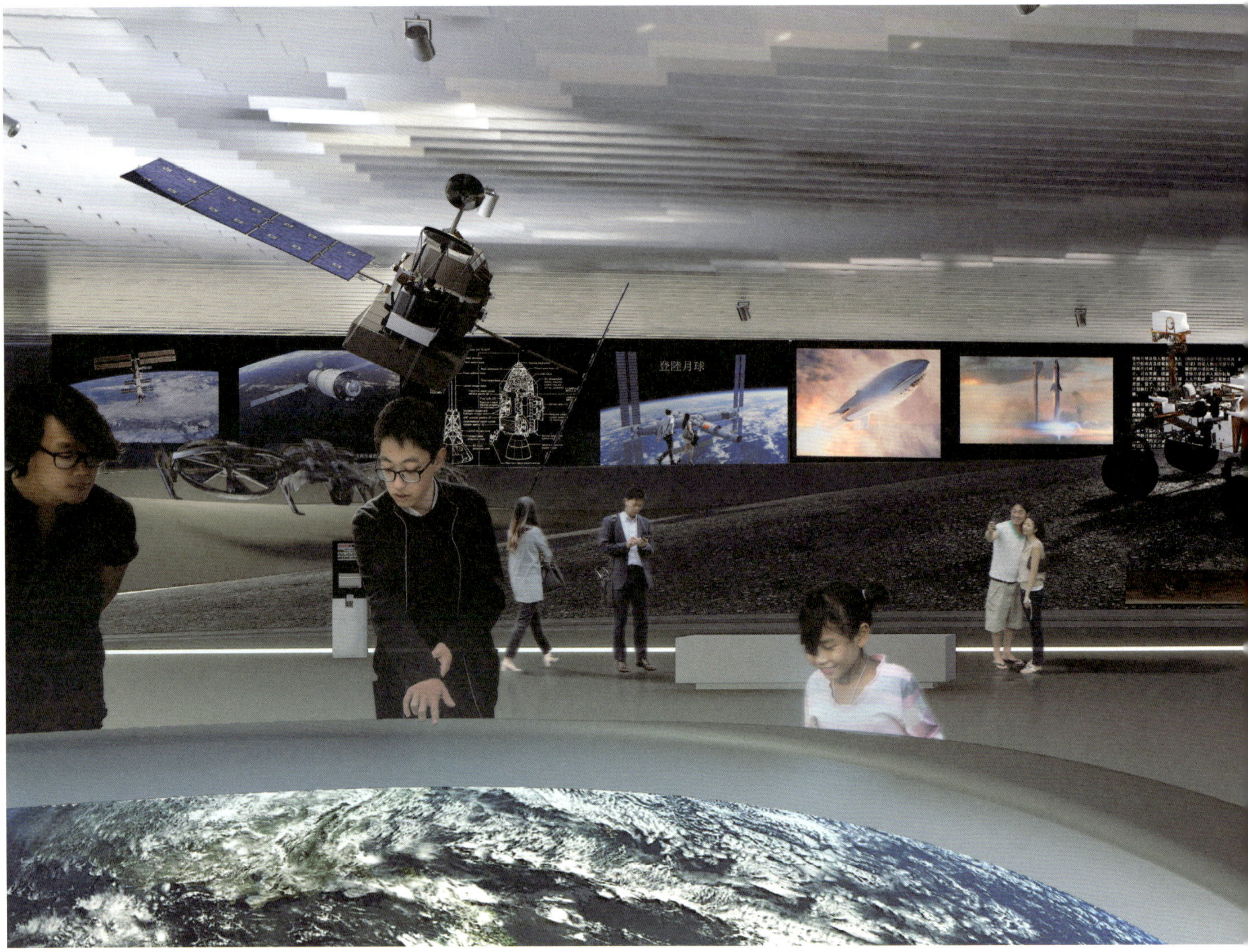

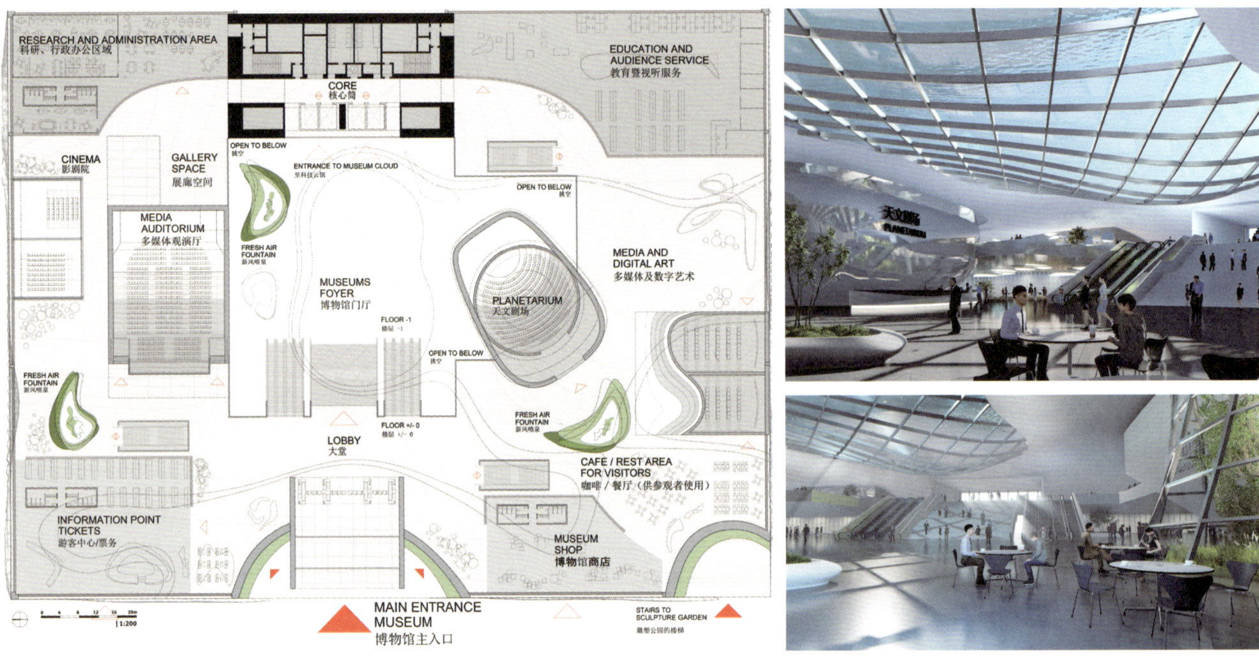
RESEARCH AND ADMINISTRATION AREA
科研、行政办公区域
CORE
核心筒
EDUCATION AND AUDIENCE SERVICE
教育暨视听服务
CINEMA
影剧院
GALLERY SPACE
展廊空间
OPEN TO BELOW
挑空
ENTRANCE TO MUSEUM CLOUD
MEDIA AUDITORIUM
多媒体观演厅
FRESH AIR FOUNTAIN
新风喷泉
MUSEUMS FOYER
博物馆门厅
PLANETARIUM
天文剧场
MEDIA AND DIGITAL ART
多媒体及数字艺术
FLOOR -1
楼层 -1
FLOOR +/- 0
楼层 +/- 0
LOBBY
大堂
CAFE / REST AREA FOR VISITORS
咖啡 / 餐厅（供参观者使用）
INFORMATION POINT TICKETS
游客中心/票务
MUSEUM SHOP
博物馆商店
1:200
MAIN ENTRANCE MUSEUM
博物馆主入口
STAIRS TO SCULPTURE GARDEN
雕塑公园的楼梯

首层平面图

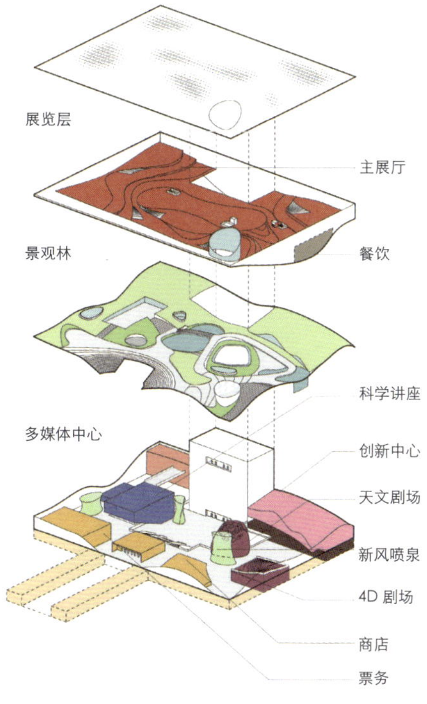

功能布局图

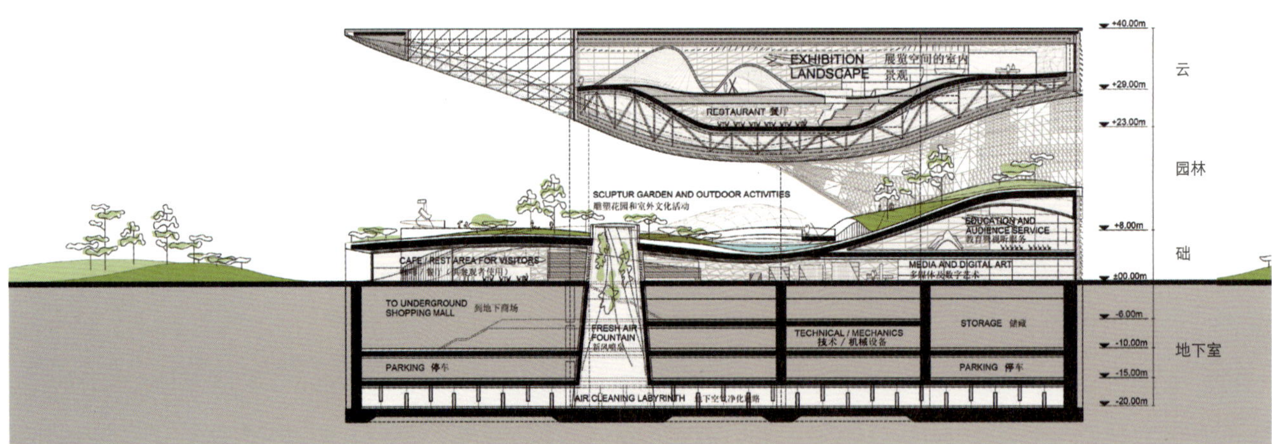


向北面剖面图

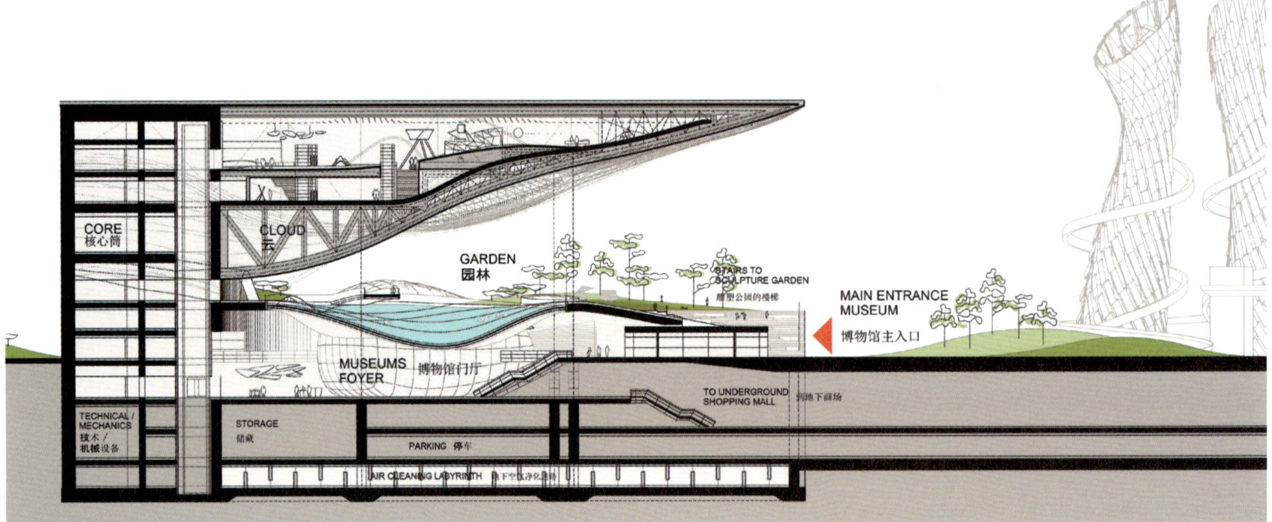


向南面剖面图

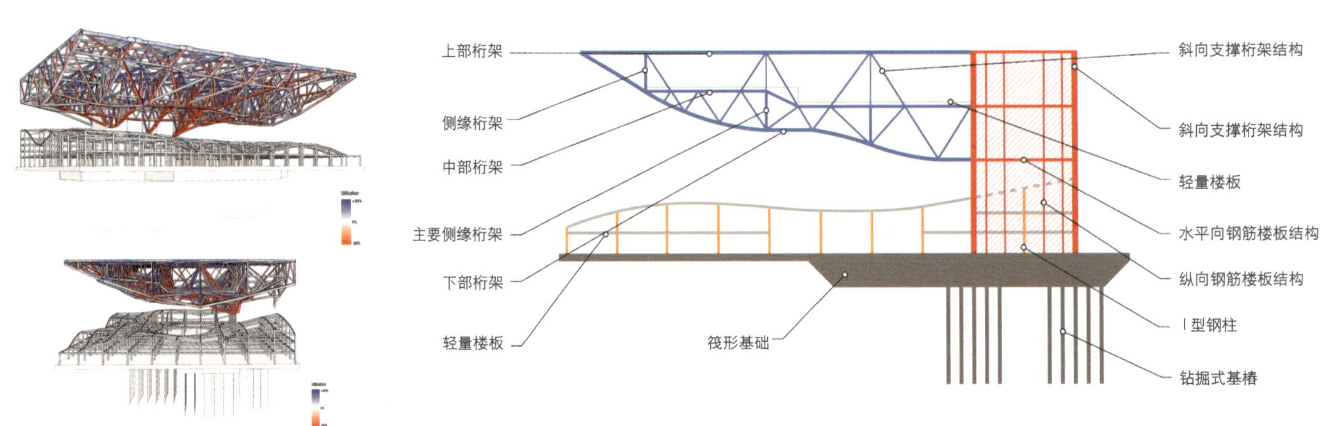


云端博物馆结构概念

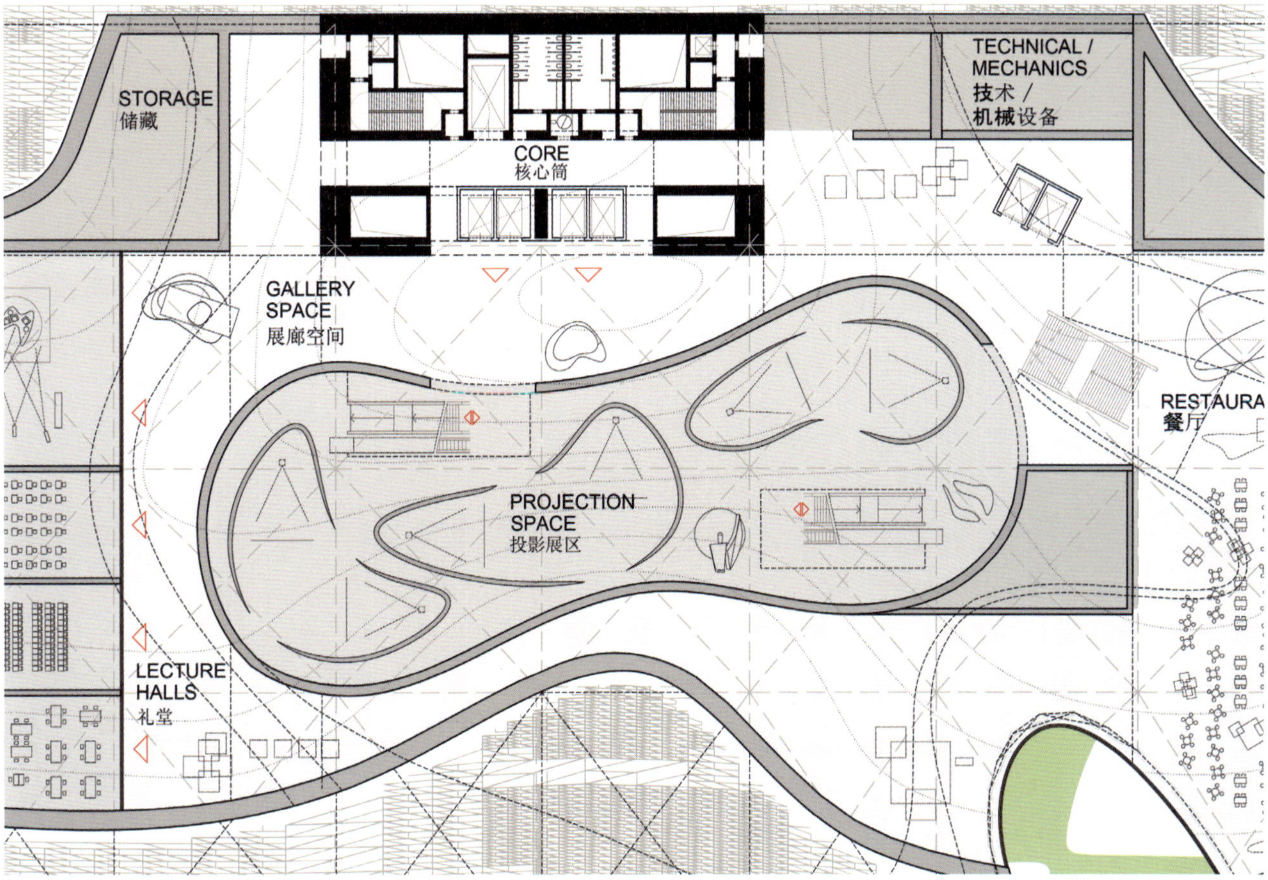

STORAGE
储藏
CORE
核心筒
TECHNICAL / MECHANICS
技术 / 机械设备
GALLERY SPACE
展廊空间
PROJECTION SPACE
投影展区
RESTAURA
餐厅
LECTURE HALLS
礼堂

云端科技下层平面——投影区以及餐饮位于云体的腹部位置

CORE
核心筒
GALLERY SPACE
展廊空间
EXHIBITION LANDSCAPE
展览空间的室内景观
MEDIA AUDITORIUM
多媒体观演厅

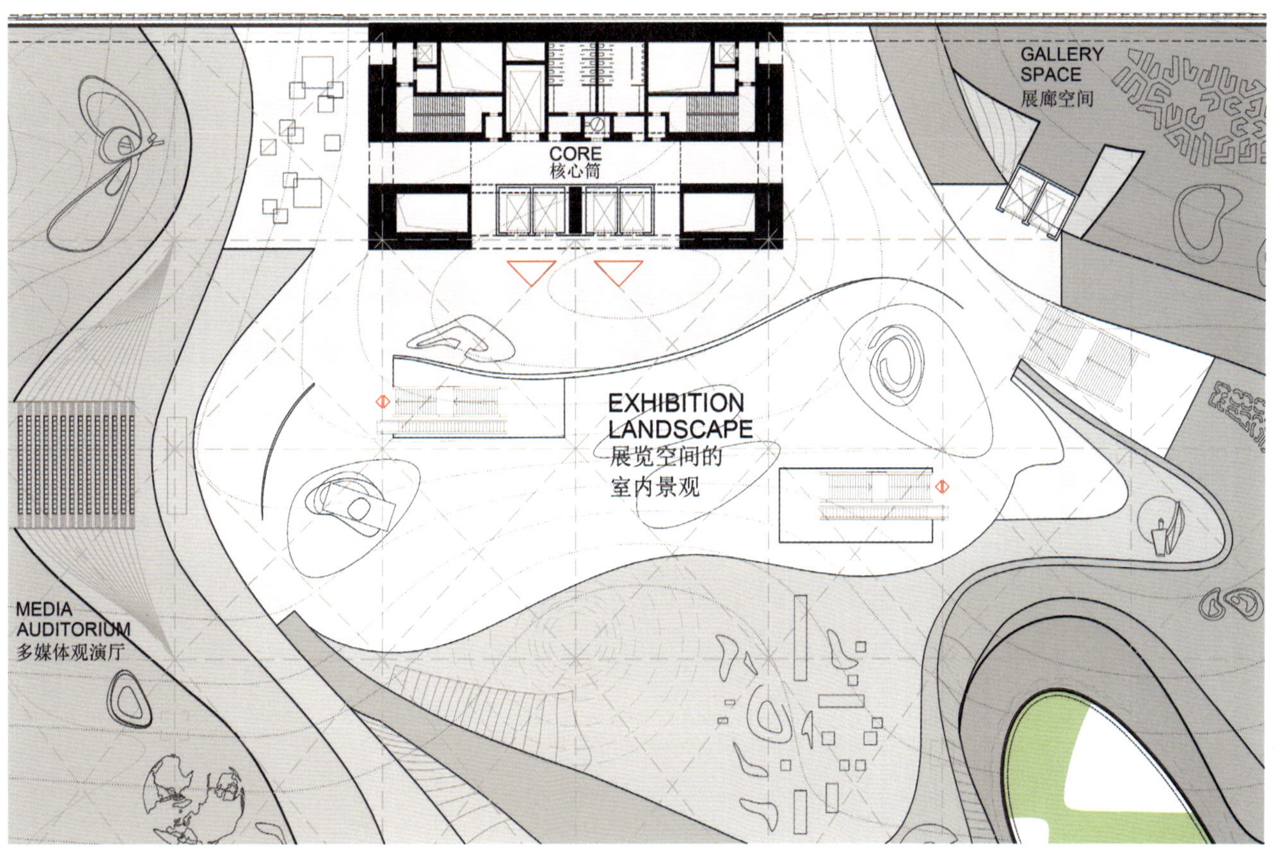

云端科技上层平面——主要展厅

# MULTIDIMENSIONAL SPACE NARRATIVE EXPERIENCE
# 多维空间叙事体验

**崔彤**

**全国工程勘察设计大师，中科院建筑设计研究院总建筑师、副院长，中国科学院大学建筑研究与设计中心主任、教授、博士生导师**

发展中的城市需要什么样的科技馆?

第一，功能上是混合并置的，兼具科学博览、科学实验、科学观演、教育等功能相复合；第二，应具备大科学装置的神圣性以激发市民的科学热情；第三，空间层面联合邢台市现有各类展馆、大专院校、先进技术企业形成科技体验集群，通过引入中科院“科研国家队”力量，融合产学研创造“科技游学”运营模式。

建筑由“一圆初芯”生发，作为城市的科技芯片，是城市智慧的原点；通过悬浮于地面的展厅为城市构建双重“屋顶一地面”，形成“二元世界”；结构上采用科学、人文、艺术三大主题厅堂形成“三体巨构”的结构体系；在满足传统空间的流线通畅的同时，引发游客对于过

去与未来的时间遐想，实现“四维时空”的空间叙事；设计中将建筑策划、建筑规划、建筑研究、建筑实验、建筑设计“五位一体”融会贯通。最终建筑形态基于月球的郭守敬环形山，布局 6 个时空扭曲概念的单元模件，塑造独树一帜的建筑体验。

## 规划布局

邢台科技馆位于用地东侧，北邻兴盛街，东邻信德路，南邻邢州大道，西侧为待建设的大剧院。整个基地平整，无明显高差，呈规则矩形。建筑外观形态以圆形及弧线为主要元素，简洁美观，富有逻辑。建筑主要入口位于最高的支撑体处，其他支撑体处设置多处次要入口，方便出入并满足疏散等要求。围绕几个支撑体设环形车道，满足人员交通、货运交通、消防扑灭等需求。景观绿化与广场分布其间，形成丰富的、多层次的活动空间。科技馆西侧为下沉广场，曲线的设计手法也与西侧待建设的大剧院有所统一，相互协调。

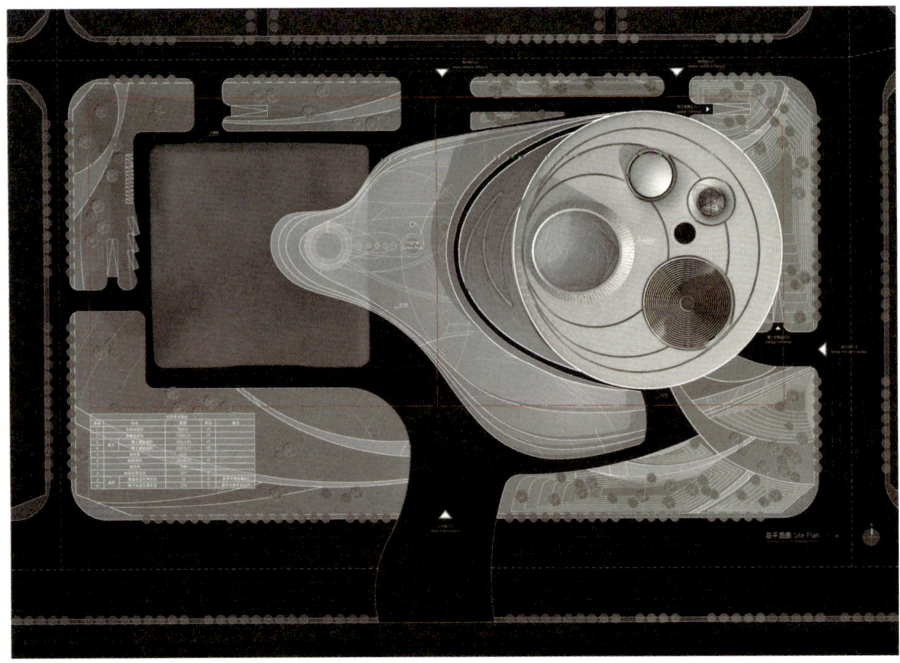

总平面图

## 建筑高度控制分析

科技馆与大剧院的平均高度控制在市民中心副楼 36m 高度一半的位置，局部隆起，整体形成两边高中间低的态势，与市民中心形成和谐的起伏关系。

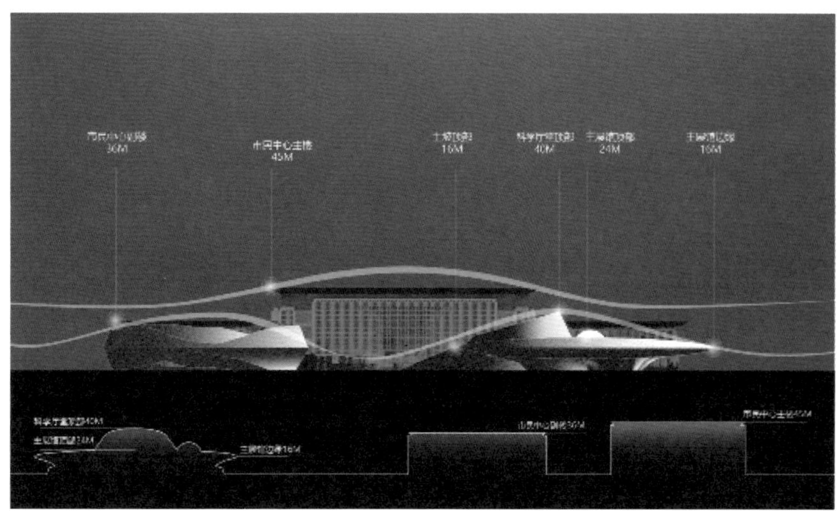

建筑高度控制分析

## 形态概念

科技馆的形态概念取意于月球表面的郭守敬环形山及周边地面起伏，犹如置身于广袤无垠的宇宙星空之中，并向天际伸展。球幕影院融在起伏的表面上，仿佛模拟广义相对论中质量引起时空扭曲的状态，或陨石撞击的动态。几处支撑体的形态，取自虫洞的意象，如同连结两个遥远时空的多维空间隧道。建筑表面的点状光源，采用流畅的曲线图案，模拟两个黑洞合并时放射引力波的形态，又仿若天上银河，繁星点点，搦引着人们去探索神秘而无穷的宇宙空间，也可理解为道家的阴阳太极，穷尽天地万物的法与道理。结构方面，建筑的主体展厅部分采用空间网架结构，整体主要采用钢结构，表面材料采用 GRC 板材。

建筑局部

科技馆的设计将科学、自然、人文艺术二者合而为一。中国古代的科学观源于自然，科技馆自然的形态也始于天地山水之间，传达出一种向天望月的情怀，形成具有美感与逻辑的简洁语言，生发出多义的理解与想象，诠释古代科学哲学观的包容性。山、水、风、漂浮物在这神秘的空间中并置，仿佛在重力、引力的作用下彼此牵动变幻交互转化，太多的已知与未知藏匿其间探索星球与星球的对话，而科技馆作为科技文化教育传播展示的平台，引领人们进入科学知识的殿堂，完成人类与科学的对话。

剖面图

南立面图

西立面图

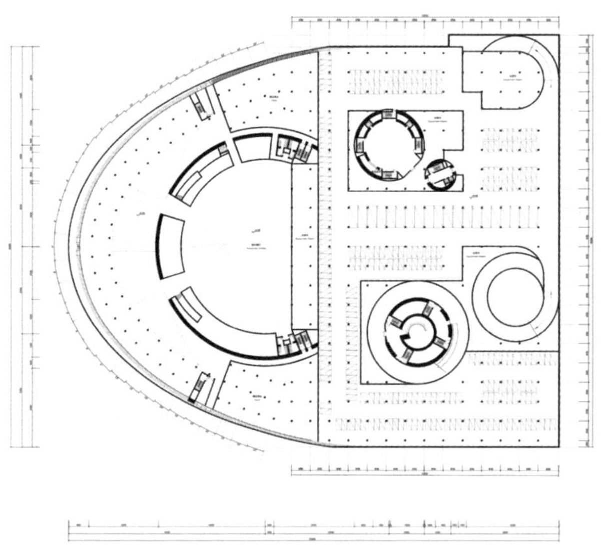

地下一层平面图

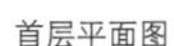

首层平面图

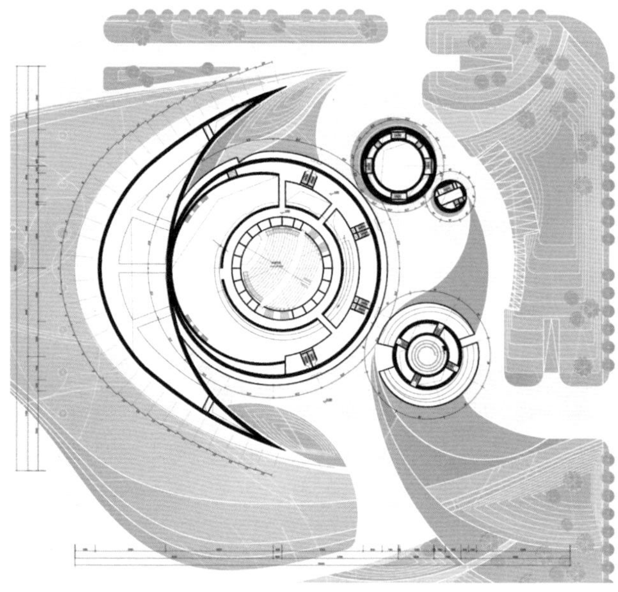

二层平面图

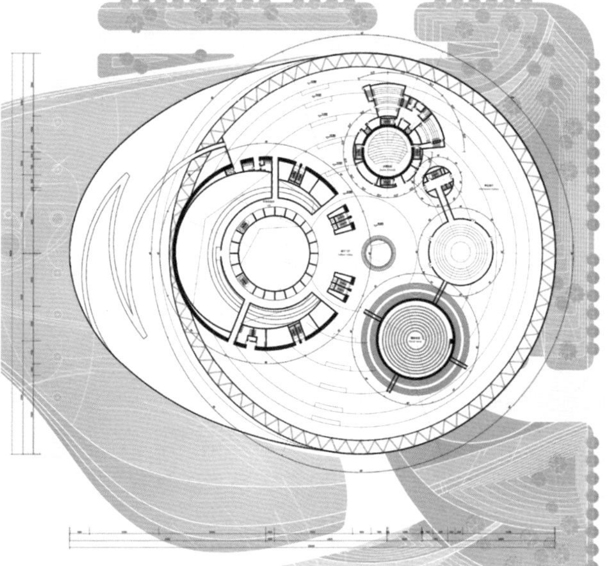

三层平面图

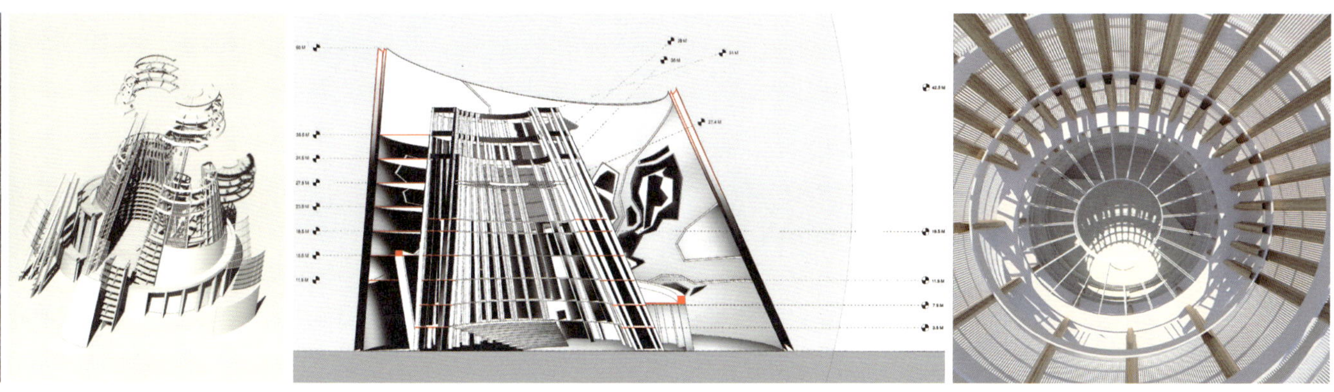

# THE FUSION OF TECHNOLOGY AND NATURE
# 科技与自然的融合

**贝娜蒂塔·塔格利亚布（Benedetta Tagliabue）**

**EMBT 建筑事务所创始人、首席建筑师，普利兹克奖评委**

邢台位于太行山脚下肥沃的平原上，具有开敞和宽阔景观的特点。我们希望引入一个带有地形变化，有山谷和山脉的景观。邢台在中国的天文学、河流治理和优秀发明方面有着悠久的历史和传统。我们的理念基于这一传统，并希望借助邢台科技馆来讲述这段历史。

城市规划在邢台市中心提供了一个巨大的休闲公园。我们将科技馆视为公园与城市之间的接口，科技是对自然的补充，自然是进化和技术进步的源泉，而我们的方案将采用自然的理念来介绍科技。

我们研究了无形的科技线条，并创造出不同的图形来定义新科技馆。其中包括：充满活力的技术和分形结构线条、农田的图案、鸟类通过团队智慧在空中绘出的线条、河流流动的纹理、天文星象的虚拟连线等。科技馆前公园的序列被自然的有机线条所定义。通过科技馆，我们为公园的流线创造了一个起点。

建筑的核心区域是带有坡道的宽敞明亮的中庭，其设计灵感来自鸟群。访客可以通过坡道来体验空间，仿佛在鸟儿向天空上升的流线中移动。不同的展厅围绕着中庭呈有机形状布置。坡道的尽头是位于科技馆屋顶、模拟气候和天文现象的露天气候。变形艺术装置使科技馆更加完善。

我们设计了像皮肤一样的立面，参考龙鳞的表皮。建筑似乎在呼吸、移动、随着天气条件而转变，它处于永恒的开合运动中。

## 公共空间

我们希望在科技馆周围提供尽可能多的公共空间，我们的主要目标是吸引人们到这里来，使其成为一个一个适合不同年龄段人群的教育机构，并坚持从实践中学习的理念。科技馆的一个重要部分将是向公众开放的大露台，邀请人们接触、体验、研究、学习和理解科技。邢台科技馆作为生态基础设施发展的典范将不仅仅是一个低能耗、可持续的建筑，它同时还为城市提供有价值的生态系统服务，并被设计为生态基础设施，整合了蓝色和绿色的维度。科技馆本身即成为展览的一部分。

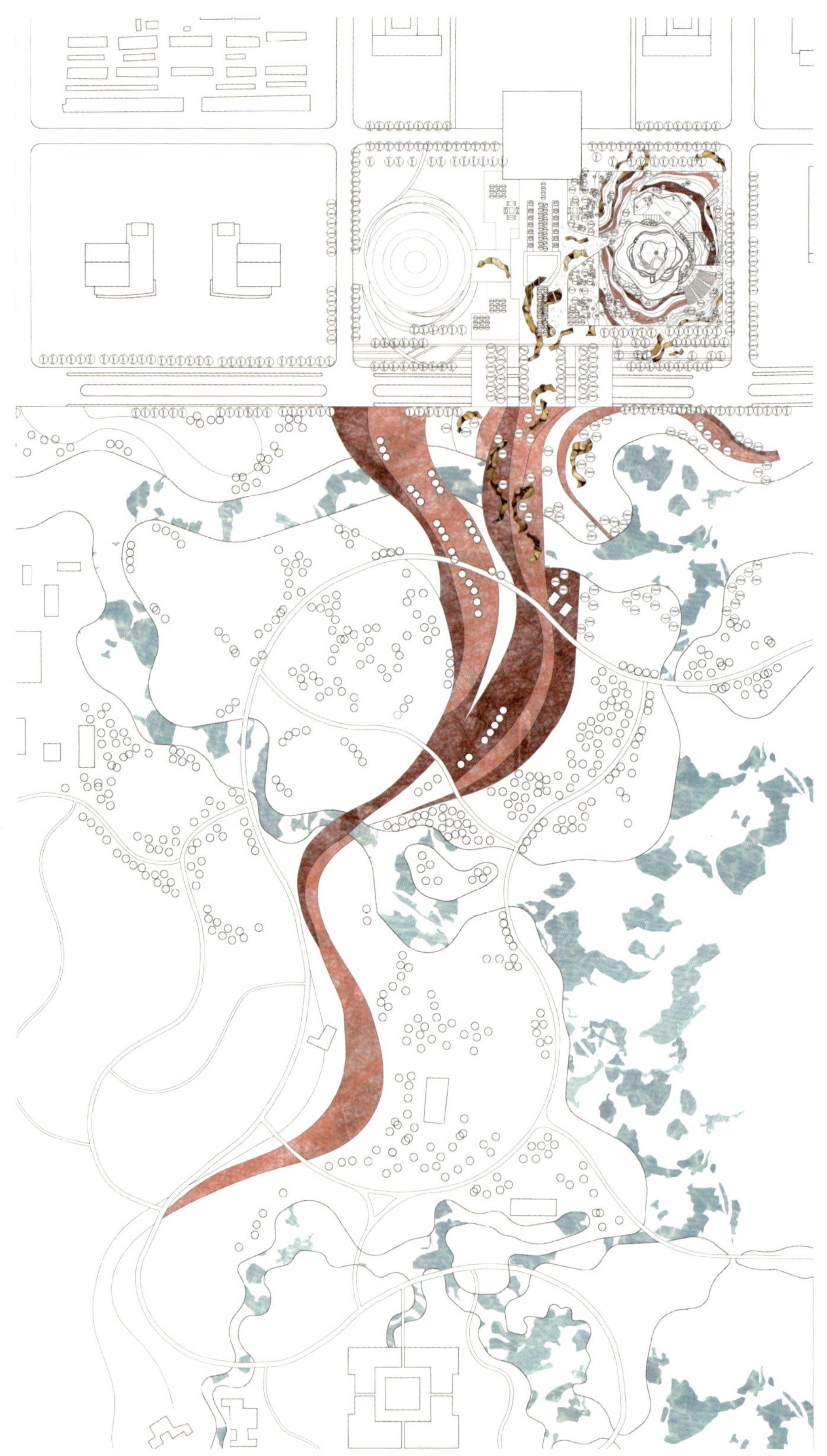

科技馆作为公园的起点

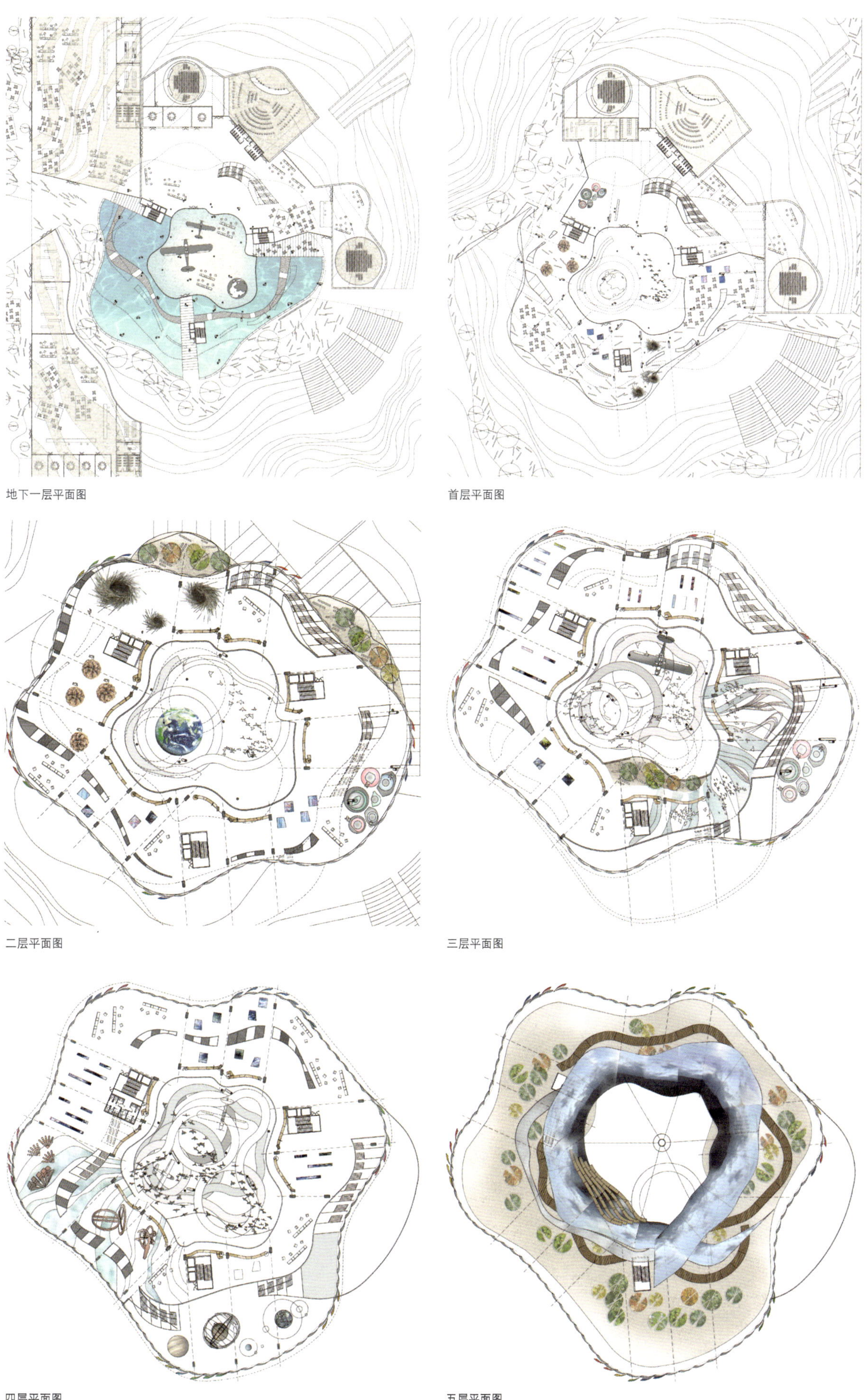

地下一层平面图

首层平面图

二层平面图

三层平面图

四层平面图

五层平面图

## 立面拼贴

立面由可以通过伸展来开启或闭合的面板组成。
面板的内表面是彩色的，反射在银色和香槟色金属外表面上。
外立面与气候互动且可以适应内部需求。

立面拼贴

自市民中心的剖面

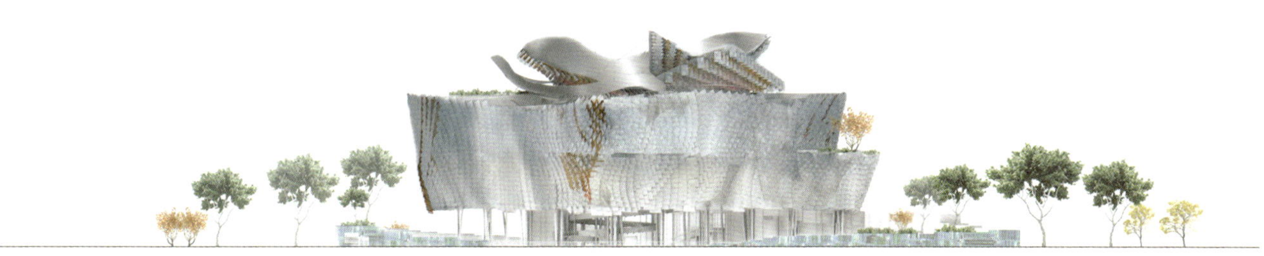

面向公园的立面

东立面

面向音乐厅的立面

# THE SHAPING OF URBAN CULTURAL BRAND
# 城市文化品牌的塑造

**孟建民**

**中国工程院院士，深圳市建筑设计研究总院有限公司董事长、总建筑师**

我们希望通过此次邢台科技馆的设计，为邢台量身定制一个真正能够代表邢台，激活邢台城市活力的公共文化建筑。

首先，还是要拔高整个项目的定位，通过重塑“邢台 · 郭守敬”这个重要的文化品牌。围绕郭守敬，为邢台打造一个独一无二的城市名片，提升城市辨识度。

其次，我们关注落地与实施。通过对建筑功能的重新梳理和策划，形成“科学馆 +”的运营模式，让建筑空间与功能真正灵活可变，让建筑匹配城市，保证建筑持久的生命力。

最后希望设计回归人的使用场景。通过丰富的室内外场景的打造，让人们从建筑到城市都有很好的体验。

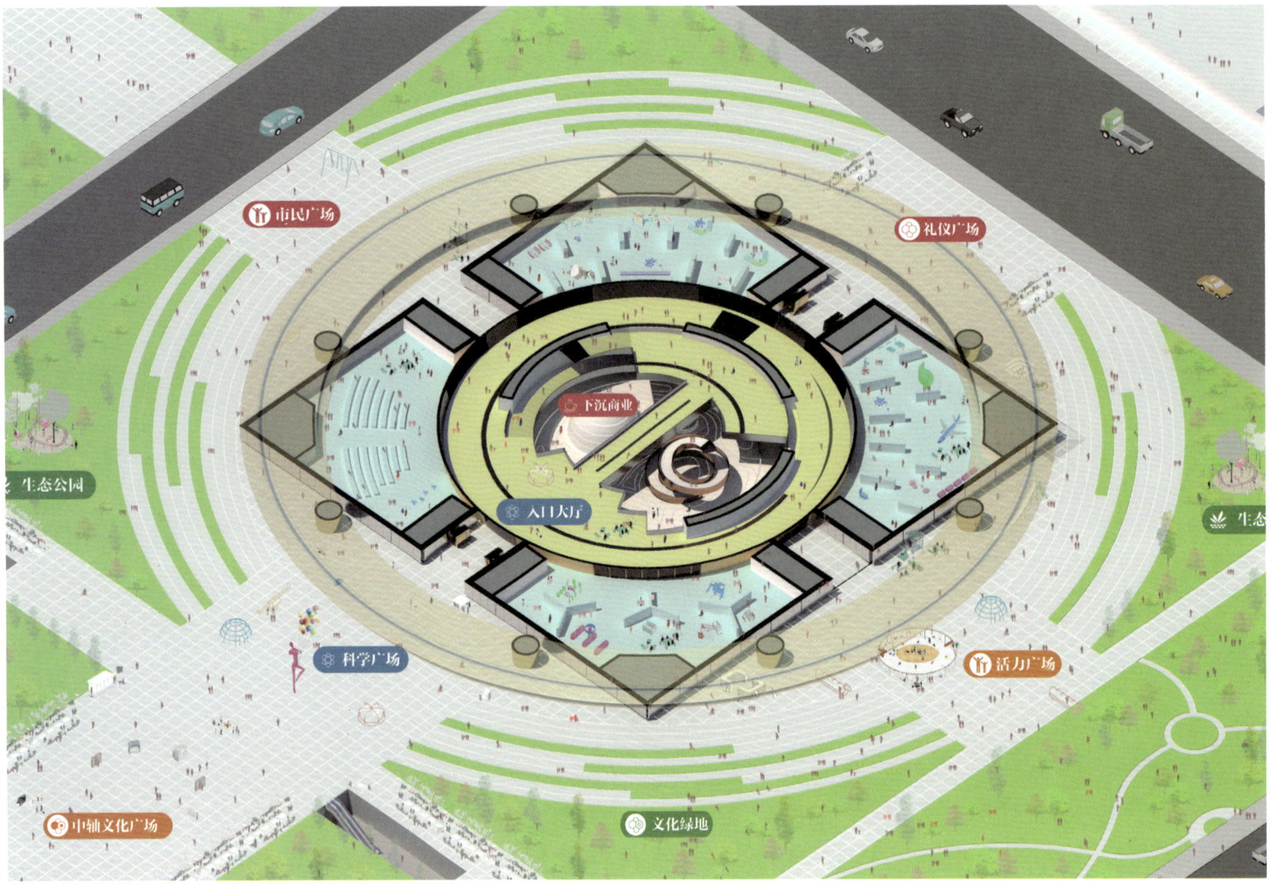

文化服务中心

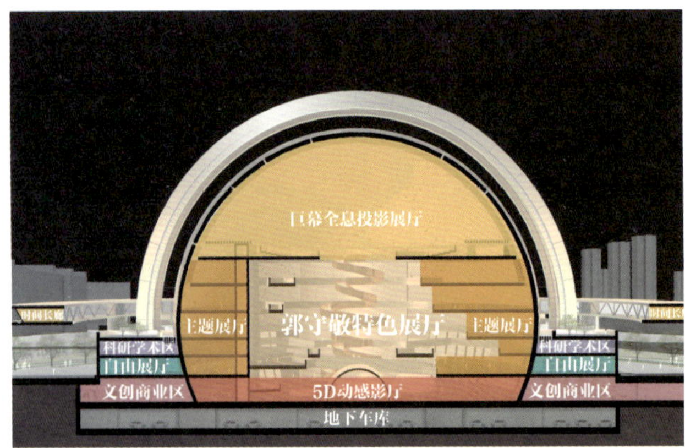


功能分区

高浓度特色展示

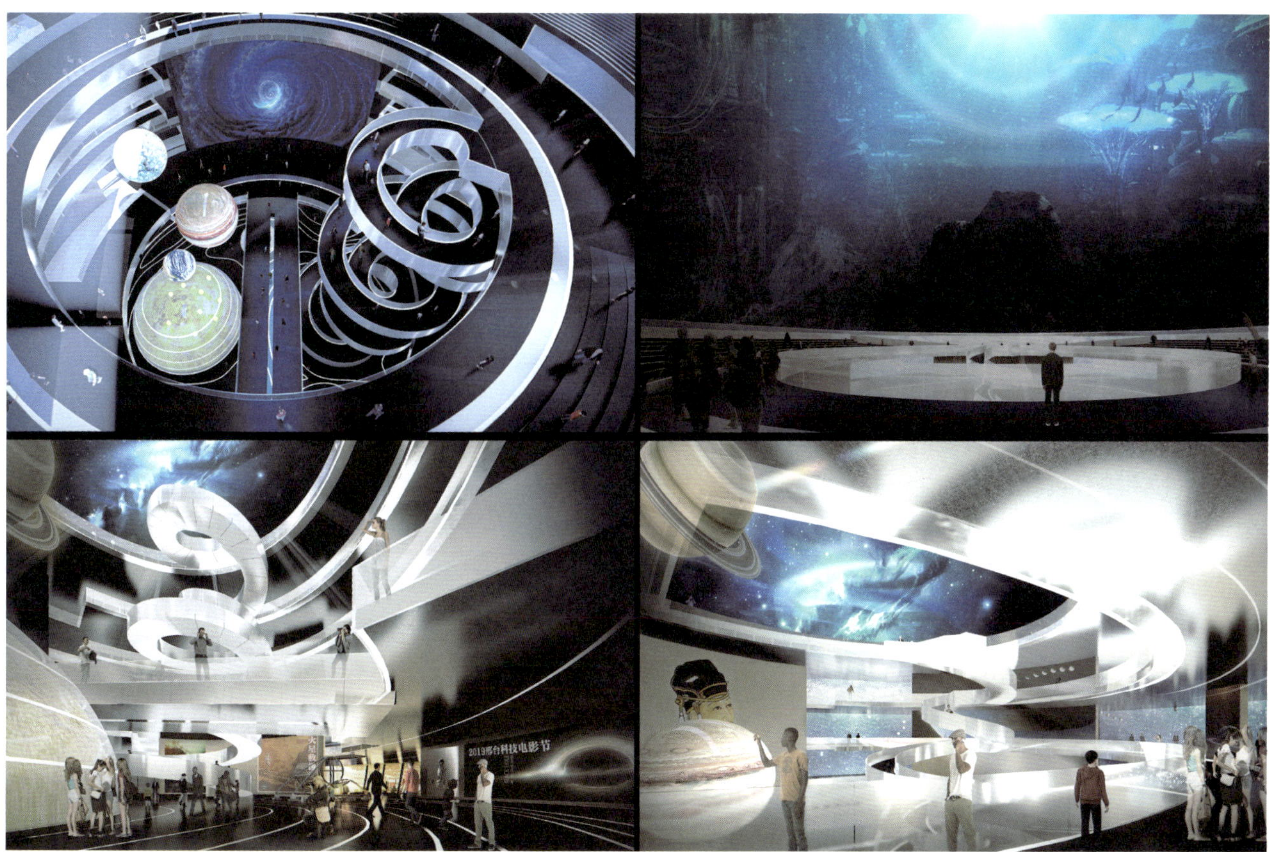


内部效果

核心展示

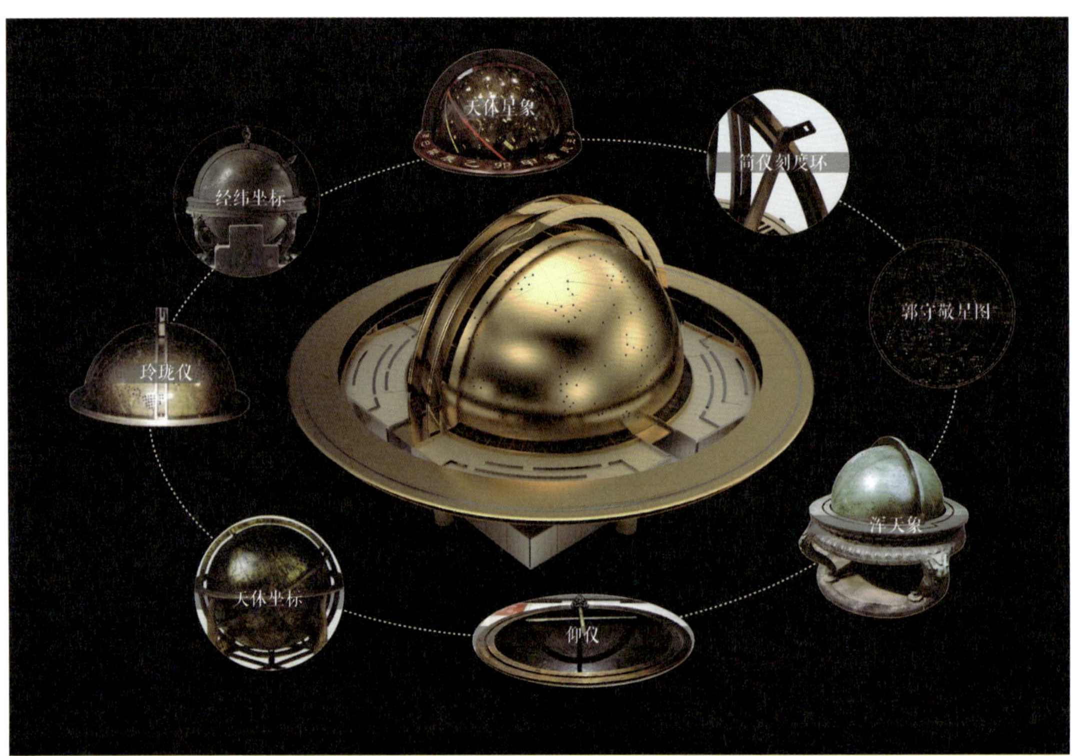


独具特色的建筑形象

夜观星象

# JUDGING PANEL COMMENTARY
# 评委点评（大剧院和科技馆）

## 评委会主席

**宋春华**

原中华人民共和国建设部副部长

我觉得在总体把握上，斯诺赫塔事务所的方案是比较突出的，考虑到了单体建筑对城市设计的反馈效果。该案例最大的问题是在目前区域中，邢州路对整个核心区，包括我们的市民中心、两个文化建筑以及公园有一个切割。而斯诺赫塔事务所的方案对这个切割进行了缝合，具体的手段就是加盖儿，从道路底下走，这也是现在解决车站问题、铁路切割问题很重要的一个手段。我觉得它解决得比较好，项目之间实现了顺达的衔接，使这里真正形成了一大片核心区、活力区，再不受邢州路的干扰。

另外它的单体建筑比较收敛，具有文化品味，可以说在这四个大剧院方案中我认为是最好的。建筑形式不怎么张扬，关键是有味道，像一个文化建筑，像一个剧院。

## 评委会成员

**庄惟敏**

中国工程院院士，全国工程勘察设计大师，清华大学建筑学院院长，清华大学建筑设计研究院院长、总建筑师

我觉得本次参赛的建筑师都是非常专业的，这种专业表现在以下几个方面：

第一个方面是他们对环境和城市有非常好的解读。理论上讲，此次建筑区域范围较为受限，它在城市的主轴线上，北侧具有三栋已确定建筑，还面临城市道路的制约和轴线对称的要求。在这些约束下，建筑师能够认真努力地去琢磨并迎合这样一种既定条件，在他们的汇报中也可以看到他们对城市的一种回应，我觉得是非常负责任的表现。

第二个方面是他们对功能的把握。因为他们知道这样的建筑，在以后的运营过程中不一定会非常的顺畅。我们有很多二、三线城市的大剧院，并不是在满负荷运行，有时候甚至有空间的浪费等情况，所以在对建筑的空间弹性问题以及面向公众开放的问题上，建筑师都持有一种非常落地的态度。可以说他们真正地站在一个市民的角度以及城市管理者的角度来看待问题提出一些建议，将这个空间对外开放，尽量地把院落空间开放出去。所以我觉得建筑师对于建筑的功能方面都是经过认真思考的。

第三个方面是关于生态。八家建筑团队都谈到了生态问题，尽管技术不一致，但是他们对于人工环境会给整体环境带来的影响、能耗、排放等问题，都有非常细致的研究。有些提出用光伏太阳能板等高科技的元素，也有些提出通过建筑的手法，利用院落自然通风采光等一系列措施，所以我觉得建筑师都非常专业。

## 杰夫里 · 舒马克（Jeffrey Shumaker）

Urbanscape 创始人及总裁，纽约前首席城市设计师

蓝天组是世界知名团队，他们非常想要这个项目，而且集结了最好的想法，表现得非常好，我认为他们的作品是非常好的。

我很享受这个竞赛，也很喜欢这种中国和外国专家各占一半的混合式竞赛，很多城市和国家的文化可以互相学习，我认为这是一种很好的交流方式，也是一种相互学习的方式。我一直是这类交流学习的狂热支持者，尤其我在纽约市工作期间，我们经常接待代表团，他们很多来自中国，也有来自世界各地的。他们想知道我们在纽约是怎么工作，如何管理城市、规划城市、设计城市的。而我也发现，当我被邀请去某个地方演讲时，我从其他人身上学到的东西比他们从我这儿学的还要多，我认为这种思想和信息的交流是非常好的。

## 赵元超

全国工程勘察设计大师，中国建筑西北设计研究院总建筑师

我曾做过一些城市大剧院的实践，大剧院的确是一个城市的名片和文化的守护者。我不主张所有建筑都去作为标志性建筑，但是类似于大剧院、科技馆的建筑，一定是城市的一种象征，或者一种标志，它能够提升一个城市人民的归属感和自豪感，这样的建筑肯定希望有很强的标志性、艺术性以及吸引力。本次竞赛所处的位置在邢东新区的中心，附近有世博园、行政中心，以及一条连接老城和新城的城市主干道。我觉得在这样的环境中，能够和谐整体城市关系，以城市为出发点，为城市未来设计，把城市的文化及它所包含的一种时代精神较好结合的方案是最佳的选择。

优秀的建筑作品的创作有时类似文学或者艺术的创作，需要精雕细琢的神来之笔，或是妙手偶得。建筑作品很难兼顾各种因素，但它作为一个和场所契合的，有时代精神的，具有艺术感的，能够对人有充分吸引力的建筑就是一个好的作品。在这次比赛中，斯诺赫塔建筑事务所的作品展示了一种方中求变的思路和手法，建筑本身非常独特和具有秩序，建筑外部和整体城市环境非常和谐，内部空间也让人印象深刻，最大限度使人们进行广泛的参与，我觉得这是给我印象比较深的作品，也较为符合我对大剧院的理解和标准的判断。

## 迈克尔 · 斯皮克斯（Michael Speaks）

美国雪城大学建筑学院院长

我觉得斯诺赫塔团队和蓝天组的作品给我的印象最深刻。整体文化建筑给人眼前一亮的感觉，分别呈现出了不同的东西。在科技馆建筑方面，我觉得是蓝天组展示的是最专业、最好的。他们有最棒的演讲、最棒的设计以及最棒的解决办法。我也很喜欢 EMBT 团队的作品，我觉得很聪明、很机智，不过他们可能没有找到最好的方法去表达他们的设计理念。

这是一个专业的竞赛，所以评审要问自己，什么才是一个近乎完美的建筑。例如科技馆，我认为一个完美的科技馆建筑应该是可以展示新科技和未来科技的，也能在城市中重现科技历史，包括科技的应用以及展示所有与科技相关的东西。而且，作为评委，在竞赛的讨论中，需要考虑项目对于这个城市来说是不是最好的，或者是不是当前城市最需要的。

## 孔宇航

天津大学建筑学院院长、教授、博士生导师

我对剧院没有太多研究，主要考虑建筑和城市之间的关系。我觉得邢台不需要非常大的具有城市标志性的剧院建筑，而是要考虑在这样一个中等城市，剧院和城市怎样融合，这才是我们应该选择的方向。在邢台这样一个二、三线城市，一年中剧院会有多少次演出，这个是值得怀疑的，即使在天津这样的巨大型城市，演出也不会有太多。所以我觉得需要更多考虑的是这个剧院与周边环境的灵活性，怎样使未来建成的剧院也可以在将来作为市民活动中心或者其他各种各样的活动中心，实际它是一个复杂的综合体。

我个人还是比较喜欢斯诺赫塔事务所的方案，因为它创造了很多种可能性。除去剧院本身，我觉得它更注重剧院的外部空间和屋顶与其他空间的有机衔接，它创造了很多活动的可能性。所以我觉得这个方案应该是我的首选。PES 建筑事务所的方案比较有诗意，建筑师也付出很多情感在里面，我也还蛮喜欢的。

## 姚仁喜

姚仁喜丨大元建筑工场创始人

我是一个职业的建筑师，所以我对于建筑的一些规律或者原则非常看重。建筑集合了艺术与技术，即使具有了很美的造型，还要仔细看一看它的可建性，它的技术层次、空间是否合理等多个方面。

在本次竞赛中，每个建筑师团队有各自的特色以及各自关怀的方向。有些团队会比较关心邢台到底要一个什么样的大剧院，怎么能够让这个场所变成一个市民喜欢的场所；也有一些团队比较专注于做一个非常好的剧院，一个地标性的建筑。各团队不同的表现方向，各有特色。

## 尼尔 · 里奇（Neil Leach）

欧洲高等学院数字化设计教授，南加利福尼亚大学副教授，哈佛大学、同济大学客座教授

我认为竞赛的形式是很重要的，因为它相对更加公平，并能够获得最好的项目方案，而不是由某人或者熟人设计的产品。我相信高标准，相信唯才是举，相信最好的人、最好的项目会赢。让来自世界各地的专家聚在一起来评判比赛是最好的方式，所以这将是未来的一个很好的解决方案。

此次竞赛中，我认为蓝天组的作品非常棒，非常有幸他们来参与本次比赛并做出如此好的项目。沃尔夫 · 德 · 普瑞克斯（Wolf D. Prix）具有非常丰富的工作经验，他对于来到这里并努力赢得比赛充满了热情，投入了所有的精力，这给我留下了深刻的印象。他具有正确的思维方式，我一直钦佩他所做的努力，这次比赛方案也根据城市的实际需求在不断变化之中，我期待后续的发展。

## 马蒂亚斯 · 戴奥 · 坦博（Matias del Campo）

奥地利 SPAN 建筑事务所创始人，上海世博会奥地利馆建筑师

建筑不仅仅是一个避难所，它还包含了文化，包含了所体验到的品质，包含了氛围。我们通过竞赛所实现的不仅仅是一栋建筑，还为人们实现了一种完整的生活方式，提高了人们在城市中的生活质量。一旦这类项目得到实施，很多事情也会在建筑周边发生，它周围的领域就开始活跃起来，变得更宜居、更有趣。

这次竞赛中，我觉得斯诺赫塔事务所对于大剧院的建议是非常完善且合理的，尤其是解决剧院与前广场相契合的方式很聪明。这样一个项目不仅要考虑建筑，还要考虑周围环境，更要深刻地理解城市问题，去创造一个社交空间，是非常重要的。它并不是孤立的，它在扩展到城市景观中去，所以我认为这是一个很好的项目。蓝天组的科技馆提案非常令人震惊。我认为这个项目建成之后会吸引世界上的每个人的目光。我认为这个项目的目标之一不仅是在做建筑本身，还是在做一些可以和全球观众来交流的事情，这也可以提高这个城市在世界的知名度。这是一个大胆而有趣的项目，我相信它会产生期待中的影响效果。

## 托马斯 · 克伦斯（Thomas Krens）

所罗门 · R. 古根海姆基金会前任主席及国际事务高级顾问、2000 年威尼斯建筑双年展最佳建筑保护金狮奖获得者

第二届河北国际城市规划设计大赛（邢台）

# The Second Q-City

# 第二届 Q-CITY
# 国际大学生设计竞赛

THE SECOND HEBEI INTERNATIONAL URBAN PLANNING AND DESIGN COMPETITION (XINGTAI)

# International University Student Design Competition

# COMPETITION BACKGROUND
# 竞赛背景

*当今时代背景下的城市空间已不再被简单且功能主义的连接性理念所制约，而是一个多维度的体验场域，城市空间品质也已经成为衡量一座城市的必要条件之一。作为“第二届河北国际城市规划设计大赛”的重要组成部分，“为美丽河北而规划设计——第二届 Q-CITY 国际大学生设计竞赛”以“Quality City 品质城市”为题，旨在探讨改造和提升城市空间品质的方式。其以全新的人文主义精神探讨城市微更新的思路与方式，力求通过有限的投资、精准的设计和持之以恒的实施策略，提升现存要素价值，以“微小”的介入，产生“巨大”的效益。*

## 竞赛题目解析

未来城市之间的竞争将不再局限于传统的模式和方向，以“Quality City 品质城市”为倡导的本次竞赛是一次对城市公共空间改造方式的探索和尝试。“品质城市”意在进一步提升城市品位和内涵，展现城市更深层次的内在潜能，将城市的精神、文化等融入城市的物质建设与发展中去，形成反映城市个性特色的精神实质，从而让城市建筑更美观，公共服务更便利，居住环境更优美。

本次国际竞赛是以兼具历史底蕴与发展潜力的邢台市实际环境为基底，以公共空间为支点，面向国内外城市规划、建筑设计、景观设计、艺术设计等方向的在校大学生，征集有创意的城市微小空间更新方案。内容包括城市修补功能、健康运动设施、智慧城市家具、公共艺术小品等能激发城市活力的建（构）筑物，为日常生活的丰富与生动提供新的视角、新的舞台和新的焦点。获奖作品将有机会落地，具体实施将由当地政府决定。

## 竞赛要求

### 设计原则

创新性：为邢台市民及外来游客创造丰富多彩的空间场所，设计须为参赛者原创；

突显地域特色：设计需结合邢台市的历史文化、自然环境，突显地域特色；

可持续性：设计需考虑选材、运营等方面的可持续性；

落地性：设计应考虑材料、构建形式等方面的可实施性；

以人为本：设计应充分考虑各类人群的实际需求，提供适宜市民及外来游客活动的城市空间。

### 设计形式

设计类型多样，围绕市民日常生活载体，选取邢台市区及园博园内的广场、街区、开敞空间、公共绿地等 15 个节点或地块，进行规划方案设计。设计分为：

城市修补功能类（菜市场、公厕、停车场、小吃补给站、电瓶车停靠站）

智慧城市家具类（城市数字信息亭、邮箱报刊亭、云柜（快递亭）、智慧公交站、智能充电站、智能垃圾箱等）

健康体育设施类（康乐健身设施、儿童游乐设施）

公共艺术小品类（景观雕塑、文化小品、亭台廊架、花台山石、灯柱、街钟、座椅、垃圾箱等 ）

## 一等奖作品

树下 · 树上——菜市场上的社区中心

## 二等奖作品

零浪费 · 零污染——树亭生态农贸市场

门户——智能城市家具

城市烟囱

车忆同“邢”——基于城市记忆重连的停车场设计

## 三等奖作品

屏风 · 引宴

隙坊——城市缝隙空间的微更新计划

隐于市

临水登山

垃圾“变身”大作战——结合垃圾再利用的菜市场建筑设计

市井方寸——基于五维空间理论下的传统街巷花园菜场设计

焕活 · 归真——拳拳相勉

街角 · 慢生活

园中憩——回归传统庭院的私密空间

流波舞动——消隐的车站

一等奖作品

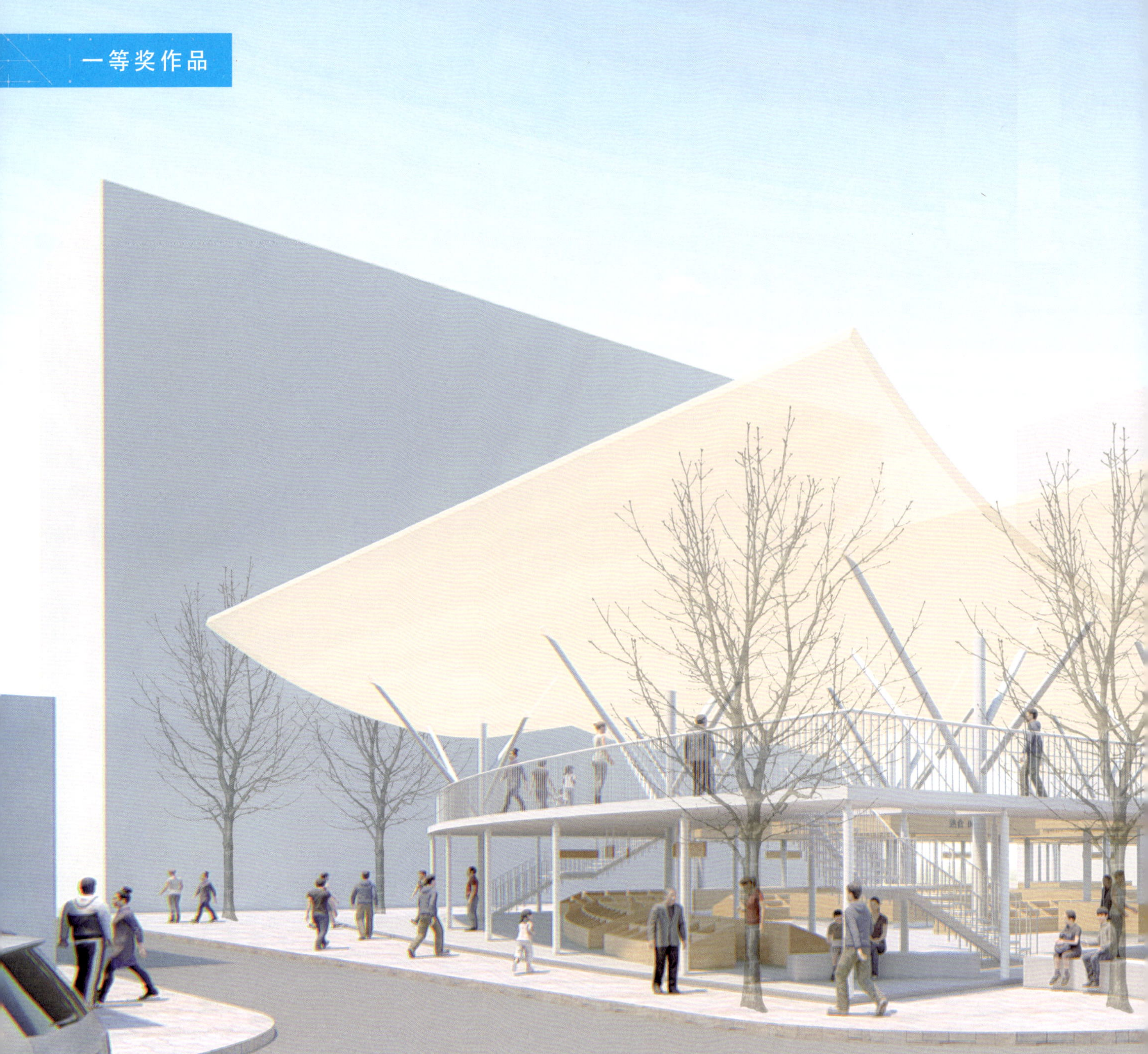

# TREE•MARKET•COMMUNITY

## 树下 · 树上

## ——菜市场上的社区中心


**参赛者**：邱丰、钮益斐

**学校院系**：东南大学建筑学院，东京工业大学社会与环境理工学院

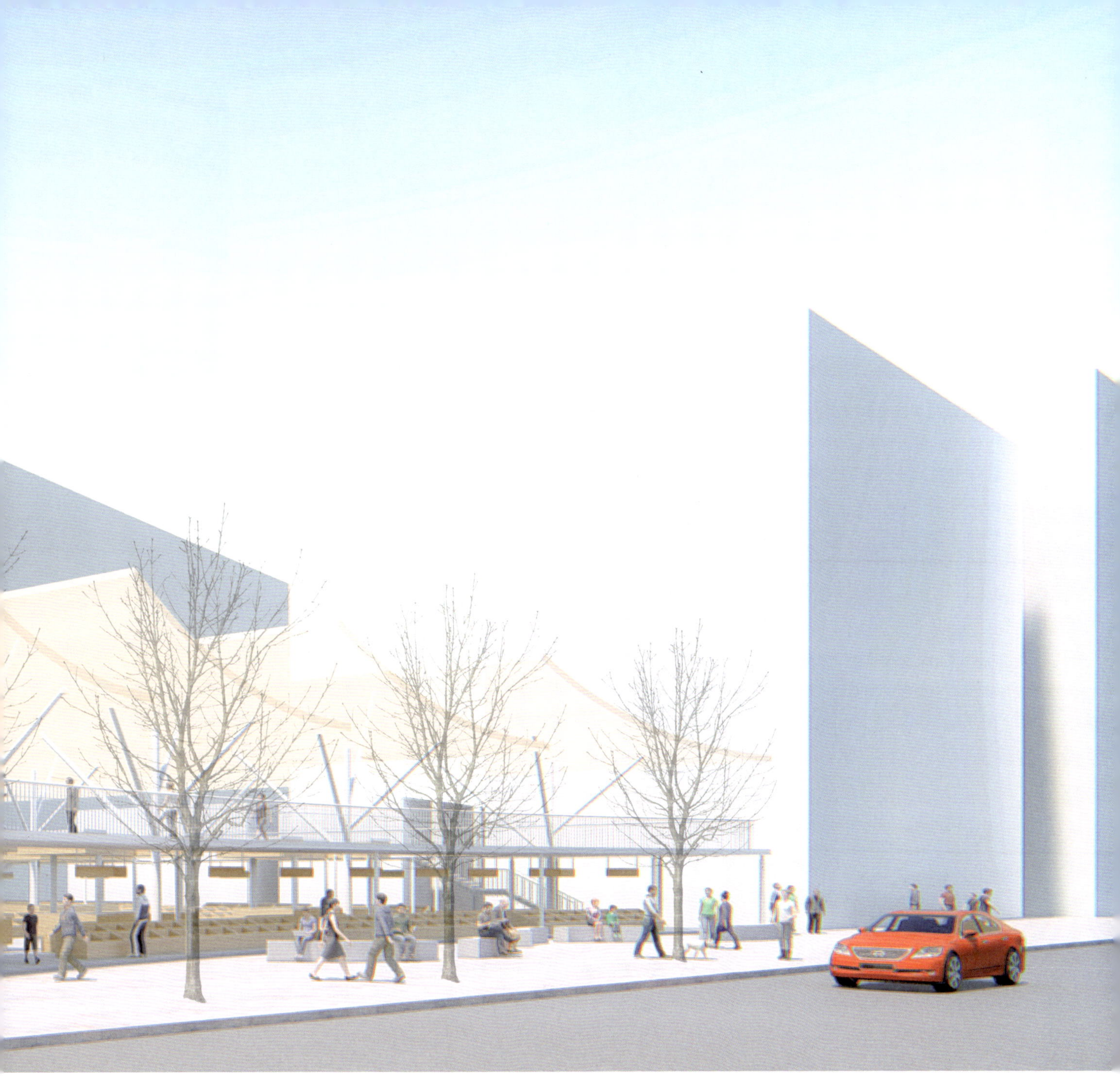

**树下集市**

**Market under the tree**

最早的集市行为发生在树下，树冠为交易双方提供了天然的遮蔽，遮蔽带来了生理上的安全感。寻找自然形成的"屋顶"是人类的生理本能，树荫不仅提供了感官上的包裹与庇护，同时限定了集市的空间。

**棚下集市**

**Market under the shed**

在没有自然遮蔽的情况下，人们会用最简易的方法制造一片轻薄的屋顶。只需要四根竹竿与一片纱布就能支起一个棚子，在轻盈的遮蔽下进行交易等活动。棚子下的空间唤起了对树下空间的记忆。

**树上 · 树下**

**Tree · Market · Community**

我们希望在本案中唤起人们与树下空间相关的记忆，从而创造独特的场所空间体验。屋面的形态尽量地轻盈，阳光与空气在屋面下流动，结构模仿树杈生长的状态，从四个方向撑起这片屋顶。此外，本案的一层和二层分别可以体验到如同树上与树下的不同空间形态。

场地所在区域分布着密集的住宅小区，北侧面对主要的交通要道，东侧是一条小尺度的街道，因此东北角是容易聚集人流的地方。然而在这样高密度的居住区周围，并没有相匹配的公共活动空间。菜市场将会服务周围多个小区，是该区域平时人气最旺的场所，如果只是作为菜市场，并不能完全体现这块地的价值。因此我们考虑将社区服务等功能与菜市场进行叠加，在同一屋檐下实现行为与价值的复合与统一，最大限度地发挥这块场地对于该社区的价值与意义。

我们将菜市场的业态抽象概括为两类，一类是蔬果、杂货等不易污染场地的业态；另一类如禽肉水产则会产生气味、污水等。第一类的空间需求适合线状分布，对层高没有特殊需求。第二类则需要集中，便于处理污物，同时需要较高的层高疏通空气。

我们提出了本案的空间原型，即两层的线性空间环绕较高较大的空间。这一空间原型适应了两种业态的空间需求。二楼的社区活动空间能感知到整个市场的氛围，空间体验独特，能够产生仅属于该社区的空间记忆。我们希望在本案中唤起人们与树下空间相关的记忆，从而创造独特的场所空间体验。屋面的形态尽量地轻盈，阳光与空气在屋面下流动，结构模仿树杈生长的状态，从四个方向撑起这片屋顶。此外，本案的一层和二层分别可以体验到如同树上与树下的不同空间形态。

本设计着重研究了三种人群在该场所的行为，有菜市场商贩，当地老人和当地其他居民。对于三种人群在不同时段如何使用该建筑，我们进行了细致的思考与设计。

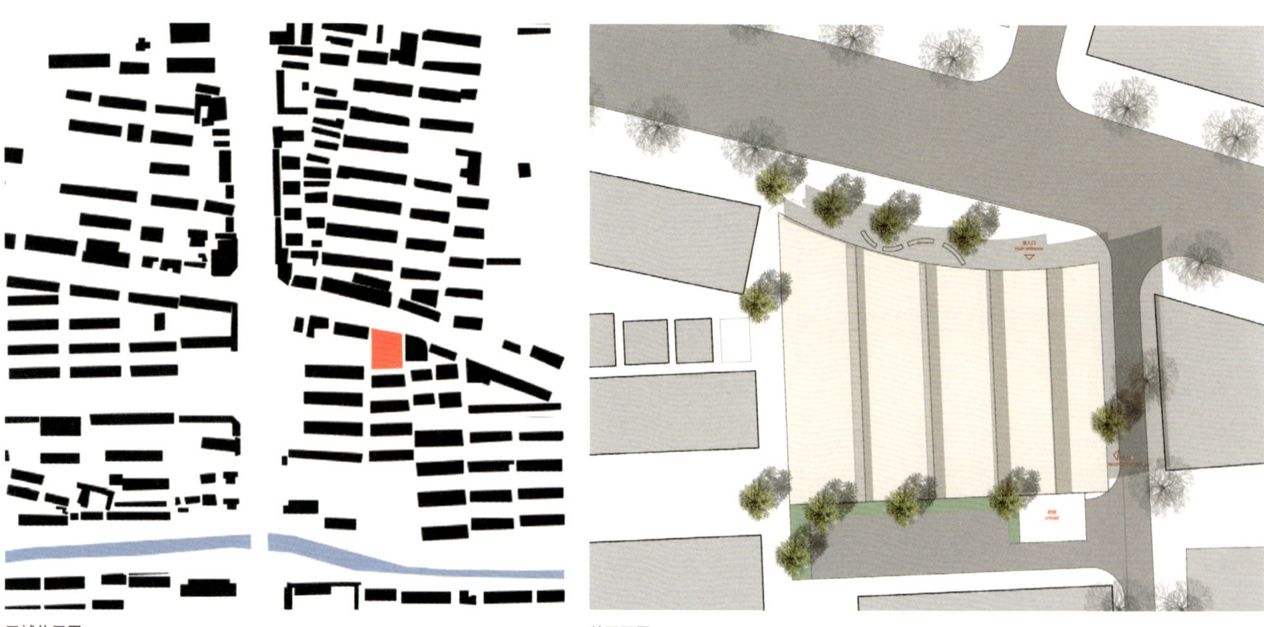

区域位置图　　总平面图

1：200
主入口
main entrance
蔬果区
vegetable&fruit
杂货
Grocery
杂货
Grocery
水产
Aquatic
禽类
Birds
肉类
meat
蔬果区
vegetable&fruit
杂货
Grocery
杂货
Grocery
蔬果区
vegetable&fruit
次入口
secondary entrance
厕所
toilet
办公
office
蔬果区
vegetable&fruit
卸货
unload
停车
parking


一层平面图

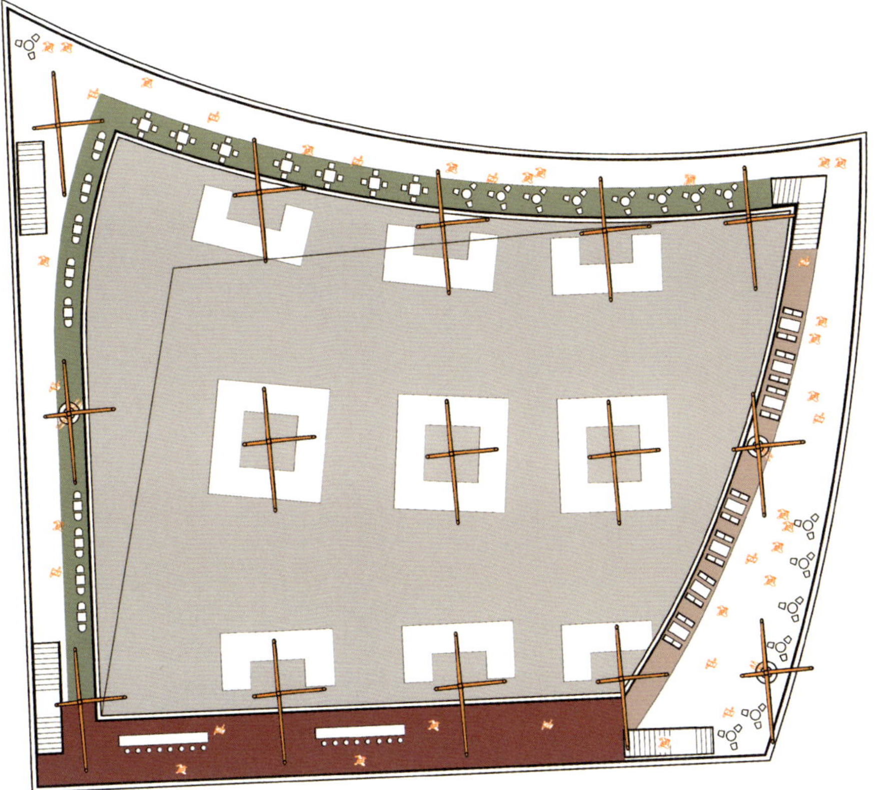

二层平面图

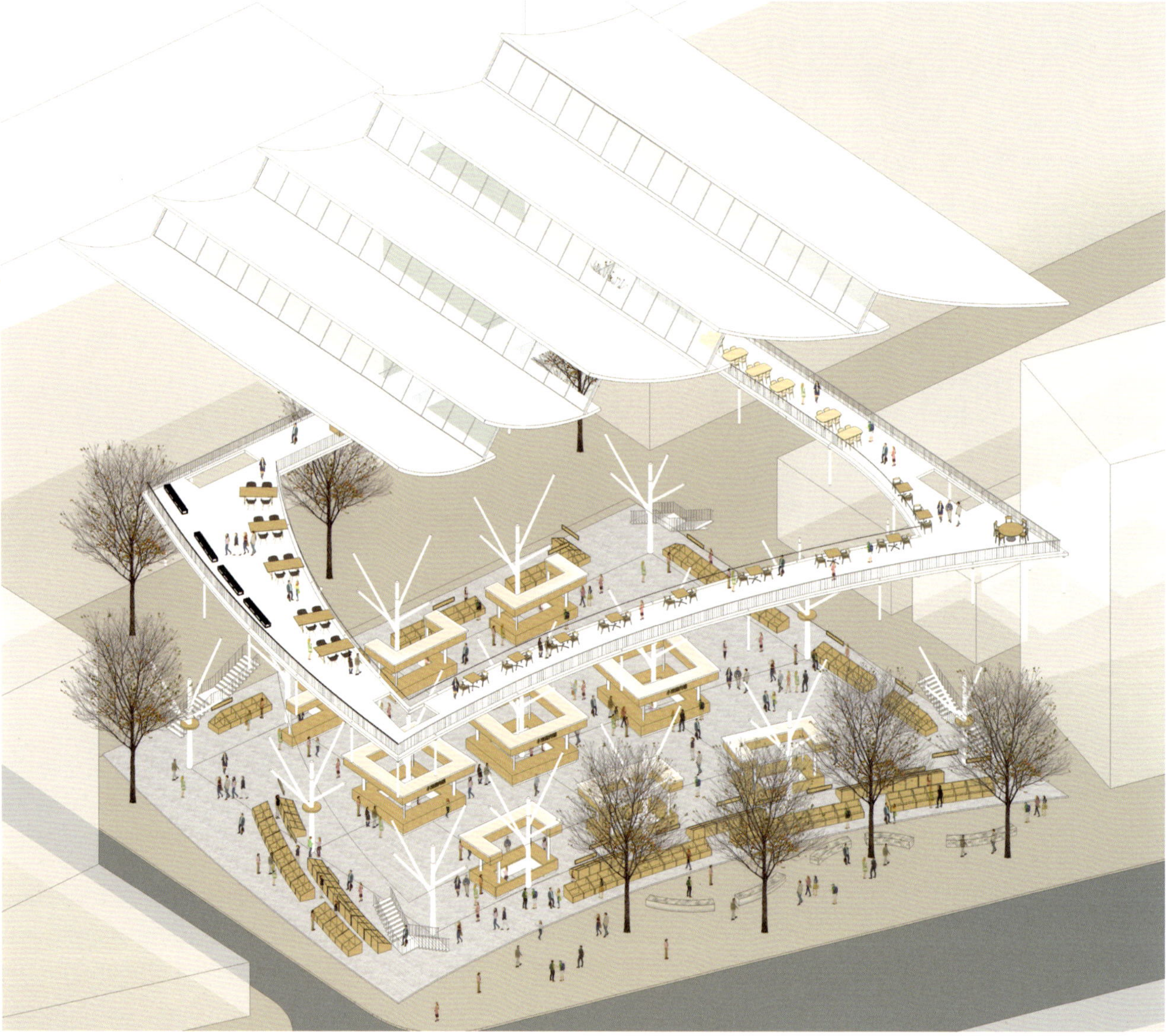

社区空间与菜市场

线形环绕空间与大空间

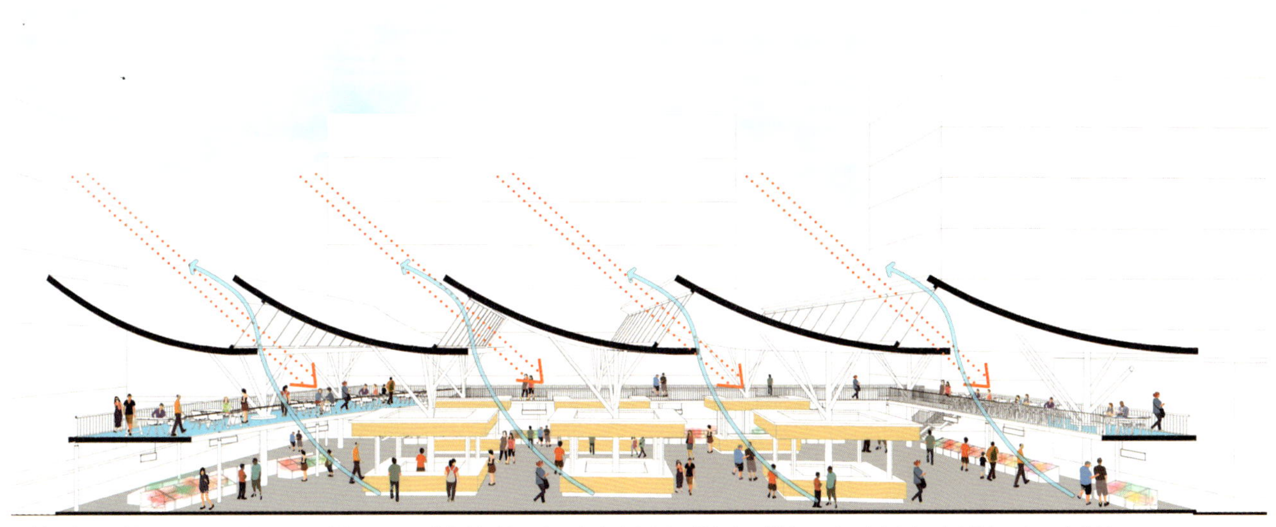

五片轻盈的屋顶之间便于照明和采光，可以通过热压原理，调节菜市场内的温度，并且把禽肉水产区的气味及时排出。天窗采光率极高，室内基本不需要再安装光源。

# ZERO-WASTE & ZERO-POLLUTION MARKET
## 零浪费·零污染
## ——树亭生态农贸市场

参赛者：方晗茜、胡晓南

学校院系：东京工业大学社会与环境理工学院

我们希望能够打造一个零浪费、零污染的绿色生态农贸市场。一个个“树”亭相互聚拢，形成一片森林的集市。在给人们创造一种愉快轻松的购物氛围的同时，又通过人和森林的协作，一起享受自然本身的风 、光 、雨水的馈赠，也共同消解这个集市里产生的污染和浪费，形成一个自我循环的市场生态系统。本系统由四个部分组成：食品垃圾循环利用系统、雨水收集净化系统、污水处理排放系统、太阳能发电系统。各系统之间又彼此联系，相互协同，使这个集市中的能量与物质形成自我循环，形成一个独立的生态有机建筑。

我们希望通过这个菜市场，向社会传达一种生态主义，学会尊敬自然，达到与自然的和谐相处，来实现人类自身的长久持续发展。

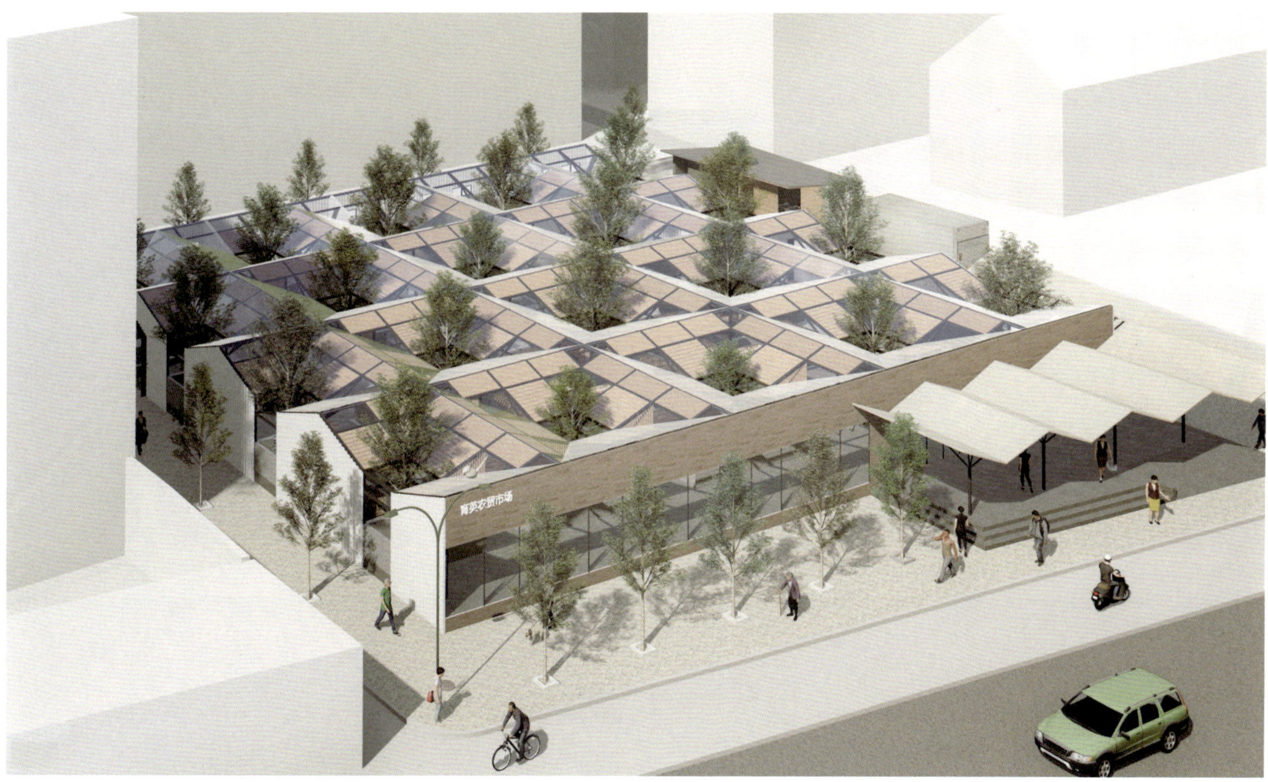


整体鸟瞰图

正立面透视图

室内透视图

入口透视图

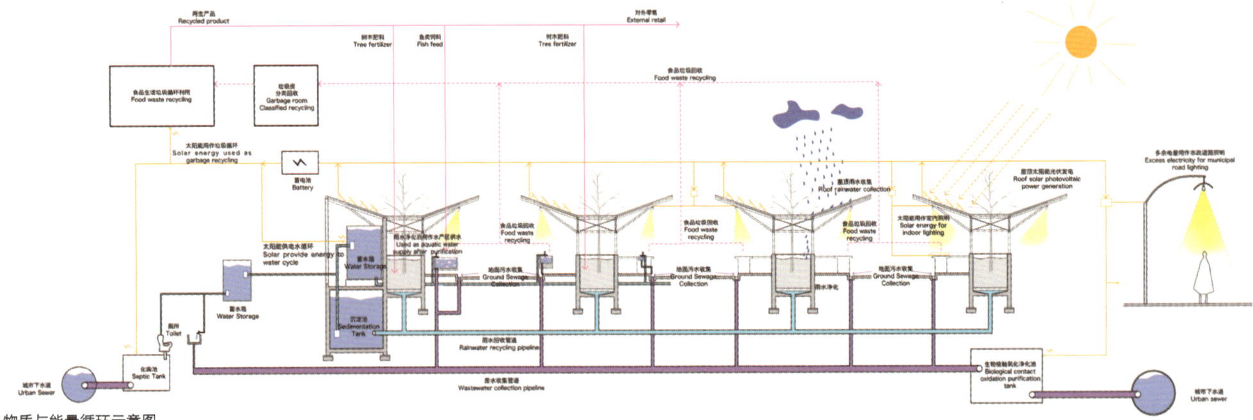


物质与能量循环示意图

首层平面图

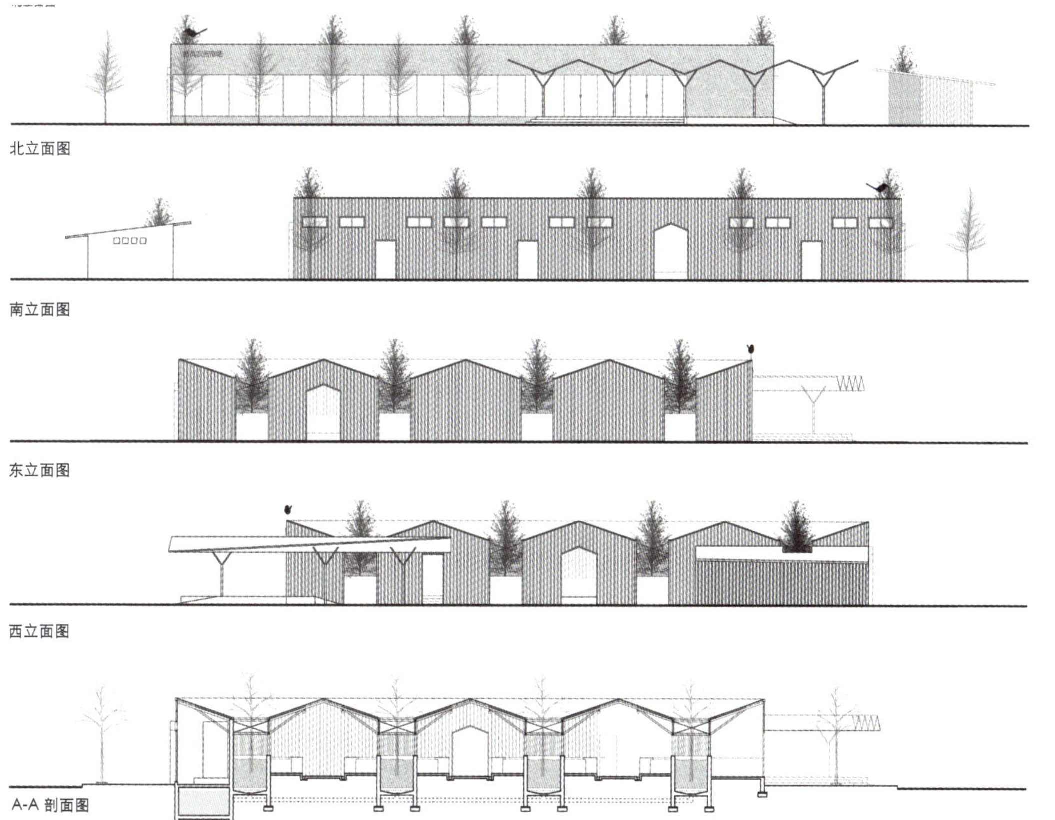

北立面图

南立面图

东立面图

西立面图

A-A 剖面图

# THE PORTAL
## ——SMART CITY FURNITURE
# 门户
## ——智能城市家具

参赛者：Salma Kattass

学校院系：摩洛哥拉巴特国家建筑学院

这套家具由太阳能驱动，为了供应能源以及供能给连接的数字屏幕，这套家具能够在没有阳光的日子以及晚上的时间储蓄能量。这套家具的主要功能体现在：在一个街道图书馆，市民可以在这里借书或把书留在书架上交换书籍。人们也可以坐在书架附带的长椅上，享受公园的宁静时光。外屏是数字信息屏，可用于为市民提供最新新闻、事件以及政府信息等，也可用于广告宣传。内屏幕是一种交互式数字屏幕，可用于不同用途（互联网研究、电影院等）。在平时，屏幕会呈现一幕美丽的风景，为读者以及坐在长椅上的人们带来一种宁静的心情。在特殊的场合，这个空间会变成一个露天电影院，可以播放纪录片、体育赛事、电影和视频，人们可以聚集在这套家具周围，分享欢笑、欢呼和欢乐的时刻。

城市化的加速发展触发了人们对于“保持联系”这件事的需求，人们需要与人、与城市以及与信息保持联系。设计则被看作是一个联络空间，所有这些系统都可以在此相互作用，以及一个共享知识和互动的场所。智能家具将有助于创造社会互动、连通性的机会，并将通过振兴该地区的城市空间，为该地区的市民带来归属感，让人们有机会自由地使用公共场所。

0.60
0.90
2.60
1.50
0.95
1.74
1.00
PLAN 1/20
1.85
1.15
0.30
0.40
0.40
ELEVATIONS 1/20
*A PORTAL*
The inside screen is an interactive digital screen that can be used for different uses (internet researches, cinema, etc.). On normal days, the screen is turned into a beautiful scenery that creates a peaceful mood for readers and people seated in the bench. The sceneries displayed on the screen attract people's attention to this tranquil outdoor place and creates a bubble of peacefulness and concentration for people using the furniture.

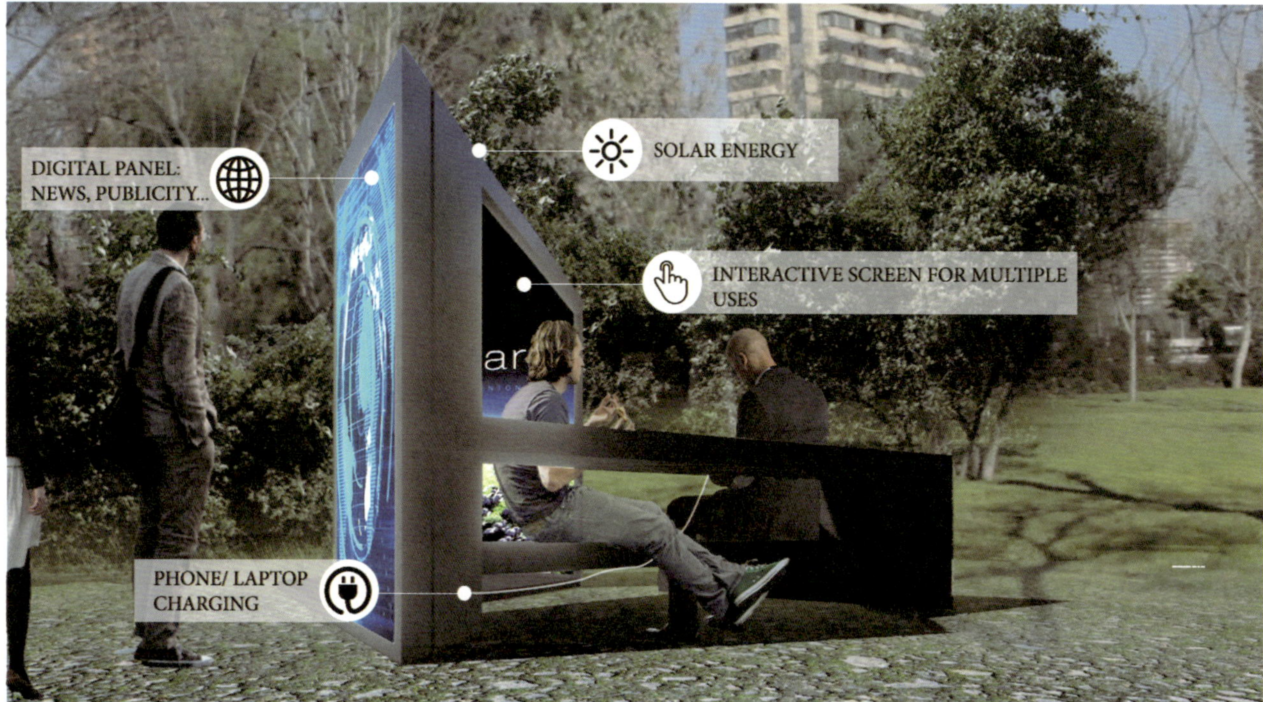
DIGITAL PANEL:
NEWS, PUBLICITY...
SOLAR ENERGY
INTERACTIVE SCREEN FOR MULTIPLE USES
PHONE/ LAPTOP CHARGING

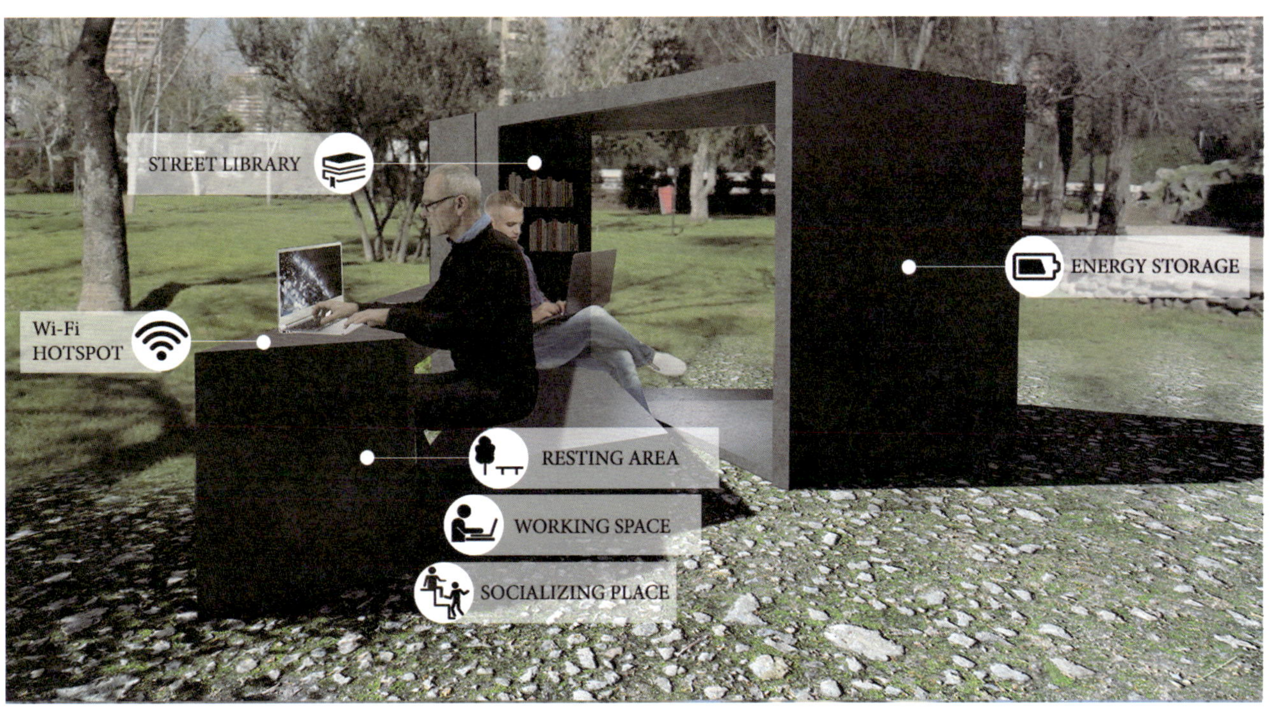

On special occasions, the space is turned into an open air cinema where documentaries, sport events, movies and videos can be displayed allowing people to gather around the furniture and share moments of laughter, cheers and joy.

Accelerating urbanization triggers our need to "stay connected", connected with people, with the city and with the information. The design is seen as a space of connectivity where all these systems can interact with each other ; a place of knowledge and interaction.

The smart furniture will help create opportunities of social interactions, connectivity, and the creation of a sense of belonging for the citizens of the district, by vitalizing the urban space of the district and by offering people the opportunity to use the public place as they please.

# URBAN CHIMNEY
# 城市烟囱

**参赛者**：宋宇璕、顾妍文

**学校院系**：南京大学建筑与城市规划学院

烟囱在人们的认知中一般更多的是负面的，颗粒物、空气污染、毒气…… 它是重工业时代高速发展需求的产物，也是那个时代的象征。过去邢台作为工业大省——河北的重要城市，其传统工业发达，城市中烟囱随处可见，可以说烟囱是邢台的经济外化。而在未来，邢台落实“创新、协调、绿色、开放、共享”五大发展理念，统筹发展、修复生态、传承文化、以人为本，建设可持续的美丽新城。

方案结合邢台的过去与未来，以烟囱这一过去的发展形象为主体创造绿色生态、以人为本的公共艺术。这个公共艺术不仅以其高度与夜景为公众提供不同的视觉体验，同时其下部为市民、游人提供休息活动的场所，提供公共厕所、快递云柜、自动贩卖等多种不同的公共服务。

城市烟囱，让邢台更加美好。

西立面图

A-A 剖面

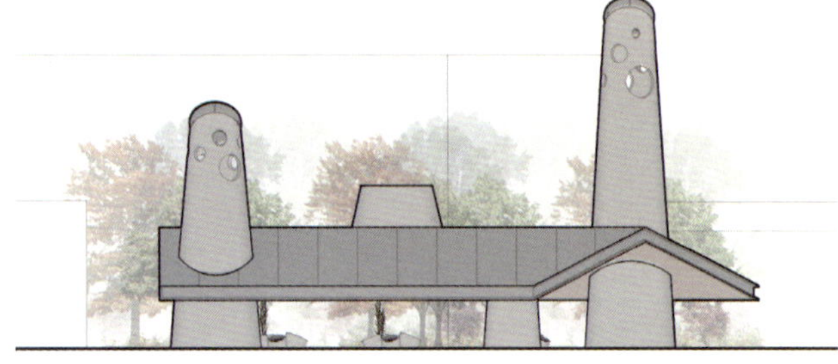

北立面图

B-B 剖面

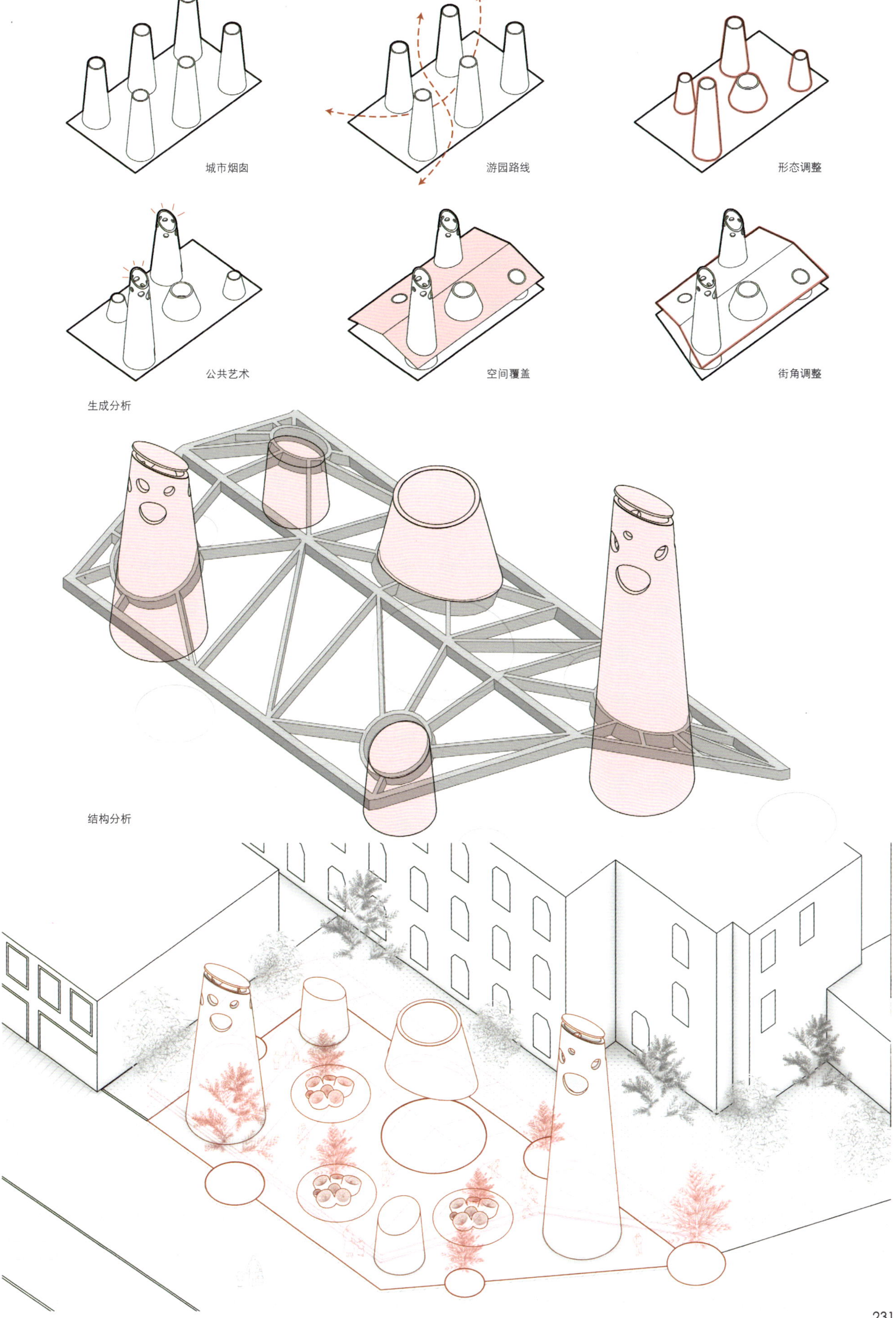


生成分析

结构分析

# PARKING LOT DESIGN BASED ON URBAN MEMORY RECONNECTION

# 车忆同“邢”
## ——基于城市记忆重连的停车场设计

参赛者：文玉丰、刘燕宁、李思齐、李湘铖

学校院系：华中科技大学建筑与城市规划学院

指导老师：白舸、周钰、王天扬

邢台——中国华北历史上第一座城市，自建制以来便一脉相承。几千年来，历经上古时期“邢”字起源，到《竹书纪年》“祖乙徙都于邢”，再到汉代筑邢台古城内城。邢台从一开始就和中华历史记忆捆绑在了一起。然而，邢台古城近代因遭人为严重破坏拆除，现如今其原貌已基本荡然无存，不过仍保存着基本完整的古城纵轴线。而本次设计选址地正是位于其主轴线“顺德路”旁。为此，设计一方面在解决现实停车问题 、引入诸多物联网和其他新兴技术服务周边居民以及过往车主的同时，另一方面也挖掘自身历史意义，尽全力弥补过往记忆。不仅让人们的现实需求得到满足，也让人们的心灵个性得到尊重，让城市焕发生机，重塑邢台记忆，创造邢台纽带。

建筑设计部分试图颠覆人们对多层停车建筑的刻板印象。它与整套智慧停车系统相接洽，以停车为主要功能和触发点，激发以记忆为主线的附属空间，创造城市空间新的使用模式。将一整组功能盒子置入建筑中心，在外观上造成一种漂浮感吸引人流，让这些空间与市民生活紧密相连，拥抱街道，融入景观，从而激发周边地块的活力。

智慧城市停车系统主要包括：开放停车场内部的停车预约和智能导航系统、基于公民信用值和积分制的个人物件巡展系统、兼具环境友好型与人际互动型的物件顺风车系统以及鼓励线下活动和线上交流的互动系统。通过将各系统整合到一个简单 APP 上，并将导航系统与市面存在的导航 APP 对接，实现全城式的下载热度，刺激城市活力，丰富市民生活。

此外，在建筑中，设计了“记忆盒子”装置，装置中放置“记忆之物”。“记忆之物”的内容是多样的，既有居民个人的旧物，也有影像和虚拟现实。装置设计的意图在于以旧物为触媒，在参观与巡展的过程中，将具体的个人记忆重现为对城市历史的再解读。

装置与智慧停车系统相关联。盒子上标有编号与二维码，扫描二维码可以连接到线上 APP。通过 APP 的引导，参观者可以探索物件背后的丰富内涵。

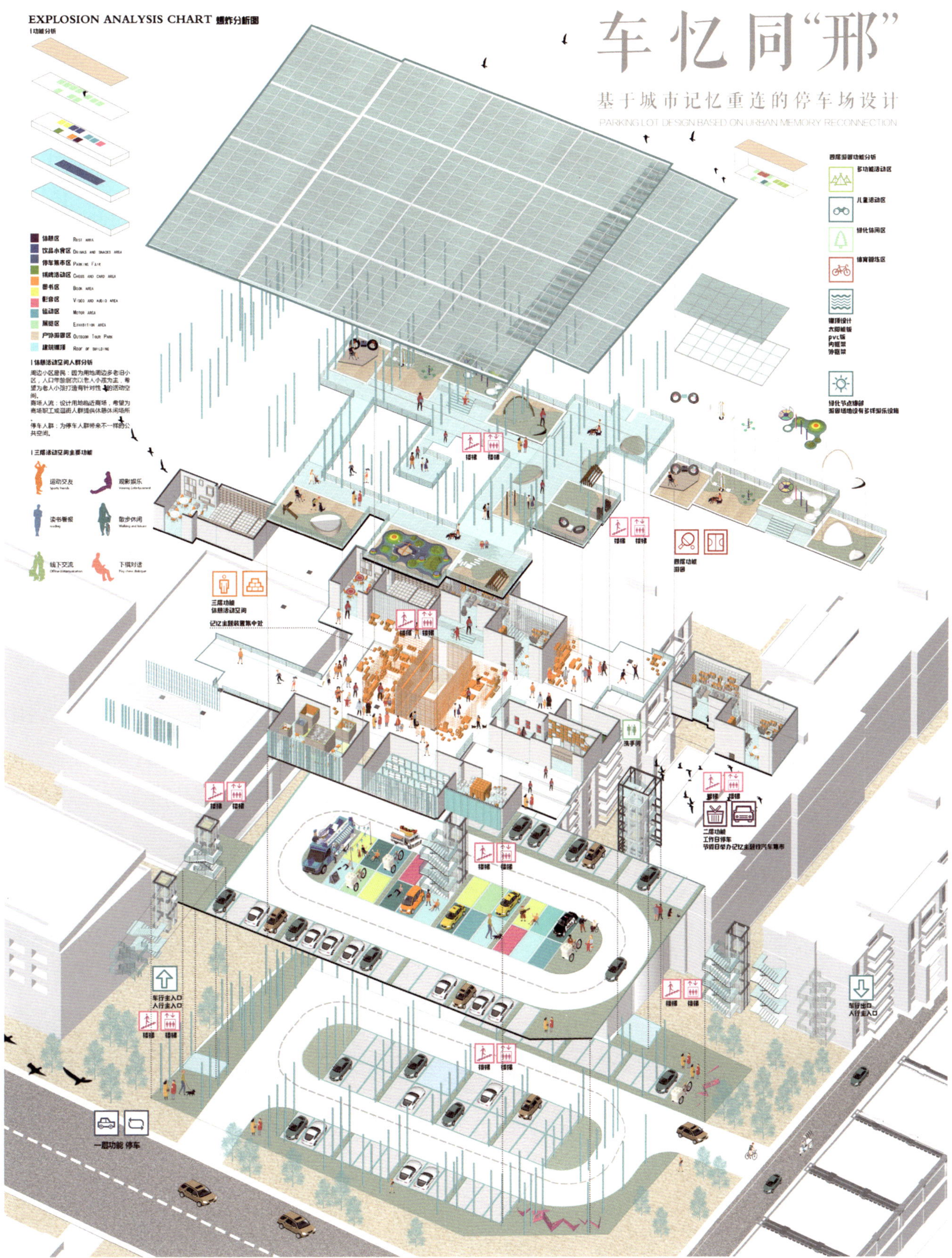
车忆同"邢"
基于城市记忆重连的停车场设计
PARKING LOT DESIGN BASED ON URBAN MEMORY RECONNECTION
EXPLOSION ANALYSIS CHART 爆炸分析图
| 功能分析
休憩区 Rest area
饮品小食区 Drinks and snacks area
停车集市区 Parking Fair
棋牌活动区 Chess and card area
图书区 Book area
影音区 Video and audio area
运动区 Motor area
展览区 Exhibition area
户外游园区 Outdoor Tour Park
建筑棚顶 Roof of building
| 休憩活动空间人群分析
周边小区居民：因为用地周边多老旧小区，人口年龄层次以老人小孩为主，希望为老人小孩打造有针对性的活动空间。
商场人流：设计用地临近商场，希望为商场职工或逛街人群提供休憩休闲场所。
停车人群：为停车人群带来不一样的公共空间。
| 三层活动空间主要功能
运动交友
观影娱乐
读书看报
散步休闲
线下交流
下棋对话
四层游园功能分析
多功能活动区
儿童活动区
绿化休闲区
体育锻炼区
棚顶设计
太阳能板
pvc板
内框架
外框架
绿化节点细部
游园场地设有多样游乐设施
楼梯
楼梯
四层功能
游园
三层功能
休憩活动空间
记忆主题装置集中处
洗手间
二层功能
工作日停车
节假日举办记忆主题性汽车集市
车行主入口
人行主入口
车行出口
人行主入口
一层功能 停车

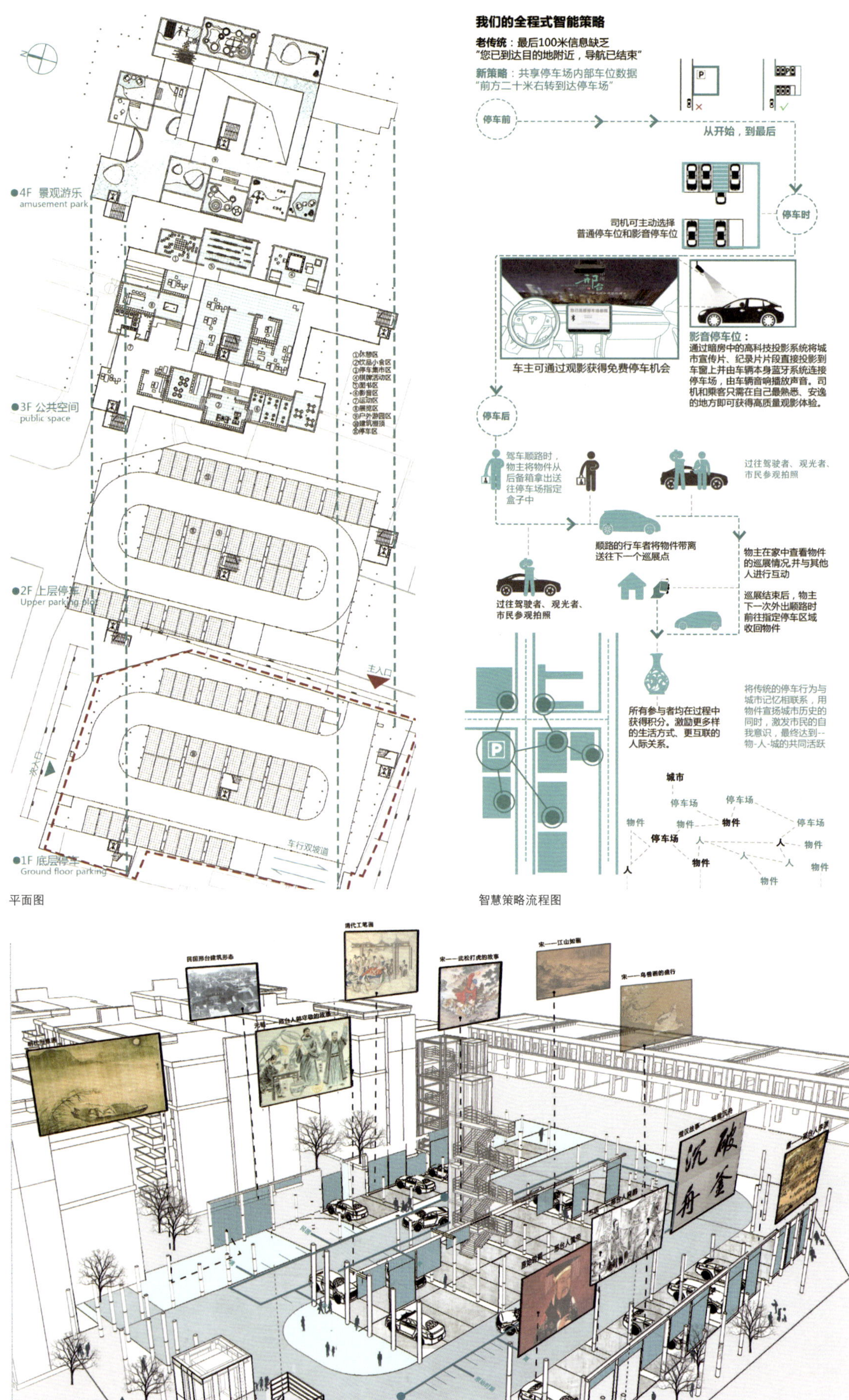


平面图

智慧策略流程图

智能投影装置

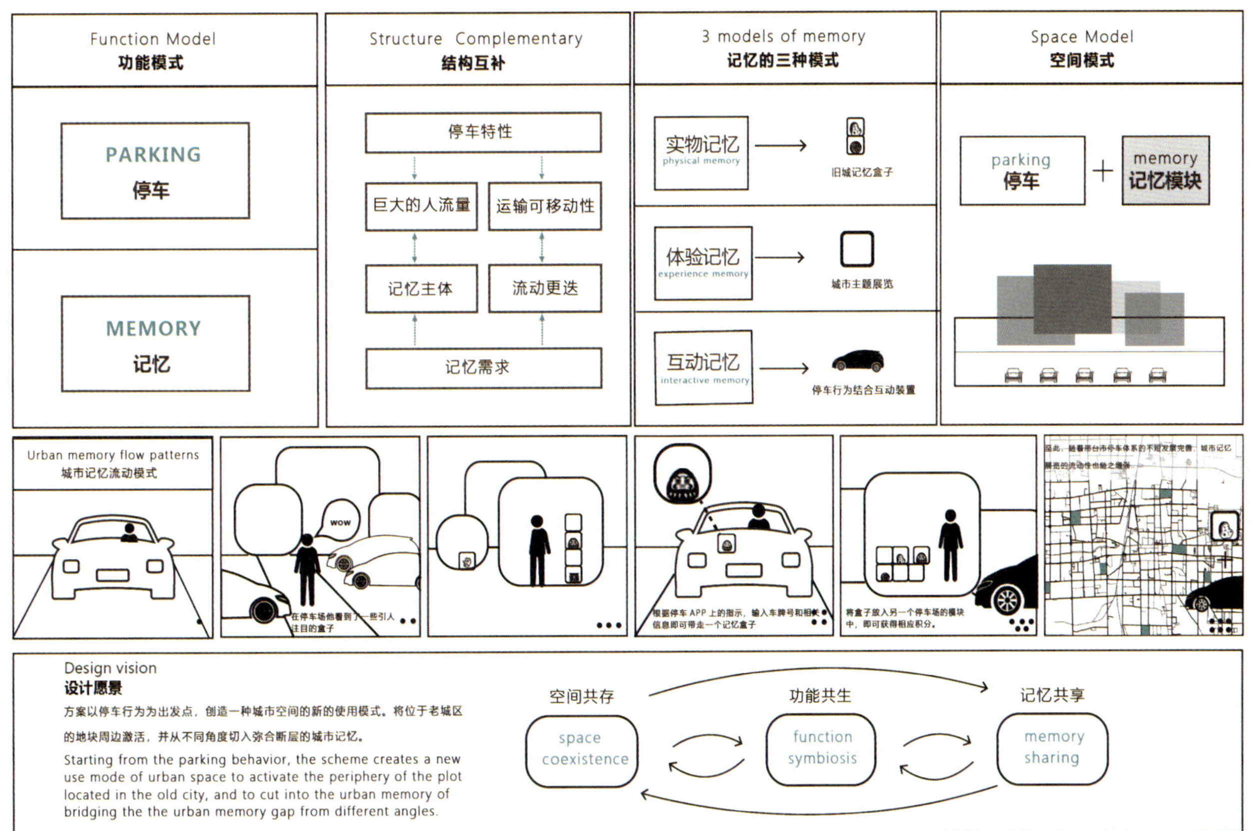
Function Model
功能模式
PARKING
停车
MEMORY
记忆
Structure Complementary
结构互补
停车特性
巨大的人流量
运输可移动性
记忆主体
流动更迭
记忆需求
3 models of memory
记忆的三种模式
实物记忆
physical memory
旧城记忆盒子
体验记忆
experience memory
城市主题展览
互动记忆
interactive memory
停车行为结合互动装置
Space Model
空间模式
parking
停车
+
memory
记忆模块
Urban memory flow patterns
城市记忆流动模式
WOW
在停车场他看到了一些引人注目的盒子
根据停车 APP 上的指示，输入车牌号和相关信息即可带走一个记忆盒子
将盒子放入另一个停车场的模块中，即可获得相应积分。
至此，随着邢台市停车体系的不断发展完善，城市记忆
Design vision
设计愿景
方案以停车行为为出发点，创造一种城市空间的新的使用模式。将位于老城区的地块周边激活，并从不同角度切入弥合断层的城市记忆。
Starting from the parking behavior, the scheme creates a new use mode of urban space to activate the periphery of the plot located in the old city, and to cut into the urban memory of bridging the the urban memory gap from different angles.
空间共存
space coexistence
功能共生
function symbiosis
记忆共享
memory sharing

设计策略

# FOLD SCREEN ATTRACT THE BANQUET
# 屏风·引宴

参赛者：陈静静、黄维灿、黄丽萍、段冉

学校院系：青岛理工大学建筑与城乡规划学院

指导老师：成帅

屏其风也，引之宴也。围护结构融合了屏风的可折叠性和装饰性，划分空间遮挡视线，视觉引导用于引宴。小吃补给站位于园林景区之中，位于梅溪节点东侧，餐饮西侧，主园路交叉点位置，西北方为梅苑留香阁紧邻园内的休息驿站，游人较为集中。

设计应兼顾临时性功能场所的需求和装饰功能，融合环境，灵活便携。我们试图打破不同于传统小吃摊的空间形式，游客不单单只有买卖交易空间，人来即食。更多如园林一般，既是绿植又是美景，小吃补给站即是餐饮服务场所，又是园林美景的一部分。

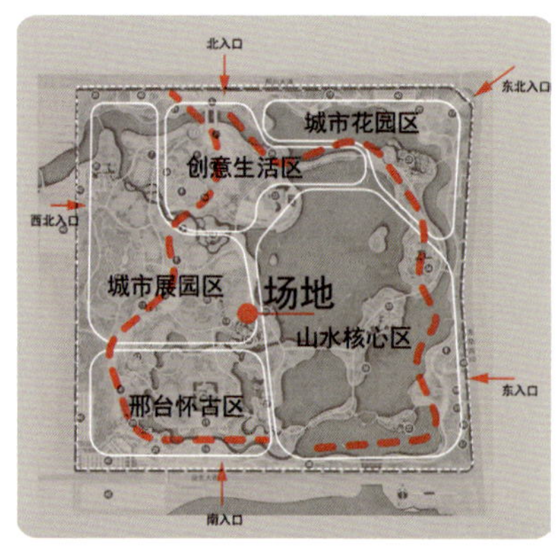


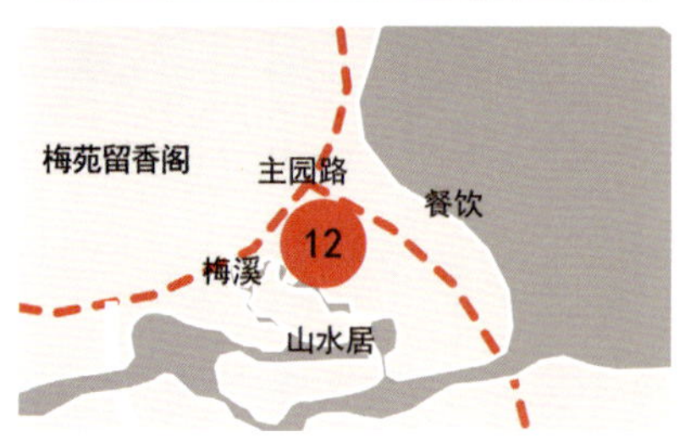


区位分析图

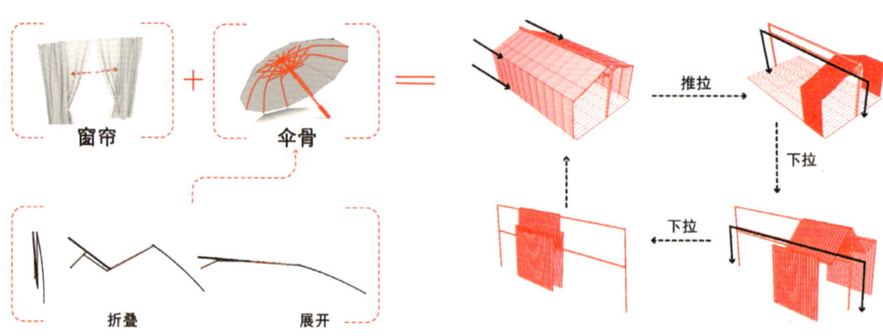


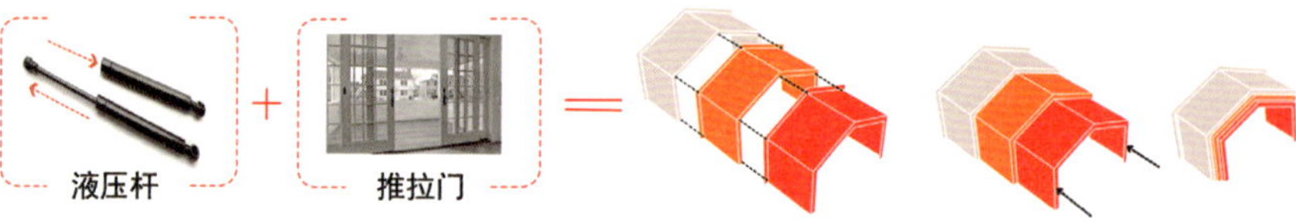


结构策略图

小吃补给站

# GAP LANE
## ——MICRO RENEWAL OF ABANDONED CITY SPACE
# 隙坊
## ——城市缝隙空间的微更新计划

参赛者：周子涵、郭佳琦、黄云珊

学校院系：天津大学建筑学院

指导老师：胡一可、辛善超

本设计位于河北邢台市桥东区，该地块现状为空地，周边居民区聚集，人流、车流量较大。希望通过菜市场建设，解决北关街街道沿街摊贩问题，提升北关街街道景观。

设计分为三个部分：(1) 可移动贩卖模块；(2) 立体农场菜架；(3) 商铺立面改造。三位一体形成环状售卖系统，在线性广场中激活城市公共空间，售卖与休闲有机结合。在白天与夜晚，可移动贩卖模块具有两种变换模式：(1) 白天模块突出街道，增加售卖界面；(2) 夜晚模块缩回，以供货车通行装卸农贸货物。

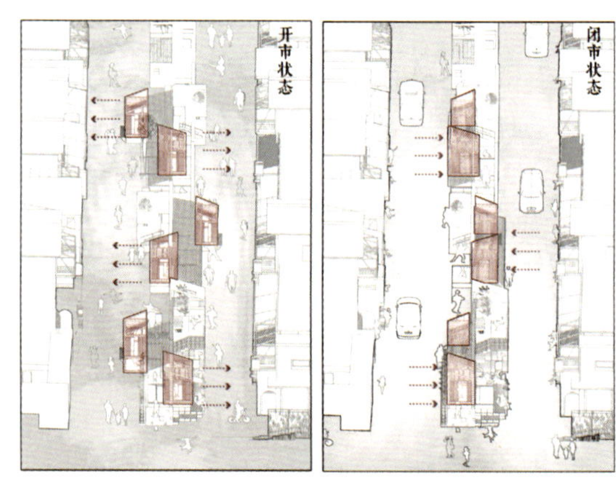


开市、闭市状态示意图

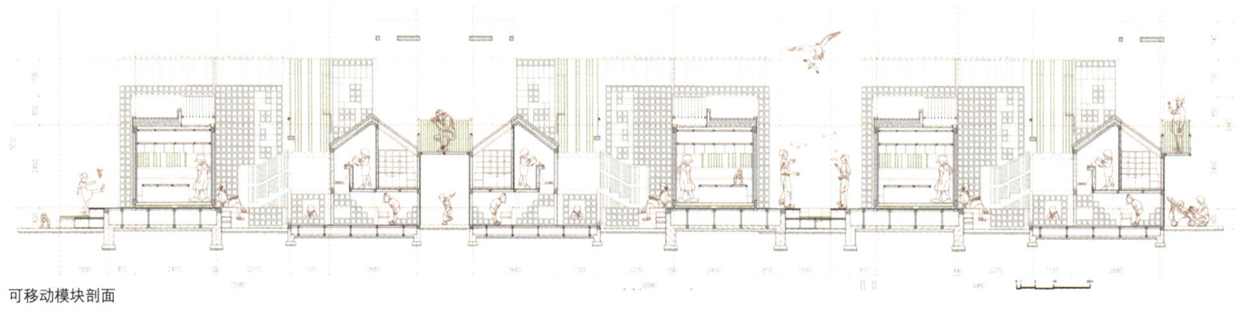

可移动模块剖面

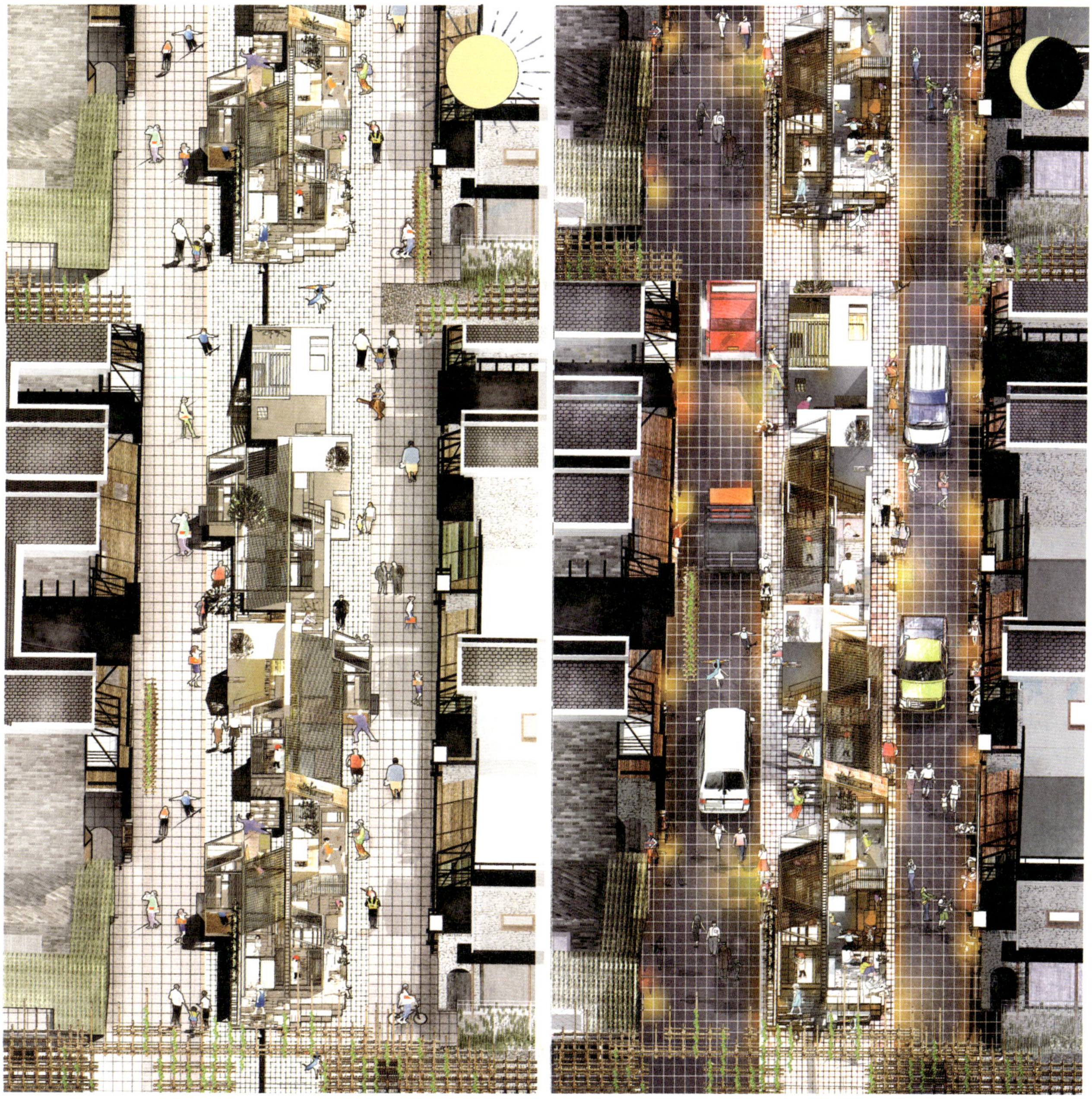

开市、闭市状态效果图

局部效果图

入口效果图

货架效果图

三等奖作品

# HIDDEN IN THE CITY
# 隐于市

参赛者：刘妍熹、罗鑫

学校院系：华南农业大学水利与土木工程学院

市场作为城市的重要部分，承载着居民日常所需，如何将普通的菜市场改造成城市的名片，成为此次设计的重点。大部分传统菜市场都是作为单一的贸易空间，而我们则想通过将市场置于与广场相连的斜坡下，弱化其商贸功能，更强调其对城市开放包容的态度。

建筑分为三种功能和尺度：用于休闲集散的下沉广场、层层而上的屋顶台阶和下层的市场。屋顶台阶的合适尺度亦可以让人休憩观景。从入口广场望去，场地一路延伸与天相接，更突显市之隐没。

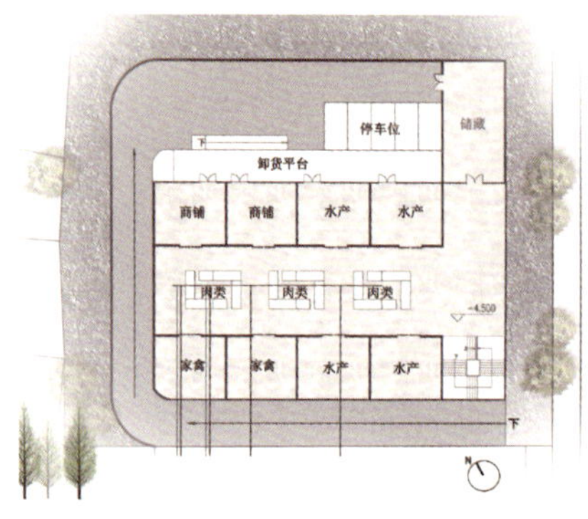


负一层平面图

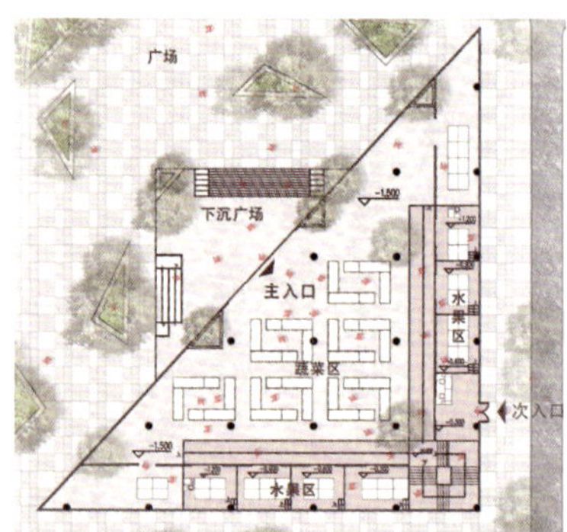


一层平面图

剖视图

效果图

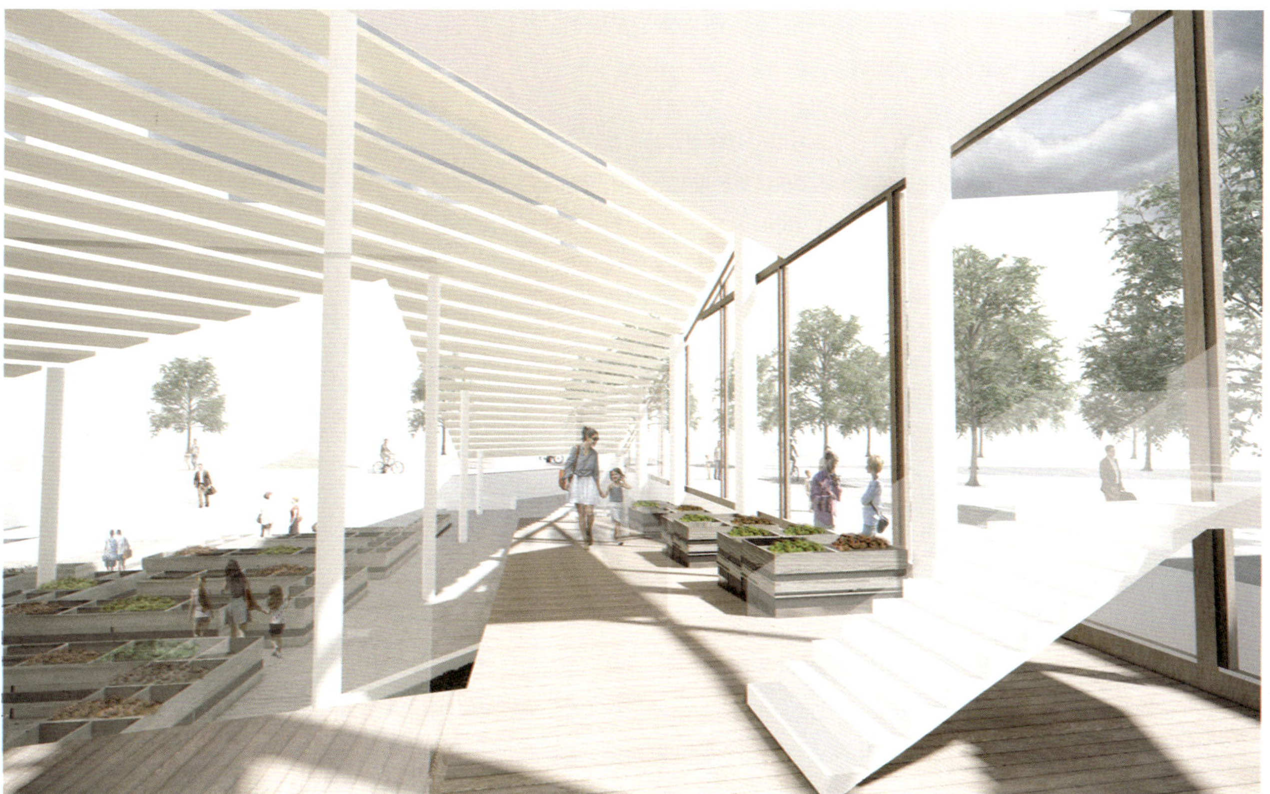

室内效果图

# REACH THE WATER AND CLIMB THE MOUNTAIN
# 临水登山

参赛者：陈锾焕、周有鑫、蒋旺、孙琪、符朝阳

学校院系：南华大学设计艺术学院

指导老师：吴旭辉、何丹秋

七里河体育公园的建成，给周边人民群众带来了很多娱乐与便利，但同时它的问题与不足也非常显而易见，比如建设不完善、设施缺乏、场地面积浪费严重、无室内设施、不人性化等。因此，我们在分析出这些问题的前提下，结合当地地形以及文化元素，进行了适当的虚拟与增添。比如“平地造山”，融入山的元素，并吸取七里河特点，紧跟时代潮流，设计出一座以娱乐休闲功能为主的主题为“登山”的多功能建筑，以满足人民群众的需求。

效果图

整体效果图

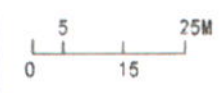


经济技术指标
总建筑面积:4117 ㎡
建筑面积:2007 ㎡
容积率：0.70
景观绿化:752 ㎡
绿地率：0.75
建筑层数：1层

1.台阶式座椅
2.喷泉
3.露天游泳池
4.小山丘（带座椅）
5.绿化及卵石铺装
6.滑板场
7.主入口
8.次入口
9.母婴室
10.过渡空间
11.女厕
12.男厕
13.体育器材室
14.开敞式空间
15.医务急救室
16.存储室

总平面图

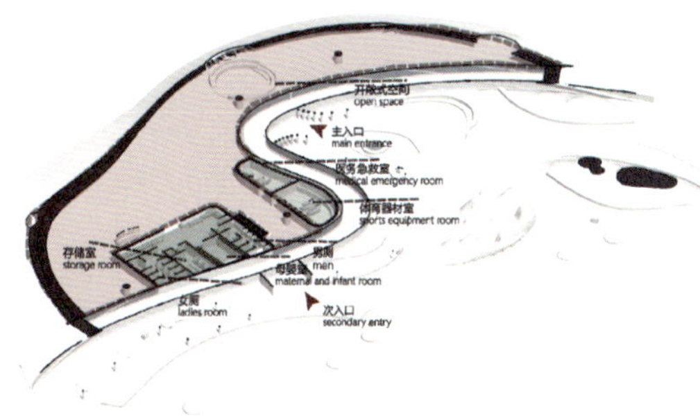


室内功能分区

效果图

室内效果图

# TRASH FOR TREASURE
## ——ARCHITECTURE DESIGN OF MARKET COMBINING ORGANIC TRASH REUSE
# 垃圾“变身”大作战
## ——结合垃圾再利用的菜市场建筑设计

参赛者：许梦婷、唐钟毓、郑青青、葛天臣、林守伟

学校院系：浙江农林大学风景园林与建筑学院

指导老师：陈楚文

有机垃圾通常无法被填埋及焚烧的方式有效处理，其中的有效资源也被大大浪费。对有机垃圾的生化处理及再利用可以实现自然界物质和能量的良性循环。该设计以有机垃圾区域自处理及再利用为抓手，激发菜市场新活力，提升居民环保意识，促进城市可持续发展，打造品质城市。

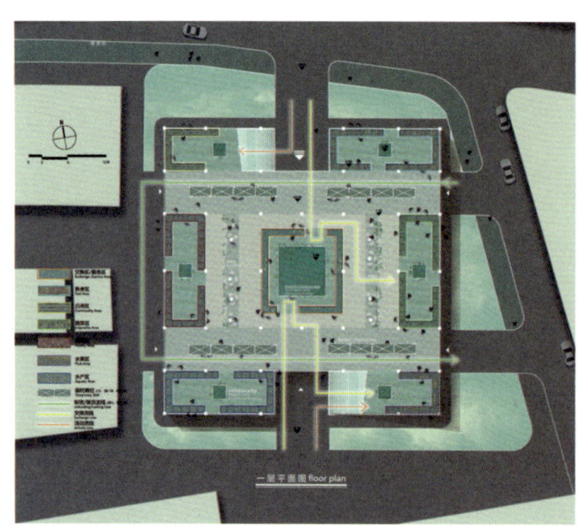


平面图

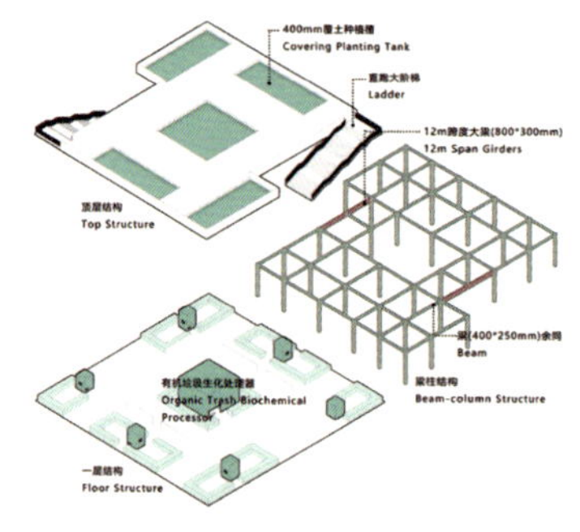


建筑结构图

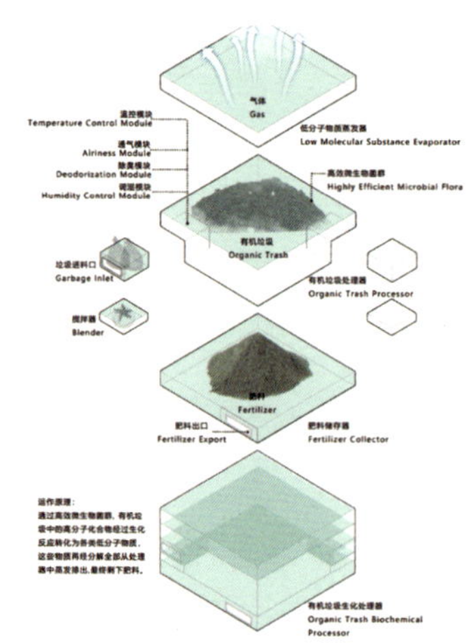


有机垃圾生化处理器结构

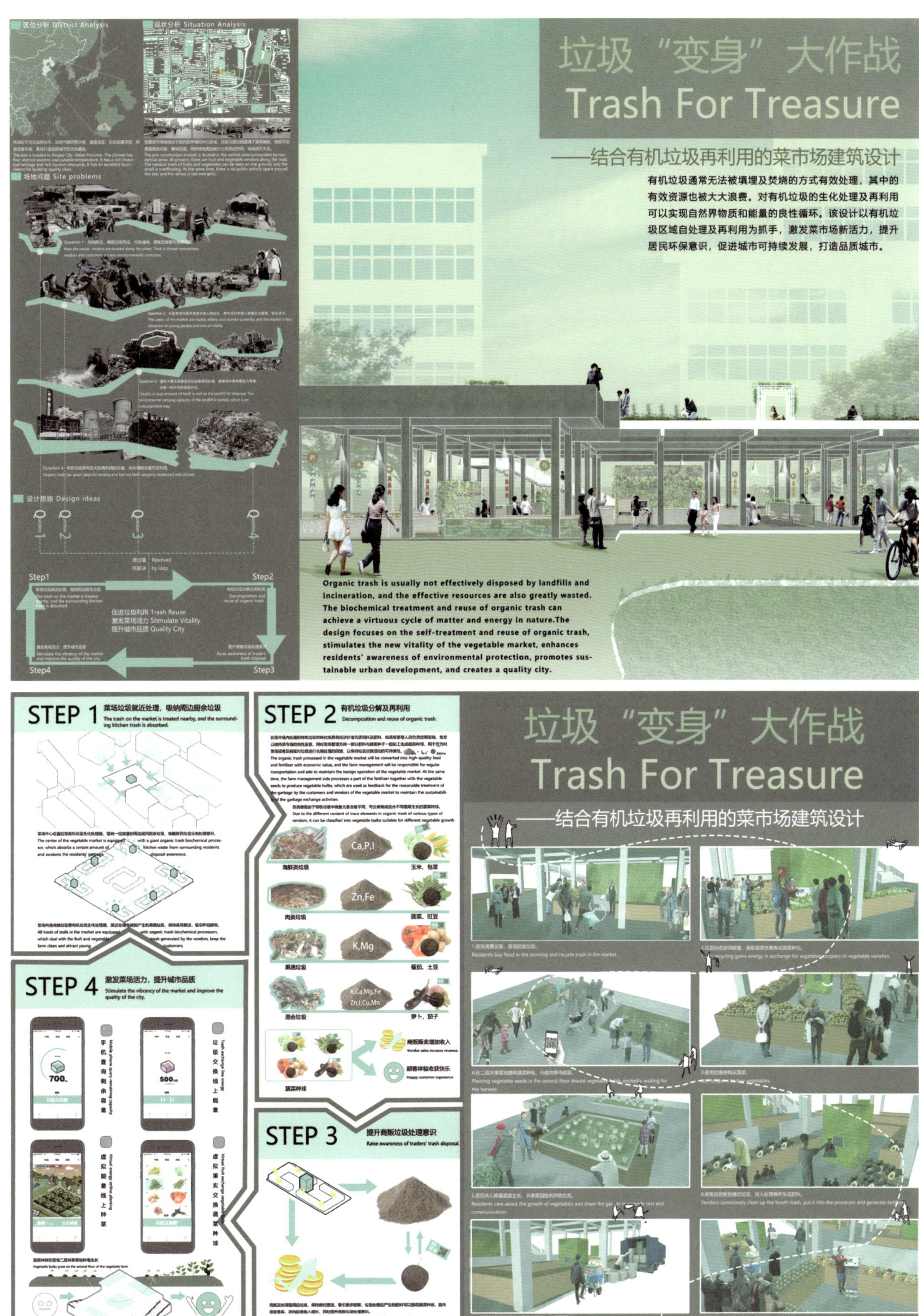

区位分析 District Analysis
现状分析 Situation Analysis
场地问题 Site problems
设计思路 Design ideas
Step1
Step2
Step3
Step4
促进垃圾利用 Trash Reuse
激发菜场活力 Stimulate Vitality
提升城市品质 Quality City
垃圾“变身”大作战
Trash For Treasure
——结合有机垃圾再利用的菜市场建筑设计
有机垃圾通常无法被填埋及焚烧的方式有效处理，其中的有效资源也被大大浪费。对有机垃圾的生化处理及再利用可以实现自然界物质和能量的良性循环。该设计以有机垃圾区域自处理及再利用为抓手，激发菜市场新活力，提升居民环保意识，促进城市可持续发展，打造品质城市。
Organic trash is usually not effectively disposed by landfills and incineration, and the effective resources are also greatly wasted. The biochemical treatment and reuse of organic trash can achieve a virtuous cycle of matter and energy in nature. The design focuses on the self-treatment and reuse of organic trash, stimulates the new vitality of the vegetable market, enhances residents' awareness of environmental protection, promotes sustainable urban development, and creates a quality city.
STEP 1 菜场垃圾就近处理，吸纳周边厨余垃圾
The trash on the market is treated nearby, and the surrounding kitchen trash is absorbed.
STEP 2 有机垃圾分解及再利用
Decomposition and reuse of organic trash
Ca,P,I
Zn,Fe
K,Mg
K,Ca,Mg,Fe Zn,I,Cu,Mn
STEP 3 提升商贩垃圾处理意识
Raise awareness of traders' trash disposal
STEP 4 激发菜场活力，提升城市品质
Stimulate the vibrancy of the market and improve the quality of the city.
700
500
垃圾“变身”大作战
Trash For Treasure
——结合有机垃圾再利用的菜市场建筑设计

# ENRICHMENT SPACE
## ——BASED ON THE THEORY OF FIVE DIMENSIONAL MARKET STREET GARDEN DESIGN

# 市井方寸
## ——基于五维空间理论下的传统街巷花园菜场设计

参赛者：施雨彤、周婉钰、徐可歆

学校院系：浙江农林大学风景园林与建筑学院

指导老师：陈楚文

城市的品质化提升，在于日常生活的精致化打造。本方案将设计焦点放在市井之中，方寸之间，希望在日常生活中融入更精致的情景体验。

基于五维空间理论，我们打破菜市场的常规性布局束缚，于三维空间中添加并充分运用了时间维度和层次维度，将花园的意境与传统街巷的韵味融入其中，从而生成更丰富多元的生活体验。一楼为开敞式菜市场与花园景观的结合，配合建筑通透的立面设计以打破传统菜市场室内压抑拥挤的氛围，并营造出生机盎然的感受。二、三层为各个主题空间，穿梭于体量上空，以廊道串联，重塑传统街巷的游览体验。

我们希望在本方案中传递一种价值理念：市井之中，有着传统文化与时代感的结合；方寸之间，更是可快亦可慢的从容选择。

鸟瞰图

效果图

北立面图

一层平面图

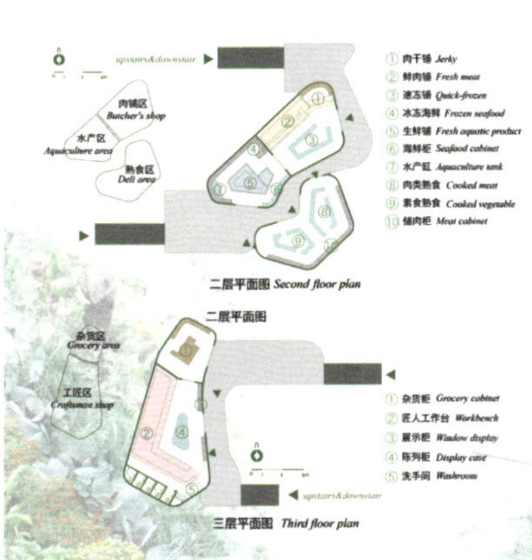


二三层平面图

白天和晚上的不同功能

# QUINCUNCIAL PILES COME TO THE NATURE

# 焕活 · 归真

## ——拳拳相勉

**参赛者**：王刚、时晓晴、姜南、王润萱

**学校院系**：青岛农业大学园林与林学院

**指导老师**：李凤仪、王凯

绿色空间是人居环境中不可缺少的重要一环，如何更好地结合人文精神充分发挥其城市公共空间的作用，打造精致绿色活动空间是我们在设计中始终在探讨的问题。

邢台市历史悠久，邢台梅花拳流传百年，是国家级非物质文化遗产，是探析中国武术源流及功法、套路、格斗的“活化石”。其桩势有五，为大、顺、拗、小、败，按五行相生相克，相互转化，套路无一定型，其势如行云流水，变化多端，快而不乱。

设计从改善生态环境，结合人文精神，以最美观的方式表达出发，结合干支五势在场地中设置了五处公共艺术小品，以廊架、座椅、文化展示矮墙、景观灯等形式激活场地。习梅花拳者，脚踩梅花桩，动作轻盈，聚散如梅花散落之态，故而场地整体形态由朵朵梅花演变而来。

设计拒绝遗忘，拒绝陈旧，以符合现代人审美需求的含蓄秀美，在城市之中，觅得一方清雅之处。摒弃一切没有意义的事物，颜色上运用了钢材质的高级灰和米白色，配以适宜的植物配植，整体空间柔和明亮，让人们在钢铁城市中享受到这份自然的宁静！

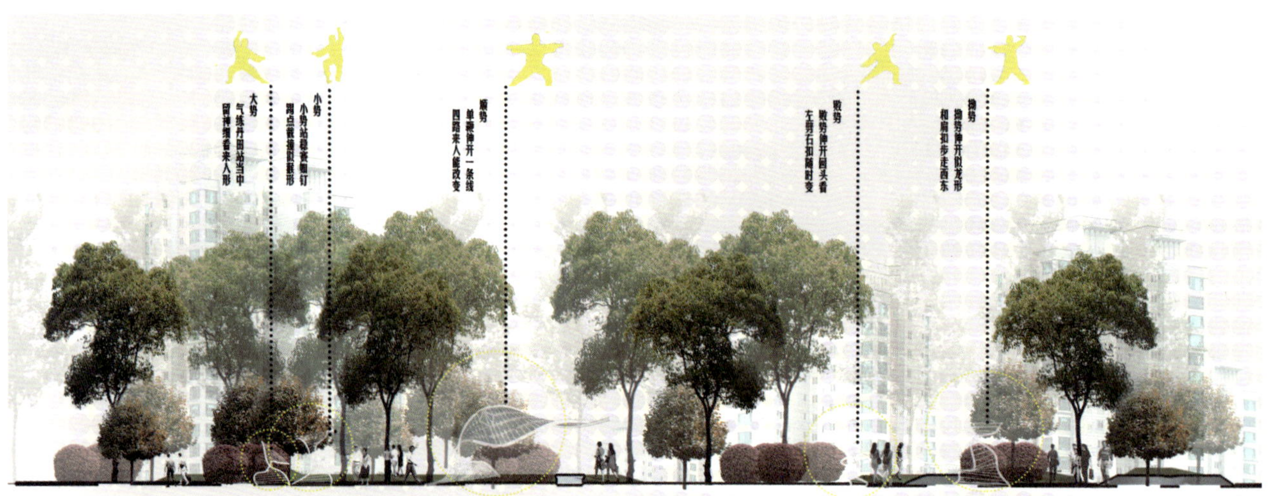


剖面图

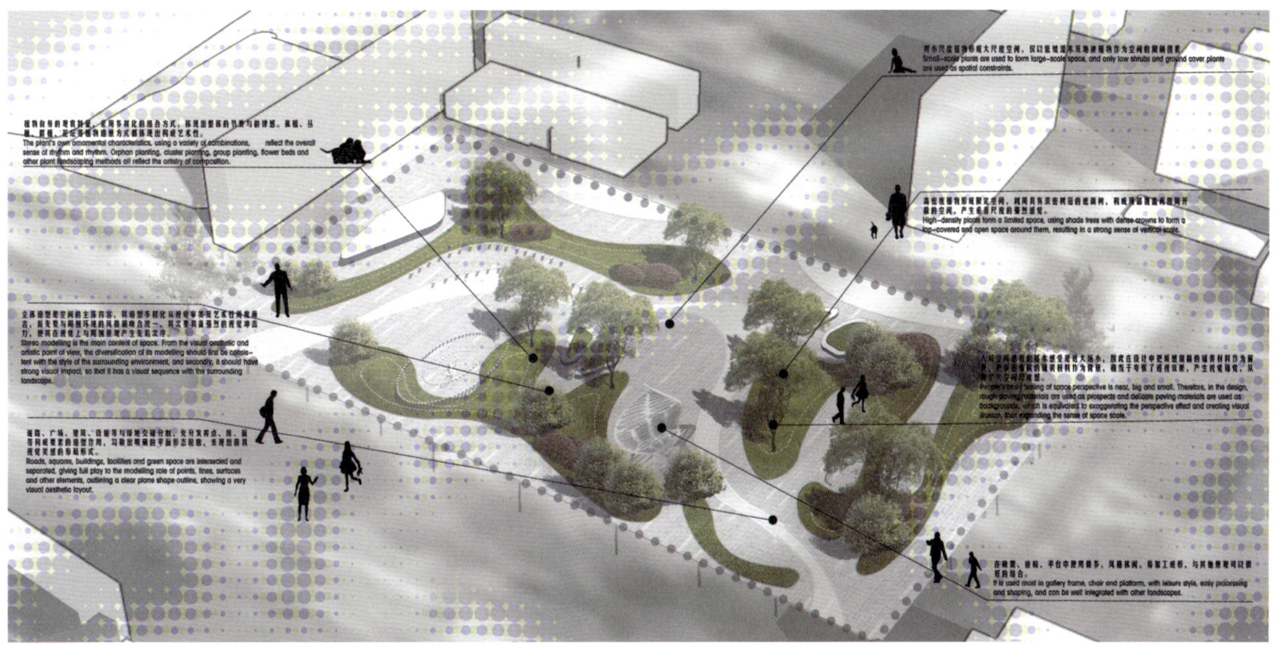
The plant's own ornamental characteristics, using a variety of combinations, reflect the overall sense of rhythm and rhythm. Orphan planting, cluster planting, group planting, flower beds and other plant landscaping methods all reflect the artistry of composition.
Small-scale plants are used to form large-scale space, and only low shrubs and ground cover plants are used as spatial constraints.
High-density plants form a limited space, using shade trees with dense crowns to form a top-covered and open space around them, resulting in a strong sense of vertical scale.
Stereo modelling is the main content of space. From the visual aesthetic and artistic point of view, the diversification of its modelling should first be consis-tent with the style of the surrounding environment, and secondly, it should have strong visual impact, so that it has a visual sequence with the surrounding landscape.
People's basic feeling of space perspective is near, big and small. Therefore, in the design, rough paving materials are used as prospects and delicate paving materials are used as backgrounds, which is equivalent to exaggerating the perspective effect and creating visual illusion, thus expanding the sense of space scale.
Roads, squares, buildings, facilities and green space are intersected and separated, giving full play to the modelling role of points, lines, surfaces and other elements, outlining a clear plane shape outline, showing a very visual aesthetic layout.
It is used most in gallery frame, chair and platform, with leisure style, easy processing and shaping, and can be well integrated with other landscapes.

鸟瞰效果图

效果图

# SLOW · IN THE CORNER
# 街角 · 慢生活

参赛者：孙小凡、李响

学校院系：天津大学建筑学院

指导老师：宋昆、冯琳

地块位于邢台的城市中轴一侧，周边功能分布情况复杂，有家具市场、购物中心、住宅区、大学等多种业态，因此需要提供一个供市民休息、娱乐、交流、遮阳避雨的场所，供各类人群使用。

本次设计选择用金属网架搭建一个立体的城市小品，为周边人群提供多样化的休闲空间。金属网架共两层，一层与地面水体景观、绿化景观等交织融合，为游玩的人群提供亲水、种植等丰富的空间体验。二层以休闲、交谈为主，提供相对私密的交流讨论的休息场所。场地在东南角配有公共卫生间，沿街配有自行车停车区域，满足人们日常的需求，提升城市面貌。为同时保证场地的可达性与私密性，沿街通过布置景观墙与花架，引导过路行人进入场地。此外，我们希望通过景观墙展示邢台的城市文化。我们将重要的历史与特色布置在展墙上，并开发了邢台市历史文化保护 APP。市民和游客可以扫描二维码了解详尽的城市历史与景点，从而达到城市文化宣传的目的。

剖面图

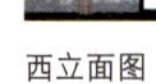

西立面图

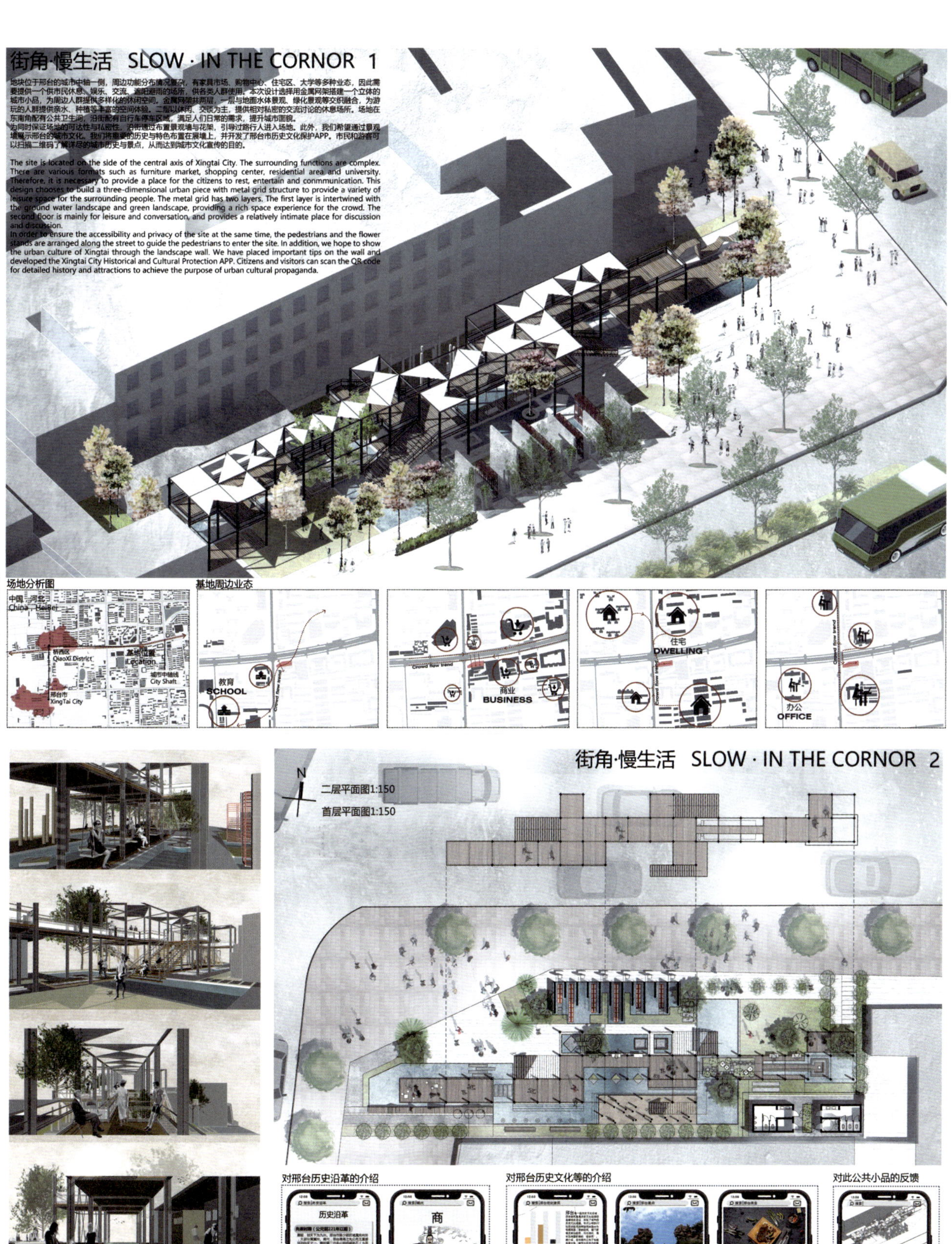
街角·慢生活 SLOW · IN THE CORNOR 1
地块位于邢台的城市中轴一侧，周边功能分布情况复杂，有家具市场、购物中心、住宅区、大学等多种业态，因此需要提供一个供市民休息、娱乐、交流、遮阳避雨的场所，供各类人群使用。本次设计选择用金属网架搭建一个立体的城市小品，为周边人群提供多样化的休闲空间。金属网架共两层，一层与地面水体景观、绿化景观等交织融合，为游玩的人群提供亲水、种植等丰富的空间体验。二层以休闲、交谈为主，提供相对私密的交流讨论的休息场所。场地在东南角配有公共卫生间，沿街配有自行车停车区域，满足人们日常的需求，提升城市面貌。
为同时保证场地的可达性与私密性，沿街通过布置景观墙与花架，引导过路行人进入场地。此外，我们希望通过景观墙展示邢台的城市文化。我们将重要的历史与特色布置在展墙上，并开发了邢台市历史文化保护APP。市民和游客可以扫描二维码了解详尽的城市历史与景点，从而达到城市文化宣传的目的。
The site is located on the side of the central axis of Xingtai City. The surrounding functions are complex. There are various formats such as furniture market, shopping center, residential area and university. Therefore, it is necessary to provide a place for the citizens to rest, entertain and conmmunication. This design chooses to build a three-dimensional urban piece with metal grid structure to provide a variety of leisure space for the surrounding people. The metal grid has two layers. The first layer is intertwined with the ground water landscape and green landscape, providing a rich space experience for the crowd. The second floor is mainly for leisure and conversation, and provides a relatively intimate place for discussion and discussion.
In order to ensure the accessibility and privacy of the site at the same time, the pedestrians and the flower stands are arranged along the street to guide the pedestrians to enter the site. In addition, we hope to show the urban culture of Xingtai through the landscape wall. We have placed important tips on the wall and developed the Xingtai City Historical and Cultural Protection APP. Citizens and visitors can scan the QR code for detailed history and attractions to achieve the purpose of urban cultural propaganda.
场地分析图
基地周边业态
中国 河北
China, HeiBei
桥西区
QiaoXi District
基地位置
Location
城市中轴线
City Shaft
邢台市
XingTai City
教育
SCHOOL
商业
BUSINESS
住宅
DWELLING
办公
OFFICE
街角·慢生活 SLOW · IN THE CORNOR 2
N
二层平面图1:150
首层平面图1:150
对邢台历史沿革的介绍
对邢台历史文化等的介绍
对此公共小品的反馈
历史沿革
商
主要人物
主要事件
返回
历史沿革：介绍邢台的历史沿革，方便游客群体更好的体会邢台的城市历史文化，从而深入了解邢台的城市发展。
朝代介绍：按照历史发展的时间线对各个朝代的主要人物以及主要事件进行概括的概述性介绍。
历史建筑：桥东区的历史保护建筑占大部分，桥西区虽占比较少，但也涵盖了1/5，奠定了桥西区的历史文化底蕴。
景点推荐：人们在停留之际可以从中了解邢台的风景旅游区，从而提供给有游客更全面的服务体验。
美食介绍：人们在休闲之余可了解到源于邢台的传统小吃及其历史，并将推荐给使用者相对正宗的店铺与定位,提供给有游客更全面的服务体验
用户反馈：此项功能便于本城市街角建筑小品日后的维护维修与改善更新。给设计者和城市使用者一个互动的平台。

# RESTROOM, COURTYARD, PAVILION

# 园中憩

## ——回归传统庭院的私密空间

参赛者：罗辰浩、刘逸安、张雅淇、王宇轩、张熠

学校院系：雪城大学建筑学院

“园中憩——回归传统庭院的私密空间”的项目设计基地位于河北省邢台市园博园“邢台怀古区”中园林艺术馆东侧的主园路交叉点。卫生间作为一个经常和肮脏、污物联系起来的场所，如何让它和谐而优雅地融入园博园，实现功能的同时带来高质量的体验至关重要。

在今天中国高速发展的时代背景下，建筑不再是仅仅实现某种功能的场所，更多的是要在保证其基本功能和便利的情况下，追求多维度高品质的立体体验。本项目作为承担城市修补功能的公共卫生间，也不能满足于解决园博园游客的卫生需求问题，更应该给游客提供一个舒适、方便、人性化的休息空间，同时与周围的环境结合，最大限度地提高其精神意义。

正如主题“园中憩”所描绘，本项目作为园博园中的一个修补功能元素，在中国传统四合院和园林概念的基础上，形成大园中的私人休息空间，而私密空间中又有小的庭院。项目与园林艺术馆的造型和相邻的道路进行呼应，力求与园博园其他的元素共同展现传统园林的特色，在形式、材料、空间等方面进行探究，让游客有一个更加舒适、有意义的出行体验。

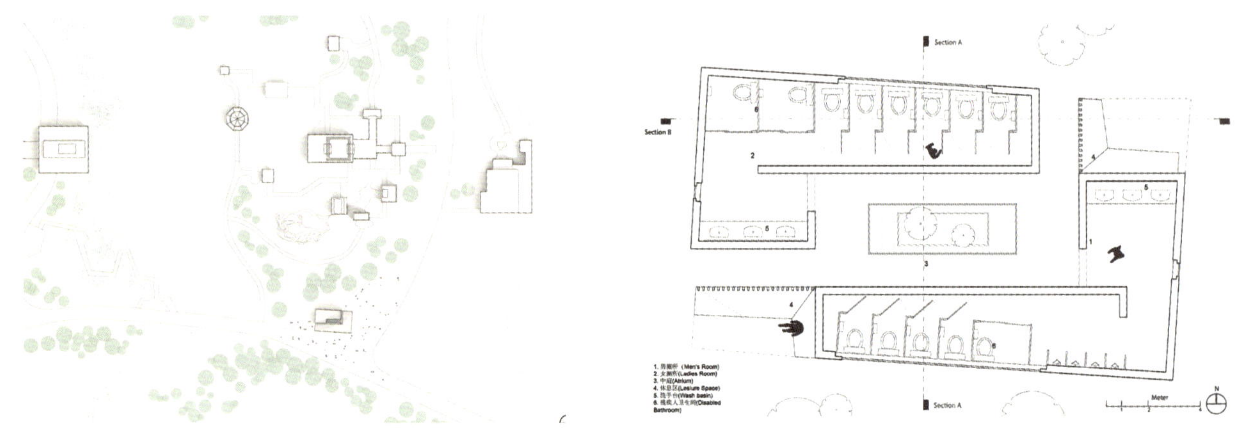

SECTION B

ELEVATION

# STREAM WAVE
## —THE LOOMING BUS STATION
# 流波舞动
## ——消隐的车站

参赛者：李榕、李文婕、孙桐、杨心怡

学校院系：西安科技大学建筑与土木工程学院

指导老师：孟戈

本案基于河北邢台古往今来的历史文脉发展以及现阶段人们对于公交站的需求，顺应历史和时代的发展，以邢窑白瓷酣畅饱满的线条为基础，以脚印的意象展开设计，象征着邢台人民以淳朴、踏实的精神砥砺前行。设计主要采用的是半开放式的形态，秉承绿色节能、自给自足的设计理念，旨在为邢台高铁站增添一份生机与活力，迎接远道而来的客人。即便是在今天完美表象下的社会仍存在着人与人交往的壁垒，完美的城市设施依然缺少对民众的关怀，干净的建筑立面与人行道划分着明确的界限。在建筑疏散等传统要求的挑战下，我们意图创造一个无私的公共空间驿站。它被赋予了等车场所和交往空间的使命，设法以非传统的开放模式打破人与人之间的隔阂，以柔软透明的外表体贴路人的心灵。我们探讨公交站等交通枢纽的属性，挖掘交通建筑潜在的公共领域，创造更多便捷活动的可能性，打破大型交通枢纽站前广场的封闭与呆板，唤醒城市客厅，让其回归公共，增加人们与之互动的方面，创造出区域活力的新界面。

玻璃之间胶粘，玻璃之间空气层保温隔热。用玻璃做出曲线的造型，让它以流线的形式为整个方正的车站增添一份生机。

玻璃之前胶粘，玻璃之间空气层保温隔热

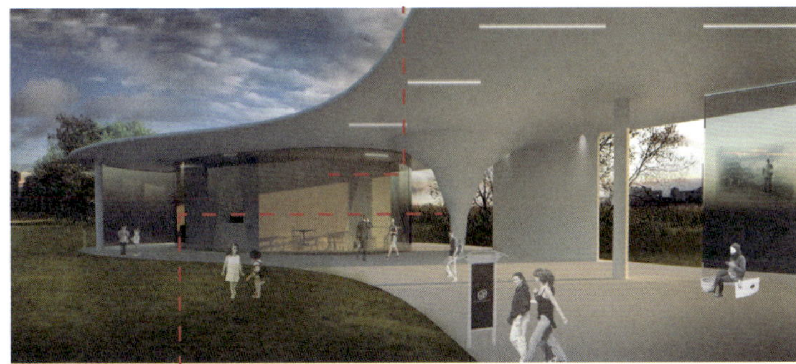

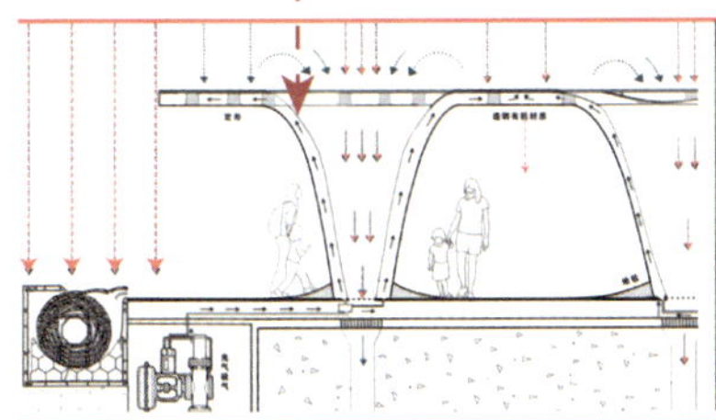

“伞”柱子来进行雨水收集

独有的柱子结构是我们设计的一大特色，这个结构我们以一把伞为切入的主题，以此生成。此柱子的选材是对雨伞的二次回收利用，节能环保。并且，“伞”一般的柱子是拥有雨水收集功能的一种结构，与地下的净化装置融为一体，“消隐”在我们的设计中。

■平面布局分析 Layout analysis

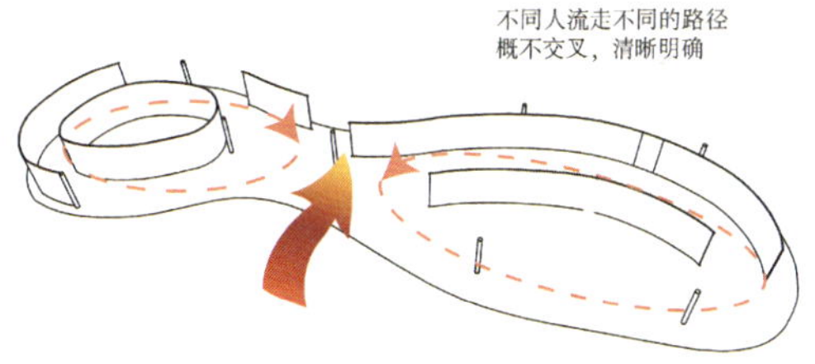


■动静区分析 Dynamic and static analysis

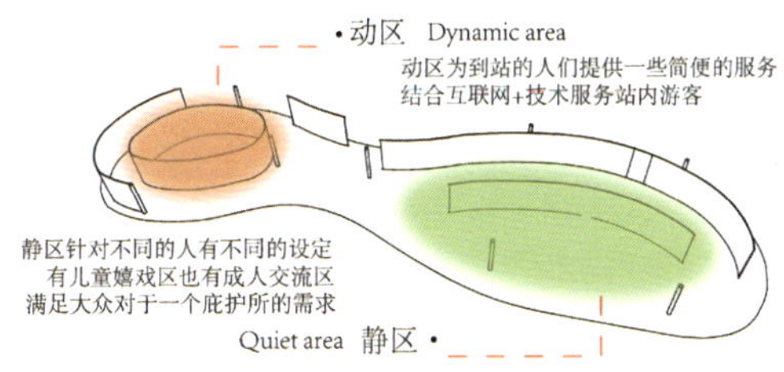


■ 流线分析 Streamline analysis

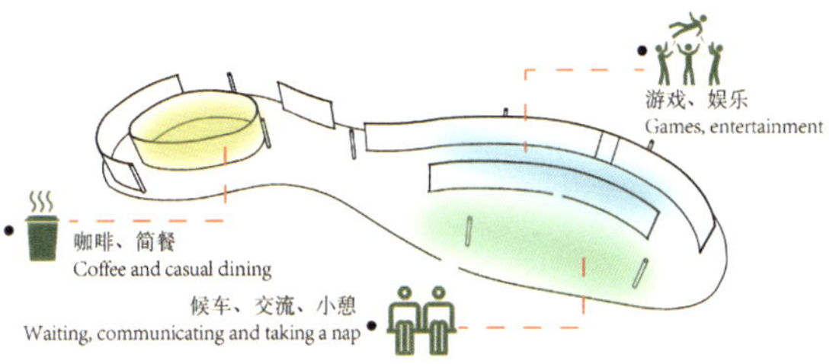

# JUDGING PANEL COMMENTARY
# 评委点评

## 评委会主席

**罗伯特·利弗西**

俄亥俄州立大学建筑学院荣誉教授，前建筑系主任

我认为这个竞赛的想法很好，涉及的内容非常广泛。有些是非常复杂的城市设计理念，但我不确定它们将如何实施，或者能否实施与城市相关的措施；还有一些是更小的场馆建筑，可以融入城市。我的经验是，通过学生竞赛来做这些事情是很有好处的，学生可以建造小场馆，能够让城市充满活力。我相信这就是设计比赛的目的。

在任何学生设计比赛中，总会得到一些广泛的高质量项目，因为有些学生虽然刚刚开始，有些学生却有更多的经验。学生设计竞赛的好处是能够提出想法，虽然有些是激进的，有些可能不是那么激进，但最终它能够鼓励大家以一种他们从未想过的方式思考项目以及用不同的方式思考问题。

## 评委会成员

**托马斯·麦奎兰**

奥斯陆建筑与设计学院建筑学院院长

在目前我们看到的项目中，我觉得最成功的是规模较小的建筑项目。它们通常都有明确的规划意图，与市场或者社区需求相关，而不是像一个装饰性的雕塑或者一个常规的公园之类的东西。我认为现在最有趣的项目可能是菜市场设计，这个项目似乎给了学生很大的动力和很多想法，而且它对城市的影响方式也更为有趣。

我认为在本次竞赛中最重要的评估标准是具有设计思路的清晰性和原创性。之后，要评判它是否适当。换句话说，它是否与被建议的位置区域相匹配？大小是否合适？是否有具体用处？是否符合项目需求？等等。当然，这与人们有着非常明显的关系，是需要被社区所接受和使用的东西，而不仅仅是指在那种情况下存在的某种物体。我认为技术问题总是可以解决的，一个成功的项目必须与客户和承包商合作开发，找出如何与之合作的方法。所以对我来说，我认为想法的清晰性和原创性是最重要的方面。

## 孔宇航

天津大学建筑学院院长、教授、博士生导师

学生在学校中对于城市元素以及城市生活的思考，通常相对较弱，所以如果在将来真正要实施的话，学生应该要去体验。以邢台为例，学生应该到这个城市里面去真正地体验城市生活，能够更明白这个城市或者城市居民需要什么，在整个公共生活中，比如小区，或者是传统街区的空间里，究竟存在哪些需要改善的区域。这些都需要学生在完善他的方案以及实施的时候，进行大量的调研与思考。也正是这个时候，面向不同的群体，学生能力的展现，无论是设计能力，还是解决实际问题的能力，我觉得都更有意义。

## 弗朗西斯科·萨宁

哥伦比亚著名建筑师、规划师，美国雪城大学建筑学院教授，2019 首尔城市建筑双年展策展人

对于本次国际竞赛，我认为这是检验城市理念的一个非常重要的方法，也是大型总体规划的另一种选择。与其试图去思考整个城市同时建设的大型总体规划，不如开始理解城市是建立在随时间变化的基础上的，这是一层类似的东西。在竞赛中，我觉得学校不仅可以把它作为一个竞争的机会，也可以作为一个产生某种研究想法的机会，可以尝试把它纳入自己的课程中，开发理解城市的阅读工具。城市是一个复杂的系统，引入一些非常小的东西就可以产生很大的影响。如果这里有一个点，那里有一个点，那么它们之间的联系就开始建立起来了，学校也可以用这些形式来开展研究。

## 仲德崑

深圳大学建筑与城市规划学院院长、教授、博士生导师

国内和国外学生的作品是比较好区分的，一般国内的学生会特别强调一个作品的完整性，比如从草图调研，到平面图、立面图以及效果图都很完整。国外的学生设计相对来讲创意方面会多一些。

传统中国建筑教育比较强调动手的能力，包括设计的技巧、表达的能力、表达的技巧等方面。但是这些年的教学有所改变，中国学生应该关心的几个问题，第一是要把自己的专业和社会紧密结合起来。这次竞赛题目就挺好，它搭建了一个教学和社会实践的桥梁，一个解决社会问题的桥梁。学生首先要有社会文化的意识，要有社会责任感，因为建筑师是为社会服务的，为人设计的，所以必须要了解社会、了解人。第二是要有创意。特别是竞赛，讲究的就是创意。它需要是别人所没有的，是过去没有的，或者说在原有的基础上要有所创新，有所提高的。

在竞赛中，需要有对于现场环境以及城市历史的把握能力，最后还要有表达的技巧，如何把主题表达得很鲜明是很重要的。还有，设计图纸的表达一定要有自明性，能充分表达你的思想，能吸引人的眼球，这也是很重要的。

## 费尔南德·曼尼斯

西班牙著名建筑师，曼尼斯建筑事务所创始人

我觉得这是一个非常好的时代。学生参加这个竞赛，本身是一个很好的练习。他们必须看到很多信息，需要积累大量的知识。学生会被其他建筑师影响，而建筑师也在互相影响。他们会成为一名建筑师，但是在几年内不可能成为一名伟大的建筑师，这是我的看法。所以必须慢慢来，试着成长，去体验更大的项目，试着在生活中慢慢来。我希望不要走得太快，也不要走得太慢，试着找到成为一名优秀建筑师的正确道路。

## 王向荣

北京林业大学园林学院院长、教授、博士生导师

竞赛这种方式可以征求出很多不同的方案，特别是学生、年轻人。他们的思想很开放，针对具体的城市问题，他们可以提出非常多不同的概念来，从而使城市可以从中进行选择并吸纳这些概念，所以说是一个很好的组织方式。另外，学生也需要把自己的一些想法，或者自己积累的一些知识和能力，借一些平台或机会进行展示，而这个竞赛，便给学生提供了这样一个平台。不过由于学生经验或者知识储备的不足，在竞赛中提出一个概念是可以的，但是把这个概念进行深入的完善，可能还有不少欠缺，距离在城市中的落地实施，可能也还有一些距离。不过这个当然还有机会，因为竞赛结束，并不是意味着这个事情的结束，我们也可以有一些时间把它再完善，再深入，可能能征求到一些比较好的方案来。

评审的时候，我会看竞赛者的能力，对问题的判断如何，采取的措施是否得当，最后的成果是否贴切、合适等因素，也会考虑这个设计成果是否真的是一种解决问题的方式。所以我考虑的因素还是比较综合的。

## 齐欣

中国科学院大学教授，齐欣工作室主持建筑师

这些竞赛作品多数还是一些国内学生做的设计，我感觉我们学生非常缺乏的一点是对问题的思考，一种深入的带有个人主张的思考。在设计作品时，往往会是一种惯性思维，比如这个地方大概需要什么东西等，或者是形式的惯性思维，做一个这样的东西可能就行了，但是并没有一种批判性思维。当需要设计一个作品时，首先应该从源头去想这件事，它到底有没有必要做，如果需要去做，又有多少种可能性，何况我们这个作品是很快就要呈现出来的。可能这也和我们整个教育，不仅是建筑教育，包括从出生到长大受到的教育，都有关联。在教育中，其实并没有特别强调学生的自主思辨能力，往往会是老师讲述什么是对，什么是错的；拿出案例，说明哪个是好的，哪个是不好的，于是学生便会特别直截了当奔着那个方向去，而没有更多的自己独立的一些思考。

## 舒平

河北工业大学建筑与艺术设计学院院长

现在国内的建筑教育，已经开始注重落地性，注重学生实际的参与建造，通过这样一个过程，可以让学生在设计中更有意识地关注将来这个设计如何真正地去实施的问题。我觉得在以后的这种竞赛中，应该要特别加强对于设计落地性的要求。在这次评审的过程中，很多作品概念挺好，但是考虑到它可能很难落地，或者短时间内很难落地，便没有选择。所以我觉得培养学生在学习期间有一个“落地”意识，应该是非常重要的一个方面。

## 彭礼孝

《城市 • 环境 • 设计》(UED) 杂志社主编，天津大学建筑学院特聘教授，CBC 建筑中心主任

这次的竞赛并不是单纯的“纸上谈兵”，而是以兼具历史底蕴与发展潜力的邢台市实际环境为基底，以公共空间为支点来征集创意的城市微小空间更新方案。学生们在生活中捕捉到的丰富生动的新视角、新焦点都能够成为作品的亮点。从学生的竞赛作品中可以看到，学生们针对竞赛中的每一个地块都进行了深入的考察和交流，对城市的微小空间进行了思考，将城市的精神和文化融入到自己的设计当中，真实地反映出了城市的个性特色。

## 郭卫兵

河北建筑设计研究院有限责任公司董事长、总建筑师

大学生国际竞赛，其实有很多年的历史了。事实上中国现在的这些活跃在建筑舞台上的重要人物，都是从国际大学生竞赛中脱颖而出的，所以现在我们以国际竞赛的方式，解决我们国家发展中面临的一些问题，我觉得是一种进步。

希望通过竞赛，大学生活跃的思维，具有的童真，或者哪怕有一些幻想的要素，能够提供给我们一些解决当下现实问题的可能的途径。尽管我们会从众多参赛作品中找到合适的方案去进行深化或者是建造，但我更关注的还是一种解决问题的能力。能够发现这个街区、这个城市所需要的行为密码是什么，其解决问题的方式我觉得非常重要，而不仅仅是一个建筑实体的，或者是一种功能过份完备的东西，需要更具有一些空间的探索性和行为方式的引领。

## 赵海魁

邢台市规划设计研究院副院长

对于竞赛作品的评判，我主要从三个方面考虑。首先，大学生的思维是发散的，思路是活跃的，每一个创新点都值得尊重，只要有好的创意，我们都积极地推荐。其次，品质城市从人性中来，很多作品需要符合人性，从人的行为习惯，或人的需求出发来进行设计。最后我们也积极地推荐具有一定可实施性的作品，它不能完全是空中楼阁，就要能够落地展现给大众。

# LIST OF WINNING WORKS
# 获奖作品名单

| 作品名称 | 获奖学生 | 获奖院校 | 指导老师 |
|---|---|---|---|
| 一等奖 | | | |
| 树下 · 树上 | 邱丰、钮益斐 | 东南大学建筑学院、东京工业大学社会与环境理工学院 | |
| 二等奖 | | | |
| 零浪费 · 零污染——树亭生态农贸市场 | 方晗茜、胡晓南 | 东京工业大学社会与环境理工学院 | |
| 门户——智能城市家具 | Salma Kattass | 摩洛哥拉巴特国家建筑学院 | |
| 城市烟囱 | 宋宇珥、顾妍文 | 南京大学建筑与城市规划学院 | |
| 车忆同“邢”——基于城市记忆重连的停车场设计 | 文玉丰、刘燕宁、李思齐、李湘铖 | 华中科技大学建筑与城市规划学院 | 白舸、周钰、王天扬 |
| 三等奖 | | | |
| 屏风 · 引宴 | 陈静静、黄维灿、黄丽萍、段冉 | 青岛理工大学建筑与城乡规划学院 | 成帅 |
| 隙坊——城市缝隙空间的微更新计划 | 周子涵、郭佳琦、黄云珊 | 天津大学建筑学院 | 胡一可、辛善超 |
| 隐于市 | 刘妍熹、罗鑫 | 华南农业大学水利与土木工程学院 | |
| 临水登山 | 陈锾焕、周有鑫、蒋旺、孙琪、符朝阳 | 南华大学设计艺术学院 | 吴旭辉、何丹秋 |
| 垃圾“变身”大作战——结合垃圾再利用的菜市场建筑设计 | 许梦婷、唐钟毓、郑青青、葛天臣、林守伟 | 浙江农林大学风景园林与建筑学院 | 陈楚文 |
| 市井方寸——基于五维空间理论下的传统街巷花园菜场设计 | 施雨彤、周婉钰、徐可猷 | 浙江农林大学风景园林与建筑学院 | 陈楚文 |
| 焕活 · 归真——拳拳相勉 | 王刚、时晓晴、姜南、王润萱 | 青岛农业大学园林与林学院 | 李凤仪、王凯 |
| 街角 · 慢生活 | 孙小凡、李响 | 天津大学建筑学院 | 宋昆、冯琳 |
| 园中憩——回归传统庭院的私密空间 | 罗辰浩、刘逸安、张雅淇、王宇轩、张熠 | 雪城大学建筑学院 | |
| 流波舞动——消隐的车站 | 李榕、李文婕、孙桐、杨心怡 | 西安科技大学建筑与土木工程学院 | 孟戈 |

本次竞赛邀请到十余位国内外知名建筑师、建筑教育家担任评委。有来自世界各地多所知名院校共计 600 余组学生参与报名，入选 191 组。历时一天，经过多轮评图，评委从这些作品中分别甄选出一等奖 1 组，二等奖 4 组，三等奖 10 组，优秀奖 20 组。其中，东南大学、东京工业大学邱丰、钮益斐拔得头筹，他们的获奖作品为《树下 · 树上》。

| 优秀奖 | | | |
|---|---|---|---|
| “社区客厅”菜市场 | 高玉泽、闫建、符帅、薄文、曹宇 | 青岛理工大学建筑与城乡规划学院 | 程然 |
| 一块绿地 | 齐迹、郝军、田园、王汉民 | 内蒙古工业大学建筑学院 | 张鹏举 |
| 拱门“食”界 | 赵杰、刘佳琦 | 山东农业大学水利土木工程学院 | |
| “邻”居里——生长于社区的邻里中心营造 | 蔡鹏程、薛雪、史璟婍 | 上海师范大学美术学院 | 陈新业 |
| 浮生溯源 | 张恒瑞、冯文翰 | 山东科技大学土木工程与建筑学院 | 陈敏 |
| Living Room of the City | Maria Svetovidova, Aigul Sadrtdinova | 喀山国立建筑工程大学 | Ilnar Akhtiamov, Rezeda Akhtiamova |
| Food-Theatre-Market | Chuprina Alexandra | 喀山国立建筑工程大学 | Akhtiamov I. I., Akhtiamova R. H. |
| 快乐星球——送予儿童的成长礼物 | 何雨微、刘瑞雪、曹媛媛、高宇飞、李子儒 | 西安科技大学建筑与土木工程学院 | 孟戈 |
| 户外环卫工充气床设计 | 徐丽、梁尧尧、苗颖彬、万中华、成威 | 燕山大学艺术与设计学院 | 王年文 |
| 城市乐高——互联网背景下的智慧模块空间设计 | 王钰鑫、张润旎 | 中南林业科技大学风景园林学院 | 王峰 |
| Eat-Read-Buy-Repeate | Anastassiya Muravyova | 喀山国立建筑工程大学 | Akhtiamov Ilnar, Akhtiamova Rezeda |
| Ramp Time | Dilyara Nurislamova | 喀山国立建筑工程大学 | Ilnar Akhtiamov, Rezeda Akhtiamova |
| 暧昧的边界——城市公共空间视野下的停车场设计 | 罗家涛、陈静静 | 广州大学建筑与城市规划学院，青岛理工大学建筑与城乡规划学院 | |
| 自然之光、树木之影 | 伏德杨、祖晓屹、范悦铭 | 合肥工业大学建筑与艺术学院、四川大学建筑学院 | |
| 雁影瓷廊 | 杨景凤 | 浙江理工大学艺术与设计学院 | 王依涵 |
| 纪念柱阵——邢台千年文化的衔接与传承 | 曾译莹、曾译萱、侯雅洁、马天鸿、闫瑾 | 大连理工大学、华南理工大学 | 郎亮 |
| 驿山水 | 郭雨薇、张威、邸天成、张子硕 | 河北大学艺术学院 | |
| “窗里窗外”菜市场设计 | 刘宇轩、万广诚、韩天祎、范雅宁、景前 | 青岛理工大学建筑与城乡规划学院 | 魏书祥 |
| “织补” | 佟连刚 | 清华大学 | |
| CHN.MRKT | Adelina Gubaidullina, ArturAkhunov | 喀山国立建筑工程大学 | Ilnar Akhtiamov, Rezeda Akhtiamova |

# APPENDIX
# 附录

# CITY OF THE FUTURE: URBAN DESIGN ACADEMIC SYMPOSIUM TRANSCRIPT
# 未来城市——城市设计学术交流会纪实

*2019年8月27日，“未来城市——城市设计学术交流会”于邢台市成功举办，本次交流会是第二届河北国际城市规划设计大赛的系列活动之一，以“未来城市”为主题，立足邢台市未来发展的同时，放眼世界。交流会由河北省住房和城乡建设厅主办，邢台市人民政府承办，邢台市自然资源和规划局组织，《城市·环境·设计》(UED)杂志社策划执行。会议邀请了国内外众多对“未来城市”建设具有独特观点的规划建筑大师团队齐聚邢台，共同探讨创新设计理念，以推进河北省城乡创新发展。*

邢台作为千年古城，在历史发展的长河中占据着至关重要的地位。但在邢台实施“一城五星”战略、推动重点区域率先突破的现实需要和全面建设绿色新城的当下，邢台市发展过程中面临着对邢襄文化价值的忽视、城市功能不完善等难题，对城市的良性发展产生了极大的阻碍。本届“未来城市——城市设计学术交流会”就多个发展难题展开讨论，旨在借助国际城市规划设计大师之手，描绘邢东新区重点发展区未来蓝图，提升并带动邢东新区的品质和发展。会议成果将成为在更广泛的界域上探讨千年古城建设的新起点。而对于正处在发展绿色新城、拥有千年建城史的邢台市，也将以本次会议为契机，积极解决发展难题，将邢东新区打造成为生态人文未来之城。

此次众多城市决策者与管理者、国内外知名规划师、建筑师、专家学者应邀齐聚一堂，邀请到了河北省住房和城乡建设厅副厅长李贤明、河北省住房和城乡建设厅城市管理处处长朱卫荣、河北省城市园林绿化服务中心主任王哲共同出席本次交流会。同时还有参与国际规划城市设计大赛的大师团队，包括崔愷院士领衔团队、杨保军院长领衔团队、UNStudio事务所、何镜堂院士领衔团队、汤姆·梅恩领衔的墨菲西斯事务所、扎哈·哈迪德建筑师事务所在内的六家大师团队负责人。由《城市·环境·设计》(UED)杂志社执行主编柳青担任“为美丽河北而规划设计”未来城市——城市设计学术交流会的主持。

六家大师团队基于邢台悠久的历史文化和经济发展特点，以世界眼光、国际标准为邢东新区城市设计提供了新的思路，以精彩的演讲内容为邢台建设充满活力的未来之城留下了浓墨重彩的一笔。

**李贤明｜河北省住房和城乡建设厅副厅长**

河北省坚持“抓好三件大事、打好六场硬仗、实施八项战略、深化九项改革”的工作思路，不断加快新时代建设经济强省、美丽河北的步伐。京津冀协同发展、规划建设雄安新区、筹办北京冬奥会等大事，给河北发展带来了千载难逢的宝贵机遇。与京津共同打造以首都为核心的世界级城市群，成为当前和今后一个时期内河北城市建设的重大任务。省委、省政府把提升城市规划设计水平作为提高城市建设水平的着力点，作为打造城市活力、潜力、魅力和实力的重要手段，以省园博会为载体，在园博会承办城市同期举办国际城市规划设计大赛，借助高水平的设计理念和成果，促进城市创新发展、转型发展、绿色发展和高质量发展。

“为美丽河北而规划设计”—河北国际城市规划设计大赛活动是省委、省政府贯彻落实习近平新时代中国特色社会主义思想和党的十九大精神的具体实践，国内外大师团队的优秀作品，对大赛承办城市，乃至河北的城市发展具有重大示范意义和促进作用，河北城市建设求索智慧的道路永不停步。

**张志峰｜邢台市人民政府副市长**

当下中国城市发展面临着众多挑战，同时也蕴含着新的发展机遇。河北省政府以举办国际城市规划设计大赛为契机，旨在全面提升河北省城市规划设计水平，以高水平的设计理念和成果，促进城市创新发展、转型发展、绿色发展和高质量发展，打造富有活力的现代化城市。在此期间，邢台全面落实国家发展战略布局，借力京津冀协同发展的政策优势，构建了以邢东新区为核心的战略发展平台。本次大赛在省住房和城乡建设厅的大力支持下，国内外顶尖大师团队基于邢台悠久的历史文化和经济发展特点，以世界眼光、国际标准为邢东新区城市设计提供了新的思路、新的方案，提出了面向未来的城市发展策略和设计方法，为邢台建设充满活力的未来之城留下浓墨重彩的一笔！

学术交流会现场

学术交流会嘉宾合影

## 存量发展，统筹建筑规划

**崔愷 | 中国工程院院士，中国建筑设计院的名誉院长、总建筑师**

崔愷就城市设计的多个维度展开演讲，以泉州南安文化中心为例，崔愷指出应该保存泉州历代文化传承、细化上位规划中的粗放部分、杜绝将土地开发当成简单的格网、保留泉州城市中的特点和山丘。以减少对自然环境的破坏为基本立场，将建筑与周边自然环境生动结合；保持原本的轴线关系，为略显呆板的城市广场增添极为生动的一笔，形成城市独属的风景；营造城市核心场所，力求内通外透的基础设施与绿地相辅相成的格局。

崔愷认为我们国家已经进入了存量发展时期，存量中有许多价值匪浅的事物。在这个过程中，建筑师应与规划师更好地联合。建筑师一定要有城市设计的观点才能做好存量发展中的建筑设计。

## 城市创新的三个维度：生态、文化、艺术

**朱子瑜 | 中国城市设计研究院总规划师、教授级高级城市规划师**

朱子瑜在交流会上为我们分享了城市创新的三个维度：生态、文化、艺术。他指出，随着时代发展，对城市的要求早已不同。从“低成本、快速化”到“重创新、品质化”的深刻变革，新时代要求多方面高质量发展，强调人本、宜居、特色、生态。

第一维度是生态，以生态为城市带来持久生机，注重生态的整体性。如新加坡 ABC 计划与新加坡河的生态修复。该计划是对新加坡河网水系的整体复兴与保护，是建立在全盘梳理之上的一系列更新工程，复兴与保护河网水系、梳理“集水区”，并对每条河流提出有针对性的生态优化策略，最终使得充当“集水区”的一系列河道回归生态、焕发活力。新加坡当局以“清水、活水、秀水”的发展路径，经过近 40 年的时间完成了该地区的脱胎换骨，曾经的污水道经过生态修复已发展为城市形象门户和旅游胜地。

第二维度是文化，以文化为根基，找到发展的新方向与新动力。如上海上生新所，保留建筑的原真性与多样性，作为高品质的文化场所的内在基因。功能上，以时下年轻人最喜爱的品牌与内容为原则进行筛选，并在后期重视通过策划活动进行网络推广，塑造信息爆炸时代的独特标签。文化场所迎合互联网时代的行为特征，提供了更多的交往、打卡、展会空间。

第三维度是艺术，以艺术为城市发展注入活力。如上海徐汇滨江，以艺术为触媒，“铁锈地带”变身滨水创新高地。徐汇滨江全长 8.4 公里，是黄浦江沿线艺术、文化功能最为集聚的地区，为上海打响迈入“新滨江时代”的第一枪，从艺术性设计引领物质空间形态开发到艺术文化功能导向开发与形态开发并举再到文化产业链及后端价值发展与形态、功能开发良性互动，激活“失落”的空间。

朱子瑜提到从工业文明走向生态文明，我们一直强调以人为本的高质量发展。城市发展也应当更关注创新发展的生态维度、文化维度与设计维度，重视创新的引领作用。

## 为健康设计，合作打造韧性城市

卡罗琳 · 博斯 | 荷兰 UNStudio 联合合伙人、首席城市规划师

卡罗琳 · 博斯首先对 UNStudio 事务所及其主要的设计理念进行了简要介绍。卡罗琳 · 博斯以事务所所秉持的三原则进行概括：知识、合作、健康。其中，要求知识成为资产，并能在一定情况下循环使用。同时，在设计中融合技术，打造“韧性城市”。通过整合城市运行系统，释放城市空间。卡罗琳 · 博斯以荷兰高科技街区为例，介绍道，UNStudio 事务所以相关专家的真实研究数据为基础，全方位了解荷兰当地居民的衣食住行，从而真正在设计过程中为居民考虑。她指出，街区创新要在各个方面展开，要体现社会功能和循环经济原则，实现物料和能源的循环利用，不仅要节能，同时要制造能源，更好地实现智能的能源使用和管理。

卡罗琳 · 博斯还强调要为未来设计，整合周边环境，融合多项用途。以澳大利亚墨尔本南岸的 GREEN SPINE 项目为例，UNStudio 事务所将建筑本身依照城市规划理念设计，再通过两栋建筑的规划体现街区设计。他们并不是要把建筑作为一个孤立的建筑，而是把它建成开放的、与整个城市产生互动的文化和公共空间，成为城市互动生活中不可或缺的一部分。同时提升建筑绿色幕墙的使用率，增加绿色设计，为城市中的每一个人带来绿色。

她表示希望提供健康的设计环境，以宏观视野思考问题，考虑能源、水、空气、声音等要素，来提供现代生活需要的设计，体现未来感，从而打造人们真正需要的“未来城市”。

## 不忘本来，吸收外来

姜洪庆 | 华南理工大学建筑设计研究院有限公司副总规划师、何镜堂建筑创作研究院副院长

姜洪庆从新区的营造逻辑与城市设计的实践入手，倡导观念转型、结构优化。他认为规划是思与想的过程，首先是“顺”，然后是“尽”，需要顺应自然的逻辑。并提到了新区建造的五种逻辑，即生态、发展、空间、审美、竞合。他认为空间形态的营造逻辑就是社会形态的营造逻辑，要应用新区的营造逻辑来引领未来、共同创新、独立思考、深入实践。

姜洪庆还以多个项目为例，具体表现新区的营造逻辑。如在“河港杯”首届河北国际城市规划设计大师邀请赛中，何镜堂院士领衔团队提出“从心开始，连城拥海，再造秦皇岛”的设计理念，旨在再造秦皇岛核心地区，连城拥海建造。团队使用圈层理论，采用让每个区域形成内有核心区、中有过渡带、外有居住区的格局。较之其他团队，更加重视内湾关系，落实“连城拥湾、汇通海月”，提升区域价值。将大型邮轮和游艇俱乐部结合，安排“温暖”地区，比如植物园，让海港的四季活动繁多，有效地避免淡季。最后，他强调要不忘本来，吸收外来，并最终面向未来。

## 问题导向的智慧城市

**李宜声｜墨菲西斯事务所合伙人**

李宜声围绕“智慧城市”发表演讲，他讲解了“智慧城市”如何应对文化等一系列问题。李宜声提到当下千城一面的现象严重，城市缺乏独特的文化身份。而文化作为城市的特殊机制，在城市设计中起着十分重要的作用。

新奥尔良周期性的洪涝灾害导致街区洪水，由于文化原因市民不愿搬至高地。墨菲西斯事务所则采用了改良房屋的措施，他们将房屋施以特殊的底部结构从而使房屋能够漂浮在水面上，而该方案目的就是保留当地的历史文化。在海地，他们则从食物、水流、教育、安全等社会问题入手。首先收集海地的基础数据并分析，为其建立数字化地图，在设计完善基础设施的同时解决其他社会问题。由于当地晚上室内气温较高，儿童更乐于在户外活动。而当地不法分子都会对儿童安全造成威胁，因此他在设计水站时，设计了既可以保障居民用水，又可在晚上就像灯塔一样的活动设施，使整个城市的儿童和家长都能够看到蓝色的房子。当地人去那里除了获取清洁的水，也会获得安全保障。他们在城市农业问题上倡导混合养殖系统，使农田重回城市；降低日常蔬菜水果运输成本，减少二氧化碳的大量排放。

李宜声表示“智慧城市”是使用数据、信息来创造文化。针对特定的文化战略，带回文化和历史。他着重强调，“智慧城市”将是未来城市的发展方向。

## 避免趋同，重塑城市

**尼尔斯·菲舍｜扎哈·哈迪德建筑师事务所代表、副总监**

尼尔斯·菲舍指出，西方城市的体量远无法与中国城镇化相比拟，而未来城市最终将由中国定义。技术的快速革新，中国逐年加快的基础设施建设步伐、发展速度和发展进程也将加快城市的重塑。尼尔斯·菲舍以汽车行业为例，详细诠释了未来该行业的发展对交通规划及城市空间规划的影响，如未来自动驾驶汽车的出现将会有效减少交通事故的发生；共享汽车的流行，将直接降低交通停车的使用面积。当今，中国的城市依旧是为汽车和交通所规划设计的。然而，随着未来的产业转型，汽车产业的重要性会不断衰减，这也就意味着汽车的地位在未来的城市规划中需要被重新思考。以城市为例，亚特兰大的碳排放量远高于巴塞罗那，巴塞罗那虽是高度城镇化的城市，但它的自然亲和程度和融入绿色设计的程度是亚特兰大望尘莫及的。通过增加绿地面积、减少交通用地，巴塞罗那已经成为了一个环境亲和型城市。

最后他总结道，如今中国正处于城市化之中，发展空间广阔。随着城市的发展，希望建筑师能够提供更好的方案，提升城市体验、提高城市质量，更好地推动未来城市发展。

大师团队代表的演讲结束，也预示着“未来城市——城市设计学术交流会”的圆满落幕，而这些极具前瞻性的思想必将会让我们的城市和未来变得更加美好！

# EXHIBITION OF THE SECOND HEBEI INTERNATIONAL URBAN PLANNING AND DESIGN COMPETITION (XINGTAI)
# 第二届河北国际城市规划设计大赛（邢台）成果展

*2019 年 8 月 28 日，作为 2019 年河北省第三届园林博览会（邢台）的重要组成部分的"'为美丽河北而规划设计'——第二届河北国际城市规划设计大赛（邢台）成果展"也成功开幕，展览集中展现了邢东新区城市设计国际大师邀请赛、邢台大剧院建筑设计国际竞赛、邢台科技馆建筑设计国际竞赛以及第二届 Q-CITY 国际大学生设计四个版块的竞赛设计成果，包含四位中国工程院院士、三位普利兹克奖得主在内的十四家国内外顶级规划建筑大师团队的参赛方案及百余组国际知名院校的大学生参赛作品。为邢台在规划建设领域向更高层次发展、更高水平迈进做出了引领作用。*

2019 年 3 月 27 日大赛启动至今，历时将近一年的精心筹办，各家大师团队的创作皆有统筹考虑邢台的社会、经济、人口、生态、文化等诸多因素，为邢台设计了具有国际化视野和前瞻性思想的设计方案。

其中，参与邢东新区国际规划大师邀请赛的六家规划大师团队充分挖掘邢襄基因，以环境可持续为出发点，积极融入区域协同发展。在参与邢东新区城市设计国际大师邀请赛的六家规划大师团队中，崔愷院士团队获得一等奖，杨保军大师团队、UNStudio 事务所获得二等奖。参与邢台大剧院 & 科技馆建筑设计国际竞赛的八家建筑大师团队中，斯诺赫塔建筑事务所和蓝天组建筑事务所分别赢得"邢台大剧院建筑设计国际竞赛"和"邢台科技馆建筑设计国际竞赛"。他们以国际化的理念和视野，本着建设一流品质城市和打造重要标志性建筑的原则，基于邢台深厚的历史文化底蕴和经济社会发展新风貌，创作出独具特色、国际标准的设计方案，为邢台在规划建设领域向更高层次发展、更高水平迈进做出了引领作用。参与"第二届 Q-CITY 国际大学生设计竞赛"的有来自世界各地多所知名院校共计 600 余组学生，他们以公共空间为支点提供了具有创意的城市微小空间更新方案。其中，东南大学建筑学、东京工业大学邱丰、钮益斐在入选的 191 组学生中脱颖而出、拔得头筹，他们的获奖作品为《树下 • 树上》。

本次大赛的成功举办，进一步提升了河北省的规划设计水平，是设计引领城市转型发展的一次成功探索，对河北的城市发展具有重大示范意义和促进作用，为河北乃至中国城市的转型发展树立一个新标杆。同时，希望本次大赛后能有效解决邢台城市发展难题，以邢东新区为契机打造未来之城，这也将是邢台城市发展的重大历史机遇。

河北省第三届（邢台）园林博览会暨第二届河北国际城市规划设计大赛开幕式

大赛成果展

河北省住建厅厅长康彦民、河北省住建厅副厅长李贤明、邢台市委书记朱政学、邢台市长董晓宇等领导一行参观大赛成果展

# MAJOR EVENTS
# 大　　事　　记

河北省委省政府在贯彻落实习近平新时代中国特色社会主义思想和党的十九大精神的具体实践中，为了整个河北省的规划设计水平的提升以及城市空间品质的改善，由河北省住房和城乡建设厅主办，邢台市人民政府承办，邢台市自然资源和规划局具体组织，《城市·环境·设计》(UED）杂志社策划执行，共同举办“为美丽河北而规划设计”——河北国际城市规划设计大赛，向全球顶级城市规划与建筑设计大师，以及作为城市未来设计的中坚力量的国际大学生团体征集方案，为河北省各承办城市的未来与建设建言献策，共谋一域，同治一城。

新闻发布会、踏勘
2019/3/27

2019/3/28
答疑

规划中期成果汇报
2019/5/15

2019/5/20
建筑中期成果汇报

2019/6/20
国际大学生设计竞赛评审

由大师团队及专家评委组成评审会，共同指导国际大学生设计竞赛的成果，评选最终奖项归属。

本次大赛共包括：邢东新区城市设计国际大师邀请赛、邢台大剧院建筑设计国际竞赛、邢台科技馆建筑设计国际竞赛以及第二届 Q-City 品质城市国际大学生设计竞赛四项赛事活动。

大师团队提交成果，多位国际知名专家评委共同商议后评选出获奖结果。

河北省城市园林绿化服务中心主任王哲、邢台市人民政府办公室调研员李建忠、邢台市自然资源和规划局局长赵俊生为“第二届 Q-CITY 国际大学生设计竞赛”获奖选手颁奖。

建筑成果评选会
2019/7/24

2019/8/27
规划成果评选会

2019 /8/28
成果展

2019 /11/28
颁奖会

大师团队提交成果，多位国际知名专家评委共同商议后评选出获奖结果。

河北省住房和城乡建设厅副厅长李贤明为第二届河北国际城市规划设计大赛之邢东新区城市设计国际大师邀请赛、邢台大剧院建筑设计国际竞赛、邢台科技馆建筑设计国际竞赛获奖者颁奖。

# MAJOR EVENTS
# 大　事　记

河北省委省政府在贯彻落实习近平新时代中国特色社会主义思想和党的十九大精神的具体实践中，为了整个河北省的规划设计水平的提升以及城市空间品质的改善，由河北省住房和城乡建设厅主办，邢台市人民政府承办，邢台市自然资源和规划局具体组织，《城市·环境·设计》（UED）杂志社策划执行，共同举办“为美丽河北而规划设计”——河北国际城市规划设计大赛，向全球顶级城市规划与建筑设计大师，以及作为城市未来设计的中坚力量的国际大学生团体征集方案，为河北省各承办城市的未来与建设建言献策，共谋一域，同治一城。

新闻发布会、踏勘
2019/3/27

2019/3/28
答疑

规划中期成果汇报
2019/5/15

2019/5/20
建筑中期成果汇报

2019/6/20
国际大学生设计竞赛评审

由大师团队及专家评委组成评审会，共同指导国际大学生设计竞赛的成果，评选最终奖项归属。

本次大赛共包括：邢东新区城市设计国际大师邀请赛、邢台大剧院建筑设计国际竞赛、邢台科技馆建筑设计国际竞赛以及第二届 Q-City 品质城市国际大学生设计竞赛四项赛事活动。

大师团队提交成果，多位国际知名专家评委共同商议后评选出获奖结果。

河北省城市园林绿化服务中心主任王哲、邢台市人民政府办公室调研员李建忠、邢台市自然资源和规划局局长赵俊生为“第二届 Q-CITY 国际大学生设计竞赛”获奖选手颁奖。

建筑成果评选会
2019/7/24

2019/8/27
规划成果评选会

2019 /8/28
成果展

2019 /11/28
颁奖会

大师团队提交成果，多位国际知名专家评委共同商议后评选出获奖结果。

河北省住房和城乡建设厅副厅长李贤明为第二届河北国际城市规划设计大赛之邢东新区城市设计国际大师邀请赛、邢台大剧院建筑设计国际竞赛、邢台科技馆建筑设计国际竞赛获奖者颁奖。